AF544526

EUL
VERLAG

Reihe: Rechnungslegung und Wirtschaftsprüfung · Band 56

Herausgegeben von Prof. (em.) Dr. Dr. h. c. Jörg Baetge, Münster, Prof. Dr. Hans-Jürgen Kirsch, Münster, und Prof. Dr. Stefan Thiele, Wuppertal

Dr. Ilka Lappenküper

Anteile an anderen Unternehmen im IFRS-Konzernanhang

Eine empirische Analyse der Informationsbedürfnisse von Kapitalmarktexperten gemäß IFRS 12

Mit einem Geleitwort von Prof. Dr. Dr. h. c. Jörg Baetge, Westfälische Wilhelms-Universität Münster

Bibliografische Information der Deutschen Nationalbibliothek

Die Deutsche Nationalbibliothek verzeichnet diese Publikation in der Deutschen Nationalbibliografie; detaillierte bibliografische Daten sind im Internet über <http://dnb.d-nb.de> abrufbar.

Dissertation, Westfälische Wilhelms-Universität Münster, 2015

D 6

ISBN 978-3-8441-0461-5
1. Auflage Mai 2016

JOSEF EUL VERLAG GmbH
Brandsberg 6
53797 Lohmar
Tel.: 0 22 05 / 90 10 6-6
Fax: 0 22 05 / 90 10 6-88
E-Mail: info@eul-verlag.de
http://www.eul-verlag.de

Bei der Herstellung unserer Bücher möchten wir die Umwelt schonen. Dieses Buch ist daher auf säurefreiem, 100% chlorfrei gebleichtem, alterungsbeständigem Papier nach DIN 6738 gedruckt.

Geleitwort

Durch den International Accounting Standards Board (IASB) geforderte Angaben über M&A-Transaktionen sowie Informationen über Anteile an verbundenen Unternehmen sind gemäß IFRS 12 „Anteile an anderen Unternehmen" von deutschen kapitalmarktorientierten Unternehmen im Konzernanhang des Konzernabschlusses anzugeben und zu erläutern. IFRS 12 enthält ausschließlich Regelungen zu Anhangangaben. Ansatz und Bewertung der Anteile an anderen Unternehmen sind hingegen in den Standards IFRS 10 „Konzernabschlüsse", IFRS 11 „Gemeinschaftliche Vereinbarungen" und IAS 28 (rev. 2011) „Beteiligungen an assoziierten Unternehmen und Gemeinschaftsunternehmen" geregelt. Der IASB verfolgt mit IFRS 12 das Ziel, Adressaten mit den wichtigsten Informationen über Anteile an anderen Unternehmen zu versorgen. Damit sollen die Adressaten über die Art der Beteiligungen, die damit verbundenen Risiken sowie über die Auswirkungen des Erwerbs der Anteile an anderen Unternehmen auf die Vermögens-, Finanz- und Ertragslage des Konzerns informiert werden.

Gemäß dem Rahmenkonzept sind aktuelle und künftige Investoren, Kreditgeber und andere Gläubiger Adressaten des IFRS-Konzernabschlusses und somit auch des Konzernanhangs. Dieser vom IASB sehr weit gefasste Adressatenkreis erlaubt es nicht, eindeutig zu beantworten, was für die Adressaten entscheidungsnützliche Informationen sind, da unterschiedliche Adressatengruppen unterschiedliche Informationsbedürfnisse bezüglich der Anhangangaben zu Anteilen an anderen Unternehmen haben. Für die Auslegung des IFRS 12 und auch der anderen (Konzern-)Rechnungslegungsstandards müsste indes eindeutig festgelegt sein, wen der IASB konkret als Adressaten, also als berechtigte Informationsinteressenten des Abschlusses festlegt. Wenn kein Adressat bzw. keine Adressatengruppe definiert ist, ist eine zweckorientierte Auslegung von IFRS 12 kaum möglich.

Das Problem der mangelnden Adressatenkonkretisierung in den IFRS löst die Verfasserin dadurch, dass sie sich auf eine bestimmte Adressatengruppe fokussiert. Bereits der IASB diskutierte eine Adressatenhierarchie, in der die Eigenkapitalinvestoren als Hauptadressaten von IFRS-Abschlüssen genannt wurden. Entsprechend setzt die Verfasserin die Eigenkapitalinvestoren für ihre empirische Untersuchung als Adressaten. Sie sieht diesen Personenkreis als den geeignetsten, entscheidungsnützliche Informationen bezüglich der Anhangangaben nach IFRS 12 durch Befragung zu ermitteln. Sie geht zu Recht davon aus, dass diese wissen, welche Anhangangaben erforderlich sind, um über den Kauf, den Verkauf oder das Halten von Unternehmensanteilen des bilanzierenden Unternehmens zu entscheiden. Die Autorin fasst die Eigenkapitalinvestoren und deren Repräsentanten in der vorliegenden Arbeit unter dem Begriff der Kapitalmarktexperten zusammen.

Ziel der Arbeit ist es, empirisch zu ermitteln, welche Informationsbedürfnisse Kapitalmarktexperten bezüglich IFRS 12 haben, d. h. welche Anhangangaben sie als wichtig und welche sie als unwichtig beurteilen sowie welche Anhangangaben ihnen darüber hinaus in der aktuellen Fassung des IFRS 12 fehlen. Im Schrifttum gibt es bislang keine wissenschaftlichen Arbeiten, die sich mit den Informationsbedürfnissen von Kapitalmarktexperten bezüglich der Berichterstattung gemäß IFRS 12 auseinandersetzen. Die Verfasserin leistet mit ihrer Arbeit einen erheblichen Beitrag, diese im Schrifttum bestehende Lücke zu schließen.

Die Arbeit ist in fünf Abschnitte gegliedert. Im **ersten Abschnitt** werden die Problemstellung und der Gang der Untersuchung erläutert. Im **zweiten Abschnitt** stellt die Autorin die Anteile an anderen Unternehmen dar und kategorisiert die zugehörigen Anhangangaben. Die Anhangangaben über die unterschiedlichen Formen von Anteilen an anderen Unternehmen nach IFRS 12 lassen sich nur verstehen und analysieren, wenn die einzelnen Formen von Anteilen an anderen Unternehmen bezüglich des Ansatzes, der Klassifikation und der Bilanzierung bekannt sind. In IFRS 12 sind die Anhangangaben zu sämtlichen Arten von Anteilen an anderen Unternehmen erfasst. Der von der Verfasserin gegebene Überblick über die Kategorien von Anteilen an anderen Unternehmen mit den von IFRS 12 hierzu geforderten Anhangangaben dient dazu, die von den Kapitalmarktexperten abzufragenden Bewertungen der jeweiligen Anhangangaben zu den verschiedenen Kategorien von Anteilen an anderen Unternehmen bei der empirischen Befragung in Abschnitt 3 zu verstehen.

Im **dritten Abschnitt** stellt die Verfasserin die von ihr gewählte Methode der Befragung vor und beschreibt die Auswahl der Befragungsteilnehmer. Die aus Sicht der Kapitalmarktexperten wichtigsten und unwichtigsten Anhangangaben ermittelt die Autorin mit einem Online-Fragebogen, den sie mit der MaxDiff-Software SSI Web programmiert. Die von IFRS 12 geforderten Anhangangaben lässt sie von den Kapitalmarktexperten danach beurteilen, welches bei jedem Anhang-Bereich die jeweils wichtigste und welches die jeweils unwichtigste Anhangangabe ist. Mit dieser Methode ermittelt sie das Bedeutungsgewicht jeder Anhangangabe. Die Anhangangaben sind in die folgenden Anhang-Bereiche gegliedert:

Anhang-Bereich A:	Anteile an Tochterunternehmen
Anhang-Bereich B:	Anteile an nicht konsolidierten Tochterunternehmen
Anhang-Bereich C:	Anteile an gemeinschaftlichen Vereinbarungen und Anteile an assoziierten Unternehmen
Anhang-Bereich D:	Anteile an nicht konsolidierten strukturierten Unternehmen
Anhang-Bereich E:	Erhebliche Ermessensentscheidungen und Annahmen

Mit einem Pretest hat die Verfasserin den Fragenkatalog überprüft und verbessert. Der endgültige Fragebogen wurde den Kapitalmarktexperten per E-Mail zugeleitet. Die Verfasserin wertete den Rücklauf der Befragung aus und würdigt in Abschnitt 3 die Qualität der Befragungsergebnisse. Da die Fragen von nur 41 Personen beantwortet wurden, ist das Ergebnis zwar nicht repräsentativ, doch lässt es Trend- und Tendenzaussagen zu.

Im **vierten Abschnitt** erläutert die Autorin die Befragungsergebnisse gemäß den Anhang-Bereichen A bis E. Sie beschreibt und analysiert die aus Sicht der Antwortenden wichtigsten und unwichtigsten Anhangangaben und wertet aus, welche Anhangangaben den Kapitalmarktexperten in den einzelnen Anhang-Bereichen fehlen und welche in IFRS 12 insgesamt fehlen. Danach empfiehlt sie Möglichkeiten die Anhangangaben zu entschlacken und besser zu strukturieren. Auch wenn die empirisch gewonnenen Ergebnisse keinem statistischen Repräsentativitäts-Test standhalten, sind sie doch für die

Anhang-Erstellung in der Praxis von großer Bedeutung und sollten vom IASB und von der Rechnungslegungs-Praxis beachtet werden.

Im **fünften Abschnitt** fasst die Verfasserin die wichtigsten Ergebnisse der Arbeit zusammen und gibt einen Ausblick, welche Implikationen diese Erkenntnisse für die Anhangersteller und den IASB haben können.

So entsteht ein wertvoller Beitrag zur Verbesserung der Berichterstattung über Anteile an anderen Unternehmen. Denn hier werden erstmals die Informationsbedürfnisse von Kapitalmarktexperten bezüglich der Anhangangaben gemäß IFRS 12 zusammengestellt. Da der IASB den Adressatenkreis im Rahmenkonzept zu weit fasst, führt der Fokus der Verfasserin auf die Kapitalmarktexperten zu betriebswirtschaftlich und auslegungstechnisch sehr nachvollziehbaren und vor allem brauchbaren Ergebnissen. Die Verfasserin ermittelt mit der innovativen MaxDiff-Methode die wichtigsten und die unwichtigsten Anhangangaben zu Anteilen an anderen Unternehmen. Die Auswertung der Befragung liefert viele sehr gute Anregungen zur Verbesserung der Anhang-Berichterstattung gemäß IFRS 12. Ihre Empfehlungen zur Verbesserung der Struktur und zur Entschlackung der Anhangangaben des IFRS 12 sollten bei dem Projekt „Disclosure Initiative" des IASB, aber auch schon jetzt von den Anwendern unbedingt berücksichtigt werden.

Münster, im November 2015 Professor Dr. Dr. h.c. Jörg Baetge

Vorwort

Die vorliegende Arbeit entstand während meiner Tätigkeit als wissenschaftliche Mitarbeiterin im Forschungsteam Baetge und meiner Tätigkeit als fachliche Mitarbeiterin bei der HLB Dr. Schumacher & Partner GmbH in Münster. Sie wurde im November 2015 von der Wirtschaftswissenschaftlichen Fakultät der Westfälischen Wilhelms-Universität als Dissertation angenommen.

Meinem Doktorvater, Herrn Professor Dr. Dr. h.c. Jörg Baetge, danke ich herzlichst für die wissenschaftliche Betreuung der Arbeit und für die Übernahme des Erstgutachtens. Ihm danke ich sowohl für die ständige Diskussionsbereitschaft als auch für die wertvollen fachlichen Hinweise, die erheblich zum Gelingen dieser Arbeit beigetragen haben. Weiterhin gilt der Dank Herrn Professor Dr. Wolfgang Berens für die Übernahme des Zweitgutachtens sowie Herrn Professor Dr. Gustav Dieckheuer für sein Mitwirken in der Promotionskommission. Großer Dank gilt auch Herrn Professor Dr. Hans-Jürgen Kirsch und den Mitarbeitern des Instituts für Rechnungslegung und Wirtschaftsprüfung für die Anregungen und den fachlichen Austausch in unseren gemeinsamen Doktorandenseminaren.

Mein herzlicher Dank gilt ferner der HLB Dr. Schumacher & Partner GmbH für die wertvolle Praxiserfahrung, die die Qualität der Arbeit positiv beeinflusst hat. Stellvertretend bedanke ich mich bei Herrn WP/StB Dirk Beil, Herrn WP/StB/RA Wolf Achim Tönnes und Herrn StB Evert Teerling.

Ein besonderes Anliegen ist es mir, meinen aktuellen und ehemaligen Kollegen sowie meinen Freunden zu danken, die mir in der Zeit der Anfertigung meiner Arbeit eine große Hilfe waren und für die notwendige Ablenkung von der Forschung sorgten. Namentlich danken möchte ich den Korrekturlesern Christina Delberis, Ariane Kraft und Stephen Weich, die sich die Zeit nahmen, das Manuskript kritisch durchzusehen und zahlreiche wertvolle Hinweise gaben.

Stephen möchte ich zudem danken, auch über die Arbeit hinaus, an meiner Seite zu stehen. Mit seinem unerschöpflichen Zuspruch und seinem Optimismus hat er maßgeblich zum Gelingen der Arbeit beigetragen.

Der größte Dank gebührt schließlich meiner Familie, vor allem meinen Eltern und meiner Schwester, die mich auf meinem bisherigen Lebensweg mit großer Zuversicht, vertrauensvoll und bedingungslos in außergewöhnlicher Weise unterstützt und gefördert haben. Ihnen ist diese Arbeit gewidmet.

Münster, im November 2015 Ilka Lappenküper

Inhaltsübersicht

Inhaltsverzeichnis

Verzeichnis der Übersichten

Abkürzungsverzeichnis

A

a. A.	anderer Auffassung
Abs.	Absatz/Absätze
AG	Aktiengesellschaft
AktG	Aktiengesetz
Art.	Artikel
Aufl.	Auflage

B

BaFin	Bundesanstalt für Finanzdienstleistungsaufsicht
BayernLB	Bayerische Landesbank
BB	Betriebs-Berater (Zeitschrift)
BBK	Buchführung, Bilanzierung, Kostenrechnung (Zeitschrift)
BC	*Basis for Conclusions* (i. V. m. IAS/IFRS-Fundstellen)

BDI	Bundesverband der Deutschen Industrie e. V.
BFuP	Betriebswirtschaftliche Forschung und Praxis (Zeitschrift)
BGBL.	Bundesgesetzblatt
BilKog	Bilanzkontrollgesetz
BilReg	Bilanzrechtsreformgesetz
BMW	Bayerische Motoren Werke
bspw.	beispielsweise
BVI	Bundesverband Investment und Asset Management e. V.
BVK	Bundesverband Deutscher Kapitalbeteiligungsgesellschaften e. V.
bzgl.	bezüglich
bzw.	beziehungsweise

D

DAX	Deutscher Aktienindex
DB	Der Betrieb (Zeitschrift)

d. h.	das heißt
DP	*discussion paper*
DPR	Deutsche Prüfstelle für Rechnungslegung
DRSC	Deutsches Rechnungslegungs Standards Committee e. V.
DStR	Deutsches Steuerrecht (Zeitschrift)

E

ED	*exposure draft*
EFRAG	*European Reporting Advisory Group*
EG	Europäische Gemeinschaft
Erg. Lfg.	Ergänzungslieferung
ESMA	Europäische Wertpapieraufsichtsbehörde
et al.	et alii
EU	Europäische Union
e. V.	eingetragener Verein

F

f.	folgende (Seite)
FASB	*Financial Accounting Standards Board*
ff.	fortfolgende (Seiten, Jahre)

G

gem.	gemäß
ggü.	gegenüber
grds.	grundsätzlich
GuV	Gewinn- und Verlustrechnung

H

HGB	Handelsgesetzbuch
Hrsg.	Herausgeber
hrsg. v.	herausgegeben von

I

IAS	*International Accounting Standard(s)*
IASB	*International Accounting Standards Board*
IBM	*International Business Machines Corporation*
i. d. R.	in der Regel
IDW	Institut der Wirtschaftsprüfer in Deutschland e. V.
IFRS	*International Financial Reporting Standard(s)*
i. H. v.	in Höhe von
IMAA	*Institute of Mergers, Acquisitions and Alliances*
Inc.	*Incorporated*
inkl.	inklusive
IP	*Internet protocol*
IRW	Institut für Rechnungslegung und Wirtschaftsprüfung
IRZ	Zeitschrift für Internationale Rechnungslegung (Zeitschrift)
i. S. v.	im Sinne von

i. V. m. in Verbindung mit

K

KAGB Kapitalanlagegesetzbuch

KoR Zeitschrift für internationale und kapitalmarktorientierte Rechnungslegung (Zeitschrift)

KPI *Key Performance Indikator*

M

M&A *Mergers and Acquisitions*

MaxDiff *Maximum Difference*

MDAX *Mid-Cap-DAX*

Mio. Millionen

m. w. N. mit weiteren Nachweisen

N

n. F. neue Fassung

Nr. Nummer(n)

NWB Neue Wirtschaftsbriefe (Zeitschrift)

O

OB *Objective* (i. V. m. IAS/ IFRS-Fundstellen)

OECD *Organization for Economic Co-Operation and Development*

P

PiR Praxis der internationalen Rechnungslegung (Zeitschrift)

PwC PricewaterhouseCoopers Aktiengesellschaft Wirtschaftsprüfungsgesellschaft

Q

QC *Qualitative Characteristic* (i. V. m. IAS/IFRS-Fundstellen)

R

resp.	respektive
rev.	*revised*
RGBl.	Reichsgesetzblatt
Rn.	Randnummer(n)

S

S.	Seite(n)
SDAX	*Small-Cap-DAX*
SIC	*Standing Interpretations Committee*
sog.	sogenannte(n/r/s)
Sp.	Spalte(n)
SPSS	*Statistical Package for Social Sciences*
SSI Web	*Sawtooth Software Incorporated Web*
StB	Der Steuerberater (Zeitschrift)

StuB Steuern und Bilanzen (Zeitschrift)

T

TecDAX *Technology DAX*

TURF *Total Unduplicated Reach and Frequency*

Tz. Textziffer(n)

U

u. a. unter anderem/und andere

USD *United States Dollar*

US-GAAP *United States Generally Accepted Accounting Principles*

V

VFE-Lage Vermögens-, Finanz- und Ertragslage

vgl. vergleiche

VO	Verordnung
VW	Volkswagen

W

WPg	Die Wirtschaftsprüfung (Zeitschrift)
WWW	*World Wide Web*

Z

z. B.	zum Beispiel
ZfbF	Zeitschrift für betriebswirtschaftliche Forschung (Zeitschrift)

1 Einleitung

11 Problemstellung

Das Volumen und die Zahl an Transaktionen weltweiter *Mergers and Acquisitions* (M&A)-Deals haben von 1985 bis zu der im Jahr 2007 beginnenden Finanzmarktkrise zugenommen.[1] Auch wenn das heutige Volumen der M&A-Transaktionen nicht die Höchstwerte vor dem Jahr 2007 wieder erreicht, ist das weltweite Volumen im Jahr 2014 mit über 4000 Milliarden USD bemerkenswert hoch.[2] Die hohe Zahl an M&A-Deals ist Folge der hoch gesteckten Wachstumsziele von Unternehmen.[3] Unternehmen versuchen, neben dem intern generierten Wachstum, durch Zukäufe zu wachsen. Zum Beispiel (z. B.) sieht die ADIDAS GROUP langfristig in M&A-Aktivitäten großes Wachstums- und Wertsteigerungspotential.[4] Vorrangig versucht sie durch Zukäufe in Märkten und Vertriebskanälen ihre Marktposition und -macht zu vergrößern.[5] Die entsprechenden Informationen im Geschäftsbericht der ADIDAS GROUP unterstreichen, dass anorganisches Wachstum – bei passender Kapitalausstattung – einfacher zu erreichen ist als organisches Wachstum, da das investierende Unternehmen durch Zukäufe schneller wachsen kann.[6] **Zukäufe von Unternehmen oder Unternehmensteilen** sind

---

1 Indes lässt sich ein Einbruch der M&A-Deals in den Jahren 2001 und 2002 feststellen.

2 BECKER ET AL. bezeichnen die aktuellen M&A-Transaktionswerte sogar als Boom der M&A-Branche. Vgl. BECKER, W., U. A., M&A Boom, S. 1; ANGERMANN M&A INTERNATIONAL GMBH, M&A Markt im Aufwind, S. 4; DELOITTE, M&A Forum, S. 1-14. KAHLE konstatierte bereits im Jahr 2002 eine weltweite Zunahme der Transaktionsvolumina bei M&A-Aktivitäten. Vgl. KAHLE, H., Informationsversorgung des Kapitalmarkts, S. 96, IMAA, Statistics on Mergers & Acquisitions, zuletzt geprüft am 19.05.2015.

3 Vgl. GOLZ, M., Wachstum durch Unternehmenskäufe, S. 62 f. Wachstum ist für Unternehmen ein wichtiges Ziel, um langfristig existenzsichernd am Markt bestehen zu können. Vgl. BECKER, W./ULRICH, P./BOTZKOWSKI, T., Einbettung von Mergers & Acquisitions in die Strategie, S. 350. Da ein organisch schnelles Wachstum selten möglich ist, versuchen Unternehmen durch Akquisitionen zu wachsen.

4 Vgl. ADIDAS GROUP, Geschäftsbericht 2013, S. 68-71 i. V. m. S. 119; ebenso ADIDAS GROUP, Geschäftsbericht 2014, S. 46-48.

5 Vgl. ADIDAS GROUP, Geschäftsbericht 2013, S. 119.

6 Vgl. DEGISCHER, D./BAUER, F., Transaktionserfahrung, S. 244; HASPESLAGH, P./JEMISON, D., Managing acquisitions, S. 6 f.; CAPRON, L., Performance of horizontal acquisitions, S. 993.

mittlerweile Standardinstrumente national und international agierender, auf Wachstum bedachter Unternehmen.[7]

Angaben über M&A-Transaktionen sowie Informationen über Anteile an verbundenen Unternehmen sind gemäß dem **International Financial Reporting Standard (IFRS) 12** „Anteile an anderen Unternehmen"[8] von deutschen kapitalmarktorientierten Unternehmen im **Konzernanhang des Konzernabschlusses** zu veröffentlichen. Konzernabschlüsse deutscher kapitalmarktorientierter Mutterunternehmen[9] sind gemäß § 315a HGB nach den durch den International Accounting Standards Board (IASB) entwickelten IFRS aufzustellen.[10] IFRS 12 enthält ausschließlich Regelungen zu Anhangangaben. Ansatz und Bewertung der Anteile an anderen Unternehmen sind hingegen in den Standards IFRS 10 „Konzernabschlüsse", IFRS 11 „Gemeinschaftliche Vereinbarungen" und International Accounting Standard (IAS) 28 (rev. 2011) „Beteiligungen an assoziierten Unternehmen und Gemeinschaftsunternehmen" geregelt.[11] Der IASB[12] verfolgt mit IFRS 12 das Ziel, Adressaten mit den wichtigsten Informationen über Anteile an anderen Unternehmen zu versorgen. Damit sollen die Adressaten über die Art der Beteiligungen, die damit verbundenen Risiken sowie über die Auswirkungen des Erwerbs der Anteile an anderen Unternehmen auf die Vermögens-, Finanz- und Ertragslage (VFE-Lage) des Konzerns sowie über die Cashflows informiert werden.[13] Der

---

7 Vgl. BECKER, W./ULRICH, P./BOTZKOWSKI, T., Einbettung von Mergers & Acquisitions in die Strategie, S. 350.

8 Der Standard ist erstmals für Geschäftsjahre anzuwenden, die am oder nach dem 01.01.2014 beginnen. Vgl. IFRS 12.IN2.

9 Nicht kapitalmarktorientierte Unternehmen haben das Wahlrecht, die IFRS für den Konzernabschluss zu nutzen. Vgl. § 315a Abs. 3 HGB.

10 Vgl. Art. 4 der Verordnung Nr. 1606/2002 des Europäischen Parlaments vom 19.07.2002. Seit dem 01.01.2005 müssen kapitalmarktorientierte Unternehmen die IFRS anwenden. Vgl. EUROPÄISCHE GEMEINSCHAFT, Anwendung internationaler Rechnungslegungsstandards. Ausführlich zur sog. IAS-Verordnung und zur Entwicklung der IFRS-Rechnungslegung in Deutschland vgl. WOLLMERT, P./OSER, P./BELLERT, S., in: Rechnungslegung nach IFRS, Rahmenbedingungen für die IFRS-Rechnungslegung in Deutschland, Rn. 1; PELLENS, B., U. A., Internationale Rechnungslegung, S. 70-78.

11 Vgl. HAYN, S./STRÖHER, T., in: Rechnungslegung nach IFRS, IFRS 12, Tz. 1. Zu den konkreten Regelungen nach IFRS 10, IFRS 11 und IAS 28 vgl. Abschnitt 22.

12 Die Abkürzung IASB, Board und Standardsetter werden in der vorliegenden Arbeit synonym verwendet.

13 Vgl. IFRS 12.1 i. V. m. IFRS 12.BC125-BC128.

Abschlussadressat soll also jene Anhangangaben erhalten, die er für seine Kauf- oder Verkaufsentscheidungen benötigt.[14] Der IASB hat in IFRS 12 festgelegt, welche Informationen zu geben sind: Anhangangaben zu Anteilen an Tochterunternehmen, Anhangangaben zu Anteilen an nicht konsolidierten Tochterunternehmen, Anhangangaben zu Anteilen an gemeinschaftlichen Vereinbarungen und assoziierten Unternehmen, Anhangangaben zu Anteilen an nicht konsolidierten strukturierten Unternehmen[15] sowie Anhangangaben zu erheblichen Ermessensentscheidungen und Annahmen, die das berichtende Unternehmen bei seiner Entscheidung getroffen hat, welche Beteiligungen an anderen Unternehmen in den Konsolidierungskreis einzubeziehen sind.

Diese Anhangangaben stellen für Konzernabschlussleser wichtige Informationen dar, um ermitteln zu können, welchen Wert eine gegenwärtige oder künftige Beteiligung an dem zu analysierenden Beteiligungsunternehmen hat.[16] Wie wichtig die **Angaben im Anhang zur Konzernrechnungslegung** auch aus Sicht der Deutschen Prüfstelle für Rechnungslegung (DPR) sind, wird durch die **aktuellen DPR-Prüfungsschwerpunkte für das Jahr 2015 deutlich.**[17] Zwei von fünf DPR-Prüfungsschwerpunkten beziehen sich auf die Standards IFRS 10 und IFRS 11 zur Konzernrechnungslegung sowie die diese flankierenden Anhangangaben nach IFRS 12. Die DPR hat diese Prüfungsschwerpunkte

---

14 Denn Abschlussadressaten benötigen Informationen, die ihre wirtschaftlichen Entscheidungen über das Kaufen, Halten oder Verkaufen von Unternehmen oder Unternehmensteile unterstützen sollen. Vgl. IFRS FOUNDATION, Conceptual Framework, Einleitung, S. 4.

15 Vgl. IFRS 12.2(b), IFRS 12.5 i. V. m. IFRS 12.B4. Zur Definition von Tochterunternehmen, gemeinschaftlichen Vereinbarungen, assoziierten Unternehmen und strukturierten Unternehmen vgl. ausführlich Abschnitt 22.

16 Vgl. IFRS 12.IN3.

17 Die Prüfungsschwerpunkte 2015 der DPR sind online verfügbar unter: http://www.frep.info/docs/pressemitteilungen/2013/20131015_pm.pdf, zuletzt geprüft am 15.12.2014. Vgl. auch BISCHOF, S./STAß, A., Prüfungsschwerpunkte der DPR, S. 1-3; BISCHOF, S./STAß, A., Prüfungsschwerpunkte der DPR und der ESMA, S. 2756; BEYHS, O./BURDACK, M./KRAUSE, B., Neue Standards im Fokus, S. 2861-2863. Das Enforcement-Verfahren wird in Deutschland zweistufig durchgeführt. Erste Instanz ist die DPR. Da die DPR eine privatrechtlich organisierte Vereinigung ist, existiert neben der DPR eine zweite Instanz, die die Prüfung und Offenlegung von Bilanzierungsfehlern übernimmt: die BaFin (Bundesanstalt für Finanzdienstleistungsaufsicht). Ziel dieser Instanzen, die durch das Bilanzkontrollgesetz (BilKog) initiiert wurden, ist es, das Vertrauen der Investoren in die Abschlüsse zu verstärken bzw. das durch Bilanzskandale zerstörte Vertrauen wieder herzustellen. Vgl. BEYER, B., Erkenntnisse aus den Tätigkeitsberichten der DPR, S. 279.

gewählt, weil sie in der Vergangenheit unter allen Fehlerfeststellungen zu etwa einem Drittel Fehler[18] bzgl. der Anhangangaben ermittelte.[19]

Nicht nur die DPR, sondern vor allem die sachverständigen Leser des IFRS-Konzernabschlusses, messen den Anhangangaben eine besonders hohe Bedeutung zu.[20] Die Konzernabschlussleser verwenden die **erläuternden Anhangangaben**, um **Bilanz** sowie **Gewinn- und Verlustrechnung** (GuV) zu **verstehen** und zu **interpretieren.**[21] Denn in Bilanz und GuV lässt sich z. B. nicht erkennen, welche Arten von Risiken mit den Anteilen an konsolidierten Unternehmen verbunden sind, da Bilanz und GuV keine unterstützenden Erläuterungen, Beschreibungen und Erklärungen enthalten.[22] Für die umfassende Analyse von Unternehmen oder Unternehmensteilen sind Informationen im Anhang unentbehrlich.[23]

Die Anhangangaben zu Anteilen an anderen Unternehmen wurden vom IASB im Rahmen der neu strukturierten Konzernrechnungslegung und -konsolidierung aus den Standards IAS 27 (rev. 2008), IAS 28 (rev. 2003) sowie IAS 31 in den IFRS 12 übernommen, teilweise modifiziert und durch neue Anhangangaben, vor allem zu Angaben über Ermessensentscheidungen und getroffenen Annahmen sowie zu **nicht konsolidierten strukturierten Unternehmen**[24] ergänzt.[25] Die zuletzt genannten Anhangangaben

---

[18] Fehler sind entweder falsche oder unvollständige Angaben, die auf Anwendungs- und Auslegungsschwierigkeiten zurückzuführen sind.

[19] Auswertung der DPR-Tätigkeitsberichte für die Jahre 2007 bis 2014 durch die Verfasserin der vorliegenden Arbeit. Vgl. auch S. 8 f. der Charts zum Vortrag von Professor Dr. EDGAR ERNST auf dem 13. IFRS Kongress 2014 am 10.09.2014 in Berlin (DPR Update).

[20] Vgl. PELLENS, B./SCHMIDT, A., Befragung von privaten und institutionellen Anlegern, S. 65. Dieses Ergebnis konnte bereits im Jahr 2005 und erneut im Jahr 2009 festgestellt werden. Vgl. ERNST, E./GASSEN, J./PELLENS, B., Präferenzen deutscher Aktionäre 2005, S. 34 f.; ERNST, E./GASSEN, J./PELLENS, B., Präferenzen deutscher Aktionäre 2009, S. 48 f.

[21] Vgl. IAS 1.17 (c); vgl. ZÜLCH, H., Gewinn- und Verlustrechnung nach IFRS.

[22] Zur Bedeutung und Aufgabe des IFRS-Anhangs vgl. KESSLER, M., in: Kommentar zum Bilanzrecht, Erläuterungen der Bilanz und der Gewinn- und Verlustrechnung, Tz. 47-50; LEIBFRIED, P./WEBER, I., Notes, S. 7-9; KRAWITZ, N., Anhang und Lagebericht nach IFRS, S. 10; HEERING, D./HEERING, A., Notes nach IFRS, S. 150.

[23] Vgl. BAETGE, J./KIRSCH, H.-J./THIELE, S., Bilanzanalyse, S. 1 f.

[24] Bei einem strukturierten Unternehmen ist es für die Ermittlung und Bestimmung der Beherrschung eines Unternehmens nicht wichtig, wie hoch die Zahl der Stimmrechte eines beteiligten Unternehmens ist. Denn die Beherrschung wird über vertragliche Regelungen und nicht über

sind neu aufgenommen worden, weil strukturierte Unternehmen häufig mit Risiken verbunden sind, die nach den IFRS bis dato nicht umfassend angegeben werden mussten und vor allem, weil während der Finanzmarktkrise dieser Mangel an Informationen deutlich wurde.[26] Durch die Zusammenführung der Anhangangaben aus bisherigen Standards und Ergänzungen durch neue zusätzliche Anhangangaben in IFRS 12 überschneiden sich allerdings einige Regelungen und sind dadurch teilweise redundant.[27] Doch sieht der Board trotz der auch von ihm bereits als redundant erkannten Anhangangaben und des dadurch entstehenden *disclosure overload* einen hohen Nutzen durch IFRS 12 für die Adressaten. Auch wenn der Versuch, festgestellte Überschneidungen bei den bisher geforderten Anhangangaben in IFRS 12 zu eliminieren, (noch) nicht geglückt ist.[28]

In Praxis und Wissenschaft werden die **Anhangangaben nach IFRS 12 als aufwändig**[29], **anspruchsvoll**[30], **komplex**[31] sowie aufgrund der Vielzahl der Anhangangaben von Erstellern, Prüfern und Lesern als **zeit- und kostenintensiv**[32] bezeichnet.[33] Fraglich ist, ob den

Stimmrechte oder vergleichbare Rechte ermittelt. Vgl. IFRS 12 Anhang A; IFRS 12.B21; IFRS 12.BC84. So können sich nach IFRS 12 Anhang A Stimmrechte lediglich auf administrative Tätigkeiten beziehen und die wesentlichen sog. maßgeblichen Tätigkeiten durch Verträge geformt werden. Beispiele für strukturierte Unternehmen sind Verbriefungsgesellschaften, forderungsbesicherte Finanzierungen oder Investmentfonds. Vgl. IFRS 12.B23; BRUNE, J., in: Beck'sches IFRS-Handbuch, Angaben im Konzernanhang, Rz. 31; IFRS 12.24-31 i. V. m. IFRS 12.BC62-BC74. Ausführlich zu strukturierten Unternehmen vgl. Abschnitt 226 und zu den Anhangangaben über strukturierte Unternehmen vgl. Abschnitt 233.24.

25 Vgl. IFRS 12.BC9; IFRS 12.BC119B. Vgl. auch Abschnitt 22. Die Anhangangaben zu den Einzelabschlüssen sind indes weiter in IAS 27 (rev. 2011) „Einzelabschlüsse" enthalten.

26 Vgl. IFRS 12.24-12.31 i. V. m. IFRS 12.BC62; IFRS 12.BC.119B. Vgl. auch STAMM, A./GIORGINI, A., Reaktion des Standardsetters auf die Finanzmarktkrise bzgl. IFRS 10-12, S. 11.

27 Vgl. IFRS 12.BC7.

28 Vgl. IFRS 12.BC7; BRUNE, J., in: Beck'sches IFRS-Handbuch, Angaben im Konzernanhang, Rz. 31.

29 Vgl. WOLLMERT, P., Neuregelungen zur Konzernrechnungslegung nach IFRS 10-12, S. I.

30 Vgl. BEYHS, O./BUSCHHÜTER, M./SCHURBOHM, A., Neue IFRS zum Konsolidierungskreis, S. 662.

31 Vgl. LACHMANN, M./KÜMPEL, K./HAGEN, J., Kritische Analyse der internationalen Konzernrechnungslegung nach IFRS 10-12, S. 573-579; MARTENS, S./OLDEWURTEL, C./KÜMPEL, K., Konzernrechnungslegung nach IFRS 10 und IFRS 12, S. 45 f.

32 Vgl. BDO AG, Neue Standards zur Konsolidierung, S. 1, zuletzt geprüft am 04.12.2014; ZÜLCH, H./POPP, M., Konsolidierungsstandards IFRS 10, IFRS 11 und IFRS 12, S. 87. FISCHER erwartet erhebliche Kosten bei der Implementierung der neuen Standards. Vgl.

Konzernabschlusslesern mit dem vergrößerten Umfang der Anhangangaben nach IFRS 12 ein besserer Einblick in die tatsächlichen Verhältnisse der VFE-Lage des berichtenden Unternehmens gewährt wird als mit den bisher verlangten Anhangangaben.[34] Denn eine (zusätzliche) Anhangangabe, bspw. zu nicht konsolidierten strukturierten Unternehmen, stiftet nur einen Informationsnutzen, wenn sie bei einer Entscheidung des Abschlussadressaten nützlich ist.[35] Im Rahmenkonzept[36] ist festgelegt, welche grundlegenden und qualitativen Anforderungen die in IFRS 12 geforderten Angaben erfüllen müssen, um für Adressaten entscheidungsnützlich zu sein. Eine Information ist gemäß dem Rahmenkonzept entscheidungsnützlich, wenn durch diese Information eine andere (Investitions-)Entscheidung getroffen wird als ohne sie und sie einen vorhersagenden[37] oder bestätigenden[38] Wert oder beides hat.[39] Wenn aber die geplante Entscheidung durch die neue, zusätzliche Information nur verstärkt wird, ist die Information für Adressaten nicht entscheidungsnützlich und damit redundant.[40] Fraglich ist daher, ob

FISCHER, D., EFRAG-Feldstudie zu den Konsolidierungsstandards IFRS 10-12, S. 129. Der Board selbst beschreibt, dass die Implementierung von IFRS 12 und die sog. laufenden Arbeiten zu Kosten führen. Vgl. zu den Kosten-Nutzen-Überlegungen IFRS 12.BC123 und IFRS 12.BC128.

33 Besonders problematisch bei vielen der geforderten Anhangangaben sind die eingeräumten bilanzpolitischen Gestaltungsspielräume. Vgl. dazu ZÜLCH, H./ERDMANN, M.-K./POPP, M., Neuformulierung der konzernbezogenen Anhangangaben, S. 512.

34 Vgl. WOLLMERT, P., Neuregelungen zur Konzernrechnungslegung nach IFRS 10-12, S. I. Auch KIRSCH/EWELT-KNAUER sehen durch die Fülle von Anhangangaben den Bilanzierenden vor große Herausforderungen gestellt. Vgl. KIRSCH, H.-J./EWELT-KNAUER, C., Abgrenzung des Vollkonsolidierungskreises nach IFRS 10 und IFRS 12, S. 1645.

35 Vgl. PELLENS, B./NEUHAUS, S./SCHMIDT, A., Unterschiedliche Wertmaßstäbe für die Unternehmensberichterstattung, S. 83.

36 Die Begriffe Rahmenkonzept und *Conceptual Framework for Financial Reporting 2010* werden in der vorliegenden Arbeit synonym verwendet. Vgl. auch LACHMANN, M./KÜMPEL, K./HAGEN, J., Kritische Analyse der internationalen Konzernrechnungslegung nach IFRS 10-12, S. 573.

37 Einen vorhersagenden Wert haben Finanzinformationen, wenn Adressaten diesen Wert nutzen können, um künftige Ergebnisse vorherzusagen. Vgl. IFRS FOUNDATION, Conceptual Framework, QC8.

38 Vgl. IFRS FOUNDATION, Conceptual Framework, QC9.

39 Vgl. IFRS FOUNDATION, Conceptual Framework, QC7. Zu den Ausführungen zur Entscheidungsrelevanz von Informationen vgl. BALLWIESER, W., Informations-GoB, S. 117.

40 Vgl. auch BAETGE, J./DITTMAR, P./KLÖNNE, H., Grundsätze internationaler Rechnungslegung, S. 4-6.

die in IFRS 12 geforderten Anhangangaben für die Adressaten entscheidungsnützlich sind.[41]

Neben den grundlegenden und weiterführenden Anforderungen an die Angaben in IFRS 12 verfolgt der IASB – wie er im aktuellen Rahmenkonzept[42] angibt – das Ziel, möglichst **viele Abschlussadressaten** mit entscheidungsnützlichen Informationen im IFRS-Konzernabschluss und somit auch im IFRS-Konzernanhang zu versorgen.[43] Zwar hat der Board im Vergleich zum Rahmenkonzept aus dem Jahr 1989, in dem er aktuelle und künftige Investoren, Kunden, Kreditgeber, Lieferanten, Staat, Aufsichtsbehörden, Öffentlichkeit und weitere Kreditoren zu den Adressaten zählte, den Kreis dieser verkleinert.[44] Doch zählt er immer noch aktuelle und künftige Investoren, Kreditgeber und andere Gläubiger zu den Adressaten und fasst damit den Hauptadressatenkreis zu weit.[45] Der Board erläutert den von ihm im aktuellen Rahmenkonzept benannten Adressatenkreis nicht weiter. Vielmehr erklärt er in den Schlussfolgerungen zum Rahmenkonzept, dass die von ihm deklarierten Hauptadressaten unterschiedliche Informationsbedürfnisse haben.[46]

Der IASB konzentriert sich nicht auf einen wohldefinierten Adressatenkreis, sondern auf viele Informationsinteressenten mit vielen verschiedenen Informationsbedürfnissen. Der vom IASB weit gefasste Adressatenkreis führt dazu, dass nicht eindeutig beantwortet werden kann, was entscheidungsnützliche Informationen sind, da dies bei unterschiedlichen Adressatengruppen unterschiedlich beurteilt werden muss bzw. wird. Denn jede Adressatengruppe hat spezifische Informationsbedürfnisse bzgl. der Anhangangaben zu

41 Durch die IFRS sollen sog. entscheidungsnützliche Informationen vermittelt werden. Vgl. IFRS FOUNDATION, Conceptual Framework, OB2. Zur kritischen Diskussion, was unter entscheidungsnützlichen Informationen zu verstehen ist, vgl. Abschnitt 245.

42 Vgl. IFRS FOUNDATION, Conceptual Framework, OB2 und OB8 i. V. m. BC1.15-BC1.17.

43 Bei dem Zweck des IFRS-Abschlusses geht der IASB davon aus, dass die Informationen über die VFE-Lage einem breiten Spektrum von Adressaten offenbart werden. Vgl. IAS 1.9.

44 Vgl. IFRS FOUNDATION, Conceptual Framework, BC1.9-BC1.13.

45 Vgl. dazu auch MERKT, H., IFRS Conceptual Framework, S. 479; STREIM, H., Vermittlung von entscheidungsnützlichen Informationen, S. 128.

46 Vgl. IFRS FOUNDATION, Conceptual Framework, BC1.18.

Anteilen an anderen Unternehmen, wie am Beispiel von Eigenkapitalgebern[47] und Fremdkapitalgebern deutlich wird:[48]

Eigenkapitalgeber müssen Entscheidungen darüber treffen, ob sie Unternehmen oder Unternehmensteile kaufen, halten oder verkaufen wollen.[49] Sie stellen dem Unternehmen Risikokapital zur Verfügung und wollen wissen, ob und wie sich die Rendite aus den Anteilen an anderen Unternehmen bestimmt und wie sich die Risikosituation des Unternehmens verändert.[50] Denn Eigenkapitalgeber haben im Vergleich zu Fremdkapitalgebern nur einen Anspruch auf den Residualgewinn des Unternehmens, in welches sie investiert haben, nicht aber auf die Rückzahlung ihrer Eigenkapitaleinlagen. **Fremdkapitalgeber**, wie Kreditinstitute, Anleihegläubiger, Leasinggesellschaften und Kreditversicherer, haben einen vertraglich fixierten Anspruch auf die Begleichung von Zins- und Tilgungsleistungen durch das Unternehmen, in das sie investiert haben.[51] Fremdkapitalgeber sind demnach vor allem – anders als die Eigenkapitalgeber – an Informationen darüber interessiert, ob das Unternehmen Zins- und Tilgungszahlungen leisten kann.[52]

Für eine Auslegung von Standards müsste aber eindeutig sein, wer der vom Standardsetter als privilegiert angesehene Interessentenkreis sein soll, also jener Kreis von Informationsinteressenten, den SPRENGER und MOXTER als „Adressaten", nämlich als die berechtigten Informationsinteressenten[53] des Abschlusses, bezeichnen.[54] Eine diffuse

---

47 Die Begriffe Eigenkapitalgeber und Eigenkapitalinvestoren werden in der vorliegenden Arbeit synonym verwendet.

48 Ausführlich zum Interessenkonflikt zwischen Eigenkapitalgebern und Gläubigern vgl. WOHLGEMUTH, F., Gestaltung und Vergleichbarkeit von Jahresabschlüssen, S. 22-24.

49 Vgl. JANSSEN, J., Eignung der nationalen und internationalen Rechnungslegungsvorschriften, S. 16; KÜTING, K./WEBER, C.-P., Die Bilanzanalyse, S. 12.

50 Vgl. OBERDÖRSTER, T., Finanzberichterstattung und Prognosefehler von Finanzanalysten, S. 17 f.

51 Vgl. BAETGE, J./KIRSCH, H.-J./THIELE, S., Bilanzanalyse, S. 16 f.

52 Vgl. BAETGE, J./THIELE, S., Gesellschafterschutz versus Gläubigerschutz, S. 15; OBERDÖRSTER, T., Finanzberichterstattung und Prognosefehler von Finanzanalysten, S. 18.

53 MOXTER unterscheidet zwischen Informationsempfängern, Informationsinteressenten und Informationsadressaten. Informationsempfänger ist grundsätzlich jeder, obwohl der Bericht nicht an die Informationsbedürfnisse von jedem ausgerichtet ist. Informationsinteressent ist derjenige, der zwar interessiert an den berichtenden Informationen ist, allerdings vom Gesetz-

Festlegung der als berechtigt anzusehenden Informationsempfänger macht eine zweckorientierte Auslegung der IFRS unmöglich und zwar zu Gunsten einer **adressatenneutralen** und **damit sinnentleerten Rechenschaft.**[55] Denn klare Rechenschaft ist nur möglich gegenüber klar definierten Adressaten.[56] Der IASB orientiert sich bei dem aus seiner Sicht grundlegenden Ziel der IFRS-Rechnungslegung, der Vermittlung von entscheidungsnützlichen Informationen, auf mehrere Investoren.[57] Doch das Ziel, entscheidungsnützliche Informationen[58] über Anteile an anderen Unternehmen für möglichst viele Adressaten[59] zu liefern, ist nur durch einen sehr umfangreichen, wenig auf konkrete adressatenorientierte Informationen gerichteten Standard, erreichbar. Daher enthält der IFRS 12 zwangsläufig wenige unternehmens- und branchengerechte Angaben.[60]

Diese **Mängel** ließen sich nur **beheben**, wenn der IASB eine **konkrete Adressatengruppe** in den Fokus nähme.[61] Entsprechend diskutierte der IASB, ob er eine Hierarchie der Adressaten aufstellen solle.[62] Inzwischen gibt es Anzeichen,[63] dass der IASB die Eigenka-

geber nicht Informationsadressat ist. Denn nur der Informationsadressat hat einen Anspruch auf die Information im Bericht. Vgl. MOXTER, A., Bilanzlehre, S. 418 f.

54 Vgl. SPRENGER, R., Rechenschaft im Geschäftsbericht, S. 40-42; MOXTER, A., Fundamentalgrundsätze ordnungsmäßiger Rechenschaft, S. 94 f.

55 Vgl. MOXTER, A., Fundamentalgrundsätze ordnungsmäßiger Rechenschaft, S. 95; BAETGE, J./KIRSCH, H.-J./THIELE, S., Bilanzen, S. 151; BRINKMANN, J., Zweckadäquanz der Rechnungslegung, S. 38-40.

56 Analog zum handelsrechtlichen Abschluss vgl. MOXTER, A., Bilanzlehre, S. 418 f.; MOXTER, A., Fundamentalgrundsätze ordnungsmäßiger Rechenschaft, S. 94-96; SPRENGER, R., Rechenschaft im Geschäftsbericht, S. 40-42; BAETGE, J./KIRSCH, H.-J./THIELE, S., Bilanzen, S. 151.

57 Vgl. IFRS FOUNDATION, Conceptual Framework, OB2.

58 Entscheidungsnützliche Informationen sind abhängig von den Informationsinteressen der Adressaten. Konkrete entscheidungsnützliche Informationen dienen dazu, den Rechenschaftsinhalt für Adressaten des Abschlusses zu konkretisieren.

59 Vgl. IFRS Foundation, Conceptual Framework, OB8.

60 Auch der Board selbst erkennt das Problem der fehlenden Adressatenkonkretisierung. Vgl. IFRS FOUNDATION, Conceptual Framework, OB2 i. V. m. OB5.

61 Konkrete Informationsbedürfnisse von Adressaten zu bestimmen ist unmöglich, wenn die Adressaten selbst nicht konkret bestimmt sind.

62 Vgl. IFRS FOUNDATION, Conceptual Framework, BC1.18.

63 HANS HOOGERVORST, der Vorsitzende des IASB, spricht in einem Interview stets nur von (Eigenkapital-)Investoren und nicht von anderen Adressaten, die im aktuell geltenden Rahmenkonzept auch genannt werden. Vgl. HOOGERVORST, H./TEITLER-FEINBERG, E., Responsibility to make sure that investors understand what is going on in a company, S. 133 f.

pitalinvestoren als Adressaten der IFRS-Abschlüsse festlegen möchte, um das skizzierte Dilemma zu beseitigen. Daher werden in der vorliegenden Arbeit diese Anzeichen zum Anlass genommen, einen Vorschlag für eine eindeutige Ermittlung berechtigter Informationsbedürfnisse von Eigenkapitalinvestoren zu entwickeln und entsprechende entscheidungsnützliche Informationen für die Anhangangaben nach IFRS 12 zu konkretisieren.

Ergebnisse **empirischer Studien**[64] belegen, dass tatsächliche Leser des Konzernabschlusses und des darin inkludierten Anhangs Eigenkapitalinvestoren und deren Repräsentanten sind. **Eigenkapitalinvestoren** haben ein hohes Kapitalanlagerisiko und sind besonders an der Fähigkeit des Unternehmens interessiert, künftige Cashflows zu generieren.[65] Sie sind jene, die als zu befragende Personen bzgl. der Entscheidungsnützlichkeit der geforderten Anhanginformationen in Frage kommen. Eigenkapitalinvestoren lassen sich in private und institutionelle Eigenkapitalinvestoren unterscheiden. **Institutionelle Anleger** sind juristische Personen, die mit großen Auftragsportfolios am Kapitalmarkt agieren, treuhänderisch Kapital für ihre Auftraggeber verwalten und gut ausgebildete Mitarbeiter beschäftigen, die sich um die Kapitalmarktanlage kümmern.[66] Zu ihnen zählen gemäß dem BUNDESVERBAND INVESTMENT UND ASSET MANAGEMENT E. V. (BVI) **Versicherungen, Banken und Altersvorsorgeeinrichtungen.**[67] Neben Versicherungen fasst die OECD unter institutionellen Investoren **Investmentfonds** und **Pensionskassen**[68] zusammen. Die DEUTSCHE BUNDESBANK er-

[64] Vgl. PELLENS, B./SCHMIDT, A., Befragung von privaten und institutionellen Anlegern, S. 65. Vgl. hierzu auch ERNST, E./GASSEN, J./PELLENS, B., Präferenzen deutscher Aktionäre 2005, S. 34 f.; ERNST, E./GASSEN, J./PELLENS, B., Präferenzen deutscher Aktionäre 2009, S. 48 f. Weitere Studien identifizieren institutionelle Eigenkapitalinvestoren als wichtig(st)e Adressatengruppe des IFRS-Abschlusses. Vgl. CASCINO, S., U. A., Use of information by capital providers, S. 22-31; GASSEN, J./SCHWEDLER, K., Decision Usefulness of Financial Accounting Measurement Concepts, S. 497 f.; SCHULZ, M., Aktienmarketing, S. 148-151; FERBER, M./NITZSCH, R. V., Bedeutung von Vertrauen bei Investor Relations, S. 819 f.

[65] Vgl. OBERDÖRSTER, T., Finanzberichterstattung und Prognosefehler von Finanzanalysten, S. 17, unter Rückgriff auf MOXTER, A., IAS-konforme Jahres- und Konzernabschlüsse, S. 501-505.

[66] Vgl. RICHARD, J., Finanzmärkte und Unternehmen, S. 117. Ausführlich zu den drei wesentlichen Aspekten institutioneller Investoren vgl. SCHIERECK, D., Definition institutioneller Investoren, S. 393 f.

[67] Vgl. BVI, Jahrbuch 2014, S. 14.

[68] Für Deutschland vgl. OECD, Institutional Investors Statistics, S. 76-81.

weitert neben Investmentfonds und Versicherungen mit Banken und **Organen der öffentlichen Hand** diesen Kreis.[69] Im Gegensatz zu privaten Anlegern können institutionelle Investoren Käufe und Verkäufe mit einem großen Volumen realisieren.[70] Private Eigenkapitalgeber, die sog. ***retailer***, nutzen den IFRS-Anhang im Vergleich zu institutionellen Anlegern kaum[71] und greifen aufgrund ihrer, im Vergleich zu professionellen Anlegern, geringeren Fach- und Marktexpertise auf die Dienste von **Finanzanalysten und Fondsmanagern** zurück.[72] Finanzanalysten und Fondsmanager gelten als sachkundige Nutzer von Rechnungslegungsdaten und sind Informationsintermediäre zwischen dem Unternehmensmanagement und den Investoren.[73]

Finanzanalysten, oder auch Investment- oder Wertpapieranalysten, können komplexe Unternehmensinformationen, bspw. über Anteile an anderen Unternehmen, in präzise Handlungsempfehlungen für Eigenkapitalinvestoren umwandeln.[74] Die Aufgabe von

69 Vgl. http://www.bundesbank.de/Navigation/DE/Service/Glossar/Functions/glossar.html?lv-2=32036&lv3=62180#62180, zuletzt geprüft am 07.01.2015; BVI, Jahrbuch 2014, S. 14; OECD, Institutional Investors Statistics, S. 76-81. Für weitere Definitionen, die sich ganz oder auch nur teilweise mit den beiden genannten Definitionen decken vgl. GERKE, W./RASCHKE, S., Blockhandel, S. 193; BAUMS, T./FRAUNE, C., Institutionelle Anleger, S. 97; SCHIERECK, D., Börsenplatzentscheidungen institutioneller Investoren, S. 1062. Die DVFA, der Berufsverband der sog. Investment Professionals, definiert institutionelle Investoren als Kapitalmarktteilnehmer, die professionell Investitionen bewerten, evaluieren und aufgrund deren Finanzanalyse (Kauf-)Empfehlungen äußern. Vgl. DVFA, Grundsätze für effektive Finanzkommunikation, S. 3.

70 Vgl. DEUTSCHE BUNDESBANK, Monatsbericht Januar 2013, S. 23.

71 Vgl. PELLENS, B./SCHMIDT, A., Befragung von privaten und institutionellen Anlegern, S. 39; ERNST, E./GASSEN, J./PELLENS, B., Präferenzen deutscher Aktionäre 2009, S. 30 f.; ERNST, E./GASSEN, J./PELLENS, B., Präferenzen deutscher Aktionäre 2005, S. 22 f. In den Studien konnte gezeigt werden, dass Kleinanleger ein sehr geringes Interesse und ein damit verbundenes geringes Verständnis bzgl. des Anhangs eines Unternehmens haben. Vgl. hierzu auch CASCINO, S., U. A., Use of information by capital providers, S. 31-35; ERNST, E./PELLENS, B./GASSEN, J., Interessen von Privatanlegern, S. 7. Zu einem ähnlichen Ergebnis gelangt auch BRÜGGEMANN. Er bezieht private Anleger in seine Untersuchung bzgl. der Berichterstattung im Anhang nicht mit ein. Vgl. BRÜGGEMANN, B., Berichterstattung im IFRS-Anhang, S. 45.

72 Da *retailer* zudem nur geringe Anteile an größeren, nach IFRS bilanzierenden Unternehmen halten, scheiden sie als potentiell zu Befragende aus.

73 Vgl. BASSEN, A., Informationsgehalt von IAS-Abschlüssen aus Perspektive von Finanzanalysten, S. 448; STANZEL, M., Aktienresearch von Finanzanalysten, S. 19; FÜLBIER, R./NIGGEMANN, T./WELLER, M., Verwendung von Rechnungslegungsdaten, S. 806; DÜSTERLHO, J.-E., Umgang mit Analysten, S. 73 f.; CHANG, L./MOST, K., Comparison of Investor Uses of Financial Statements, S. 44; ARNOLD, J./MOIZER, P./NOREEN, E., Investment Appraisal Methods of Financial Analysts, S. 1 f.

74 Vgl. DÜSTERLHO, J.-E., Umgang mit Analysten, S. 73; FRANK, R., Wie denkt der Ana-

Finanzanalysten ist es, Informationen „in eine für den Kapitalmarkt verwertbare Qualität“[75] zu transferieren.[76] Um schnell und gleichzeitig an möglichst viele Daten zu gelangen, nutzen Finanzanalysten als wichtigste Quelle zur Beschaffung von Informationen vom Unternehmen selbst veröffentlichte Finanzinformationen, wie Geschäftsberichte sowie die persönliche Kommunikation mit dem Management.[77] Als Grund für die hohe Relevanz von Geschäftsberichten für Finanzanalysten wird deren Funktion als ein objektiver „Ausgangs- und Referenzpunkt für die weitere Analyse“[78] gesehen.[79]

Neben Finanzanalysten gelten auch **Fondsmanager** als Intermediäre zwischen dem Unternehmensmanagement und den Investoren. Arbeitgeber von Fondsmanagern sind Fonds- oder Kapitalanlagegesellschaften.[80] Fondsgesellschaften bündeln das Vermögen

lyst?, S. 308 f.; ARNOLD, J./MOIZER, P./NOREEN, E., Investment Appraisal Methods of Financial Analysts, S. 1 f.

75 OBERDÖRSTER, T., Finanzberichterstattung und Prognosefehler von Finanzanalysten, S. 58.

76 Finanzanalysten erfüllen diese Aufgabe in drei Schritten: In einem ersten Schritt beschaffen sie Daten, in einem zweiten Schritt werden diese Daten aufbereitet und letztlich in einem dritten Schritt verwertet sowie teilweise an Investoren veräußert. Zur Tätigkeit von Analysten vgl. HAX, G., Informationsintermediation durch Finanzanalysten, S. 11-21; STANZEL, M., Aktienresearch von Finanzanalysten.

77 Vgl. GOVINDARAJAN, V., Use of cash flow and earnings by security analysts, S. 384; ROGERS, R./GRANT, J., Analysis of Information Cited in Reports of Sell-Side Financial Analysts, S. 17 f.; HAX, G., Informationsintermediation durch Finanzanalysten, S. 12; FRIEDRICH, N., Rolle von Analysten bei der Bewertung von Unternehmen am Kapitalmarkt, S. 71; ARNOLD, J./MOIZER, P./NOREEN, E., Investment Appraisal Methods of Financial Analysts, S. 1 f.; CHANG, L./MOST, K., Comparison of Investor Uses of Financial Statements, S. 44.

78 HAX, G., Informationsintermediation durch Finanzanalysten, S. 12-14, unter Rückgriff auf DAY, J., Use of annual reports, S. 301 f.

79 Gemäß den Tätigkeitsprofilen lassen sich zwei Gruppen von Finanzanalysten unterscheiden: Buy-Side- und Sell-Side-Analysten. Buy-Side-Analysten sind meist Angestellte von institutionellen Investoren, wie Kapitalanlagegesellschaften, Pensionsfonds, Banken und Versicherungen, und ihre Arbeit wird durch Portfolioziele ihres Arbeitgebers bestimmt. Vgl. KIRCHHOFF, K., Grundlagen der Investor Relations, S. 45; PORÁK, V., Erfolgsmessung von Investor Relations, S. 197-199; DÜSTERLHO, J.-E., Umgang mit Analysten, S. 74 f.; ALBRECHT, T., Buyside-Analysten, S. 95-97; STANZEL, M., Aktienresearch von Finanzanalysten, S. 20. Sell-Side-Analysten arbeiten hingegen für einen größeren Adressatenkreis. Sie arbeiten meist für Brokerhäuser oder Investmentbanken und verkaufen ihre selbst erstellten Analysen an eigene Kunden, Informationsdienstleister oder Journalisten. Vgl. JACKSON, A., Sell-Side Analysts, S. 676 f.; NIX, P., Zielgruppen von Investor Relations, S. 36; STANZEL, M., Aktienresearch von Finanzanalysten, S. 20. Die Analysen von Sell-Side-Analysten umfassen neben der Analyse eines Einzeltitels auch ausführliche Branchen- und Unternehmensstudien. Vgl. DÜSTERLHO, J.-E., Umgang mit Analysten, S. 74 f.; NIX, P., Zielgruppen von Investor Relations, S. 36.

80 Vgl. NIX, P., Zielgruppen von Investor Relations, S. 38-41.

von vielen Anlegern, die meist einzeln geringe Summen anlegen. Die Aufgabe des Fondsmanagers ist es, das gebündelte Fondsvermögen von Anlegern optimal, das heißt mit guten Erfolgsaussichten und entsprechend den Risikoneigungen der Anleger in Unternehmensanteile zu investieren.[81]

Festgehalten werden kann, dass IFRS-Abschlüsse und die zughörigen Konzernanhänge für institutionelle Eigenkapitalinvestoren sowie den Informationsintermediären[82] zwischen Eigenkapitalinvestoren und dem Management des bilanzierenden Unternehmens besonders relevant sind, da sie IFRS-Konzernabschlüsse verstehen und diese für Ihre Analysen professionell nutzen, auswerten und dabei das Interesse der von Ihnen „vertretenen" Eigenkapitalinvestoren wahrnehmen.[83] Institutionelle Investoren, Finanzanalysten und Fondsmanager sind sach- und fachkundige Nutzer von Rechnungslegungsdaten und sind damit als geeignete Repräsentanten der Eigenkapitalinvestoren zu sehen.[84] Diese Gruppe von Fachleuten wird im Folgenden unter dem Begriff **Kapitalmarktexperten** zusammengefasst.

Die von Kapitalmarktexperten als entscheidungsnützlich anzusehenden Informationen zu M&A-Transaktionen sowie zu Anteilen an verbundenen Unternehmen lassen sich verlässlich nur ermitteln, wenn eine repräsentative Zahl von Kapitalmarktexperten zur Entscheidungsnützlichkeit der vom IFRS 12 geforderten Anhangangaben befragt wird. Nur Personen der Gruppe der Kapitalmarktexperten werden daher befragt, welche das

---

81 Vgl. DELLING, P., Risikoverhalten von Aktienfondsmanagern, S. 27; BRÜGGEMANN, B., Berichterstattung im IFRS-Anhang, S. 46.

82 Vgl. FÜLBIER, R./NIGGEMANN, T./WELLER, M., Verwendung von Rechnungslegungsdaten, S. 806; ACHLEITNER/PIETZSCH betiteln Finanzanalysten als Multiplikatoren des Kapitalmarkts. Vgl. ACHLEITNER, A.-K./PIETZSCH, L., Finanzanalysten als Kapitalmarktmultiplikatoren, S. 35 f. Vgl. auch DÜSTERLHO, J.-E., Umgang mit Analysten, S. 73 f.

83 Zu diesem Ergebnis vgl. auch CHANG, L./MOST, K., Comparison of Investor Uses of Financial Statements, S. 44 f. In den Grundsätzen für effektive Finanzkommunikation, die von der deutschen Vereinigung für Finanzanalyse und Asset Management e. V. (DVFA), dem Berufsverband der Investment Professionals, herausgegeben werden, sind als Investment Professionals institutionelle Investoren und Finanzanalysten sogar synonym zu verstehen. Vgl. DVFA, Grundsätze für effektive Finanzkommunikation, S. 3.

84 Vgl. FÜLBIER, R./NIGGEMANN, T./WELLER, M., Verwendung von Rechnungslegungsdaten, S. 806.

Fach- und auch das Marktwissen besitzen, einerseits die Anhangangaben zu Anteilen an anderen Unternehmen nach IFRS 12 zu verstehen, die aber auch angeben können, welche zusätzlichen Informationen für ihre Entscheidungen erforderlich sind, Anteile an anderen Unternehmen zu kaufen, zu halten oder zu verkaufen. Für die **folgende Untersuchung** werden dementsprechend als **berechtigte Leser (Adressaten) des IFRS-Konzernabschlusses** Kapitalmarktexperten zugrunde gelegt.[85] Zur **Ermittlung der Informationsbedürfnisse von Kapitalmarktexperten bzgl. IFRS 12** wird also nach den von Kapitalmarktexperten als entscheidungsnützlich angesehenen Informationen gefragt. Als Ergebnis der Befragung wird erwartet, dass die für (Eigenkapital-)Investoren entscheidungsnützlichen Informationen ermittelt werden können und dass auf dieser Grundlage Prognosen über künftige Marktpreise von Unternehmensanteilen abgegeben werden können und mit denen darüber hinaus **Rechenschaft** über das Handeln der Entscheider im Unternehmen in der Vergangenheit abgelegt werden kann und soll.[86]

Da der IFRS 12 vom IASB unter der Zugrundelegung des noch (zu) weit gefassten Adressatenkreises erstellt wurde, gehen die für Kapitalmarktexperten wichtigen und wesentlichen Informationen in der Fülle der von IFRS 12 geforderten Anhangangaben zu Anteilen an anderen Unternehmen unter und die für sie wichtigen und wesentlichen Informationen sind nur schwierig und zeitaufwändig zu finden.[87] In der vorliegenden Untersuchung werden daher die Informationsbedürfnisse der Kapitalmarktexperten als repräsentativ für die berechtigten Adressaten (die Eigenkapitalinvestoren) bzgl. der Anhangangaben nach IFRS 12 ermittelt.[88] Das übergeordnete **Forschungsziel** lautet: Wie beurteilen Kapitalmarktexperten die durch IFRS 12 geforderten Anhangangaben zu Anteilen an anderen Unternehmen und welche Anhangangaben benötigen sie darüber hinaus? Das übergeordnete Forschungsziel lässt sich durch Beantwortung der folgenden Fragen erreichen:

---

85 Zur konkreten Auswahl von Kapitalmarktexperten für die empirische Untersuchung vgl. Abschnitt 325.

86 Vgl. KAHLE, H., Informationsversorgung des Kapitalmarkts, S. 97 f.; SCHNEIDER, D., Kapitalmarkteffizienz durch Jahresabschlußreformen?, S. 16 f.; BUSSE VON COLBE, W., Entwicklung des Jahresabschlusses als Informationsinstrument, S. 13 f.

87 Vgl. EWELT, C./KNAUER, T./SIEWEKE, M., Mehr = besser?, S. 707; LEIBFRIED, P./WEBER, I., Notes, S. 9.

88 Zur konkreten wie geeigneten Auswahl der Befragungsteilnehmer vgl. Abschnitt 325.

- Mit **welcher Methode** können die **Informationsbedürfnisse von Kapitalmarktexperten ermittelt** werden?
- Welche **Konsequenzen und Empfehlungen** sind für den **Board** sowie die **nach IFRS 12 berichtenden Unternehmen** aus den Ergebnissen der ermittelten Informationsbedürfnisse zu ziehen?

Die letztgenannte Frage nach den **Konsequenzen und Empfehlungen** für den Board und die Anhangersteller bzgl. einer adressatenorientierten Neufassung des IFRS 12 wird auf die **empirischen Ergebnisse bzgl.** der Informationsbedürfnisse von Kapitalmarktexperten gestützt. In welchen Untersuchungsschritten die zuvor gestellten Fragen bearbeitet werden, wird im nachfolgenden Abschnitt 12 „Gang der Untersuchung" zusammengefasst.

12 Gang der Untersuchung

Um die Bewertung der Kapitalmarktexperten zu den wichtigsten, unwichtigsten und fehlenden Anhangangaben nach IFRS 12 zu verstehen und nachzuvollziehen, werden die Anhangangaben zunächst in Abschnitt 2 vorgestellt. Da in IFRS 12 unterschiedliche Anhangangaben, wie Anhangangaben zu Anteilen an Tochterunternehmen, Anteilen an gemeinschaftlichen Tochterunternehmen, Anteilen an assoziierten Unternehmen und Anteilen an nicht konsolidierten strukturierten Unternehmen gebündelt werden, müssen zuvor die verschiedenen Arten von Anteilen an anderen Unternehmen herausgearbeitet werden, um die entsprechenden Anhangangaben zu den einzelnen Anteilen an anderen Unternehmen bei der empirischen Analyse zu verstehen und auch um die Anhangangaben kritisch zu beurteilen. Daher wird zunächst ein **Überblick** über **Anteile an anderen Unternehmen**[89] (Abschnitt 22) gegeben und die zugehörigen **Anhangangaben zu Anteilen an anderen Unternehmen nach IFRS 12** dargestellt (Abschnitt 23). Dazu werden der Anwendungsbereich und die Zielsetzung des IFRS 12 erläutert sowie die ausführlich beschriebenen Anhangangaben nach IFRS 12 kritisch

[89] Anteile an anderen Unternehmen und Beteiligungen an anderen Unternehmen werden in der vorliegenden Arbeit synonym verwendet.

gewürdigt (Abschnitt 24). Es wird geprüft, ob die Meinung in Praxis und Wissenschaft bestätigt wird, die Anhangangaben nach IFRS 12 seien komplex, unklar und nicht entscheidungsnützlich.[90]

Eine Bestimmung der Entscheidungsnützlichkeit und Vollständigkeit einzelner Anhangangaben für die in dieser Arbeit als relevant erachteten Adressaten des IFRS-Konzernanhangs, die Kapitalmarktexperten, lässt sich aber nicht nur allein durch eine theoretische Analyse erstellen. Vielmehr bedarf es einer empirischen Ermittlung der Informationsbedürfnisse von Kapitalmarktexperten. Denn die Kapitalmarktexperten können beurteilen, welche Anhangangaben für sie entscheidungsnützlich sind. So werden im **dritten Abschnitt** die Informationsbedürfnisse von Kapitalmarktexperten bzgl. der Berichterstattung nach IFRS 12 empirisch ermittelt. Mit der **Ermittlung der Informationsbedürfnisse** soll das Ziel der Untersuchung (Abschnitt 31) erreicht werden, welche Anhangangaben nach IFRS 12 aus Sicht von Kapitalmarktexperten als wichtig, unwichtig und als fehlend bewertet werden. Hierfür muss eine geeignete Methode gewählt werden, die die Informationsbedürfnisse der in Abschnitt 325. ausgewählten Kapitalmarktexperten ermitteln kann (Abschnitt 32). Abschließend wird zum einen ein Überblick über den Rücklauf der Befragung gegeben (Abschnitt 33) und zum anderen die Qualität der Ergebnisse bewertet (Abschnitt 34).

In **Abschnitt** 4 werden die **Ergebnisse der empirischen Analyse** strukturiert dargestellt. Das heißt je Anhang-Bereich werden jeweils die für Kapitalmarktexperten wichtigsten, unwichtigsten und fehlenden Anhangangaben ausgewertet, analysiert und kritisch gewürdigt (Abschnitt 42 bis 46). Ferner werden die Befragten gebeten anzugeben, an welche situativen Merkmale sie bei der Beantwortung der vorherigen Fragen gedacht haben (Abschnitt 47). In Abschnitt 48 werden sie gebeten, darüber hinaus Angaben zu machen, wieweit ihnen Anhangangaben, unabhängig von den jeweiligen Anhang-

---

90 Vgl. WOLLMERT, P., Neuregelungen zur Konzernrechnungslegung nach IFRS 10-12, S. I; BEYHS, O./BUSCHHÜTER, M./SCHURBOHM, A., Neue IFRS zum Konsolidierungskreis, S. 662; MARTENS, S./OLDEWURTEL, C./KÜMPEL, K., Konzernrechnungslegung nach IFRS 10 und IFRS 12, S. 45 f., BDO AG, Neue Standards zur Konsolidierung, S. 1, zuletzt geprüft am 04.12.2014; ZÜLCH, H./POPP, M., Konsolidierungsstandards IFRS 10, IFRS 11 und IFRS 12, S. 87.

Bereichen, zum gesamten IFRS 12 fehlen. Auf den Ergebnissen der empirischen Untersuchung (Abschnitt 41 bis 48) aufbauend, werden Vorschläge und Empfehlungen für eine den Anforderungen der Kapitalmarktexperten entsprechende Berichterstattung über Anteile an anderen Unternehmen im IFRS-Anhang gegeben (Abschnitt 49).

Im **fünften Abschnitt** werden die wichtigsten Ergebnisse zusammengefasst und ein Ausblick für weitere Untersuchungen gegeben, die die Informationsbedürfnisse von Kapitalmarktexperten künftig ermitteln können. Im **Anhang** ist der dieser Arbeit zugrundeliegende Fragebogen zu finden.

2 Anteile an anderen Unternehmen im IFRS-Konzernabschluss

21 Vorbemerkungen

Unternehmensbeteiligungen und deren angemessene Abbildung in der Rechnungslegung sind **sehr komplex.** Adressaten müssen die Berichterstattung über die wirtschaftlichen Unternehmensbeteiligungen und somit über die neuen Konzernrechnungslegungsstandards und die konzernbezogenen Angaben über Beteiligungen an anderen Unternehmen nach IFRS 12 verstehen können, da sie sonst nicht in Unternehmen investieren werden, die mit anderen Unternehmen verbunden sind. Die Anhangangaben über die unterschiedlichen Formen von Anteilen an anderen Unternehmen nach IFRS 12 lassen sich nur begreifen und analysieren, wenn die einzelnen Formen von Anteilen an anderen Unternehmen bzgl. des Ansatzes, der Klassifikation und der Bilanzierung bekannt sind. Denn in IFRS 12 sind die Anhangangaben zu sämtlichen Arten von Anteilen an anderen Unternehmen erfasst. Zum Beispiel muss ein Adressat wissen, wie eine gemeinschaftliche Vereinbarung definiert und abgegrenzt wird, da zu den beiden Formen von gemeinschaftlichen Vereinbarungen, die in IFRS 11 definiert werden, spezifische Angaben in IFRS 12 gefordert werden. Daher soll der folgende Überblick über die Kategorien von Anteilen an anderen Unternehmen und die zugehörigen von IFRS 12 geforderten Anhangangaben dazu dienen, die von den **Kapitalmarktexperten abzugebenden Bewertungen** der jeweiligen Anhangangaben zu den verschiedenen Kategorien von Anteilen an anderen Unternehmen bei der **empirischen Befragung** besser zu verstehen.

22 Kategorisierung von Anteilen an anderen Unternehmen gemäß den IFRS-Konzernrechnungslegungsstandards

221. Überblick

Durch die zunehmende Internationalisierung der Märkte nehmen auch die Aktivitäten und Verbindungen zwischen kooperierenden Unternehmen zu.[91] Die Abbildung von Unternehmensbeteiligungen und -beziehungen im IFRS-Konzernabschluss ist für Ersteller, Leser und Prüfer des Abschlusses bedeutsam. Daher müssen Gesetze, Verordnungen, Richtlinien und Rechnungslegungsstandards an diese bedeutsamen, sich verändernden Unternehmensbeteiligungen angepasst werden.[92] Entsprechend hat der IASB am 12.05.2011 insgesamt vier Standards zur Konzernrechnungslegung und -konsolidierung[93] veröffentlicht, die für Geschäftsjahre anzuwenden sind, die am oder nach dem 01.01.2014[94] beginnen. Drei der vier Standards sind neu: IFRS 10 „Konzernabschlüsse", IFRS 11 „Gemeinschaftliche Vereinbarungen" und IFRS 12 „Anteile an anderen Unternehmen".[95] Der vierte Standard IAS 28 (rev. 2011) „Beteiligungen an

---

91 Vgl. MARTENS, S./OLDEWURTEL, C./KÜMPEL, K., Konzernrechnungslegung nach IFRS 10 und IFRS 12, S. 41.

92 Vgl. LACHMANN, M./KÜMPEL, K./HAGEN, J., Kritische Analyse der internationalen Konzernrechnungslegung nach IFRS 10-12, S. 573.

93 Die vier Standards IFRS 10, IFRS 11, IFRS 12 und IAS 28 (rev. 2011) werden auch als sog. Konsolidierungspaket bezeichnet. Vgl. BÖCKEM, H., U. A., Gläubigerrechte im control-Konzept, S. 357.

94 Der Erstanwendungszeitpunkt war für die Standards zunächst für den 01.01.2013 vorgesehen. Vgl. IFRS 10.C1-C1B; IFRS 11.C1 f. und IFRS 12.C1-C2B. Aufgrund der komplexen Implementierung der Standards zur Konzernrechnungslegung hat sich die EFRAG für einen um ein Jahr verschobenen Erstanwendungszeitpunkt ausgesprochen. Zur Verschiebung des Erstanwendungszeitpunkts auf den 01.01.2014 vgl. EFRAG, Reports on the findings of the field tests on implementing IFRS 10-12; FISCHER, D., EFRAG-Feldstudie zu den Konsolidierungsstandards IFRS 10-12, S. 129; BEYHS, O./BÖCKEM, H./HÜNING, M., Verschiebung des Erstanwendungszeitpunktes. Vgl. ZWIRNER, C./FROSCHHAMMER, M., Überblick über die ab 2014 neu anzuwendenden IFRS, S. 1. Auch „Änderungen durch Investmentgesellschaften", die im Oktober 2012 durch den Board herausgegeben wurden und die die beiden Standards IFRS 10 und IFRS 11 betreffen, sind für Berichtsperioden, die am oder nach dem 01.01.2014 beginnen, anzuwenden. Vgl. IFRS 10.C1B; IFRS 12.C1B. Eine frühere freiwillige Anwendung dieser Regeln ist zulässig.

95 Die Konzernrechnungslegungsstandards des IASB sind für jedes Mutterunternehmen von hoher Relevanz, aber auch von hoher „Änderungsdynamik" und Komplexität geprägt. Vgl. KÜTING, K., Konzernrechnungslegung nach IFRS und HGB, S. 2821 f.; KÜTING, K./WIRTH, J., Umstellung von Gemeinschaftsunternehmen, S. 157. Die höchste Komplexität ist in den Bereichen

assoziierten Unternehmen und Gemeinschaftsunternehmen" wurde nur überarbeitet. Ebenfalls wurde am 12.05.2011 der überarbeitete IAS 27 (rev. 2011) „Einzelabschlüsse" herausgegeben, der zuvor IAS 27 (rev. 2008) „Konzern- und Einzelabschlüsse" hieß. Der revidierte IAS 27 (rev. 2011) bezieht sich indes nicht (mehr) auf Konzernabschlüsse, sondern nur noch auf Einzelabschlüsse. IFRS 10 „Konzernabschlüsse" enthält nun die Regelungen zur Aufstellung des Konzernabschlusses.[96] In den genannten Konzernrechnungslegungsstandards wird die Abbildung unterschiedlicher Unternehmensbeteiligungen im IFRS-Konzernabschluss geregelt. Ein Mutterunternehmen kann eine Beteiligung oder einen Anteil[97] an anderen Unternehmen, bspw. an Tochterunternehmen, an assoziierten Unternehmen oder an Zweckgesellschaften haben. Indes **existiert kein eigenständiger Standard für jede Form der Beteiligung** an anderen Unternehmen. So gibt es bspw. keinen Standard für die Beteiligung an Tochterunternehmen, sondern lediglich den Standard IFRS 10 „Konzernabschlüsse", der die Bilanzierung der Beteiligung an Tochterunternehmen mittels des sog. Beherrschungskonzepts[98] regelt. Auch wenn kein Standard für alle Unternehmensbeteiligungen existiert, so sind doch mit IFRS 12 sämtliche Anhangangaben zu Beteiligungen an anderen Unternehmen vom IASB vereinheitlicht und gebündelt.

Die Anhangangaben nach IFRS 12 setzen sich aus Anhangangaben, die vormals in den Standards IAS 27 (rev. 2008)[99], IAS 28 (rev. 2003) und IAS 31 geregelt wurden sowie neuen Anhangangaben zusammen.[100] Da die Anhangangaben zu Anteilen an anderen

konzerninterne Umstrukturierungen bzw. Konzernkonsolidierungen sowie der Auslegungsfähigkeit der Konzernrechnungslegungsstandards IFRS 10 und IFRS 11 und in den damit verbundenen Anhangangaben nach IFRS 12 zu finden. Vgl. ANDERS, G., Zweifel an der Entscheidungsnützlichkeit, S. 57; POLLMANN, R./WULF, I., Gemeinschaftliche Vereinbarungen und assoziierte Unternehmen im IFRS-Konzernabschluss, S. 371.

96 Vgl. IAS 27.20.

97 Ein Anteil an einem anderen Unternehmen definiert der Board als „ein vertragliches Engagement, durch das ein Unternehmen der Variabilität von wirtschaftlichen Erfolgen aus der Ertragskraft des anderen Unternehmens ausgesetzt ist." IFRS 12.B7-12.B9. Zur Variabilität von wirtschaftlichen Erfolgen vgl. IFRS 10.B55-B57.

98 Im nachfolgenden Abschnitt wird das Beherrschungskonzept ausführlich erläutert.

99 Vgl. IFRS 12.BC119B. Die Anhangangaben zu den Einzelabschlüssen sind indes weiter in IAS 27 (rev. 2011) „Einzelabschlüsse" enthalten. Vgl. IFRS 12.BC9.

100 Vgl. 12.IN1-IN8 i. V. m. IFRS 12.BC7. Vgl. ZÜLCH, H./POPP, M., Neue Standards für die Konzernrechnungslegung nach IFRS, S. 1.

Unternehmen in bestimmte Anhang-Bereiche gegliedert sind, ist es sinnvoll, diese Bereiche auf die einzelnen Arten von Anteilen bzw. einzelnen Arten von Unternehmensbeziehungen zu übertragen. Das heißt, die unterschiedlichen Arten von Beteiligungen an anderen Unternehmen aus den einzelnen Standards werden entsprechend den Anhang-Bereichen nach IFRS 12 herausgearbeitet, eingeordnet und analysiert. Die nachfolgende Übersicht zeigt zusammenfassend die möglichen Formen von Anteilen an anderen Unternehmen und die Standards, in denen die entsprechende Bilanzierung der Anteile kodifiziert ist:

Anhang-Bereiche zu Anteilen an anderen Unternehmen	**Zugehörige(r) Standard(s)**
A) Anteile an Tochterunternehmen[101]	IFRS 10
B) Anteile an nicht konsolidierten Tochterunternehmen (Investmentgesellschaften)	IFRS 9[102] und IFRS 10
C) Anteile an gemeinschaftlichen Vereinbarungen[103] und an assoziierten Unternehmen[104]	IFRS 11 und IAS 28
D) Anteile an nicht konsolidierten strukturierten Unternehmen[105]	IFRS 10

Übersicht 1: Systematisierung von Anteilen an anderen Unternehmen.

101 Ein Tochterunternehmen ist ein Unternehmen, welches von einem anderen Unternehmen beherrscht wird. Beherrschung bedeutet, dass ein Unternehmen die wirtschaftlichen Erfolge des Beteiligungsunternehmens vereinnahmt, Rechte daran hält und die Möglichkeit besitzt, diese wirtschaftlichen Erfolge durch die Bestimmungsmacht zu beeinflussen. Vgl. IFRS 10 Anhang A.

102 IFRS 9 „Finanzinstrumente" zählt grds. nicht zu den Konzernrechnungslegungsstandards. Indes wird bei der Bewertung von nicht konsolidierten Tochterunternehmen auf IFRS 9 zurückgegriffen.

103 Bei gemeinschaftlichen Vereinbarungen haben zwei oder mehr Parteien die gemeinschaftliche Führung inne. Vgl. IFRS 11 Anhang A.

104 Assoziierte Unternehmen sind Unternehmen, auf die der Investor maßgeblichen Einfluss hat. Die Vermutung eines maßgeblichen Einflusses besteht ab 20 % der Stimmrechte. Ein Unternehmen mit maßgeblichem Einfluss übt zwar keine Beherrschung oder gemeinschaftliche Führung aus, indes hat es die Möglichkeit, an Entscheidungen des Beteiligungsunternehmens mitzuwirken. Vgl. IAS 28.5-28.9 (rev. 2011); POLLMANN, R./WULF, I., Gemeinschaftliche Vereinbarungen und assoziierte Unternehmen im IFRS-Konzernabschluss, S. 374.

105 Bei einem strukturierten Unternehmen sind (Stimm-)Rechte bei der Entscheidung, wer das Unternehmen beherrscht, nicht ausschlaggebend.

222. Control-Konzept

IFRS 10 „Konzernabschlüsse" regelt, wie ein Mutterunternehmen, welches mindestens ein anderes Unternehmen beherrscht, den Konzernabschluss aufzustellen hat.[106] Jedes Mutterunternehmen hat einen Konzernabschluss nach IFRS vorzulegen.[107] IFRS 10 baut auf dem sog. Beherrschungs-Konzept (*Control-Konzept*) auf, welches festlegt, wie Unternehmen, die vom Mutterunternehmen direkt oder indirekt beherrscht werden, in den Konzernabschluss einzubeziehen sind.[108] Ein **Beherrschungsverhältnis nach dem Control-Konzept** liegt vor, wenn folgende drei Voraussetzungen kumulativ erfüllt sind: **Erstens**, wenn ein Investor die Beherrschungsmöglichkeit über die maßgeblichen, relevanten Tätigkeiten eines Unternehmens besitzt, **zweitens** das Risiko von oder Rechte an variablen wirtschaftlichen Erfolgen hält und **drittens** die Beherrschungsmacht und die wirtschaftlichen Erfolge miteinander verknüpft.[109] Die nachfolgende Übersicht fasst das Control-Konzept zusammen:

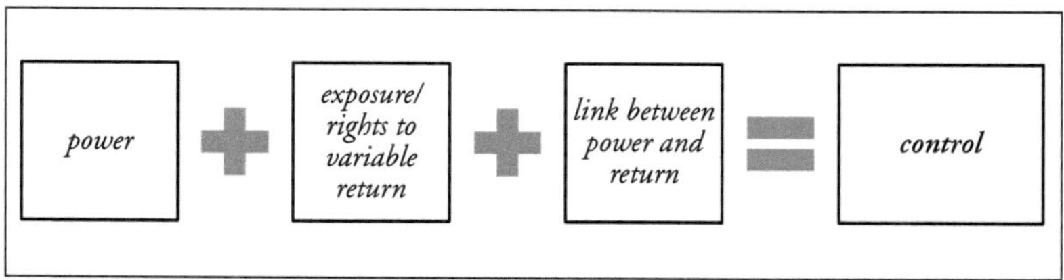

Übersicht 2: Darstellung des Control-Konzepts.[110]

---

106 Vgl. IFRS 10.IN1 i. V. m. IFRS 10.IN6-IN7.

107 Vgl. IFRS 10.IN6. Ein Mutterunternehmen braucht in bestimmten Fällen keinen Konzernabschluss aufzustellen. Zu diesen Ausnahmefällen vgl. IFRS 10.4.

108 Vgl. IFRS 10.5-10.18; ZWIRNER, C./FROSCHHAMMER, M., Überblick über die ab 2014 neu anzuwendenden IFRS, S. 1; BÖCKEM, H./DISSER, I./WATERSCHEK-CUSHMAN, E., Delegated Power-Konzept nach IFRS 10, S. 118; ERCHINGER, H./MELCHER, W., Neuerungen nach IFRS 10, S. 1236.

109 Dabei muss die Prüfung der drei Merkmale nicht zwingend in der vom IFRS 10 vorgegebenen Reihenfolge durchgeführt werden. Denn in einigen Fällen kann die vorgezogene Prüfung des dritten Merkmals effizient sein. Vgl. BÖCKEM, H., U. A., Gläubigerrechte im control-Konzept, S. 358.

110 Ähnlich vgl. BÖCKEM, H./DISSER, I./WATERSCHEK-CUSHMAN, E., Delegated Power-Konzept nach IFRS 10, S. 118.

Die **Beherrschungsmöglichkeit**[111] *(power)* hat ein Unternehmen, wenn es die maßgeblichen oder relevanten Tätigkeiten (*relevant activities*)[112] eines anderen Unternehmens wesentlich beeinflussen kann.[113] Die Beherrschungsmöglichkeit wird durch die mit den Anteilen verbundenen Rechte definiert, bspw. durch die Stimmrechte bei Aktien.[114] Doch führt eine Stimmrechtsmehrheit nicht in jedem Fall zur Beherrschungsmöglichkeit über ein Unternehmen, z. B. wenn die Stimmrechte nicht substantiell sind.[115] Dies ist der Fall, wenn maßgebliche Tätigkeiten von Gerichten oder Konkursverwaltern bestimmt werden.[116] Andersherum kann auch bei einer Minderheit von Stimmrechten eine faktische Beherrschungsmöglichkeit bestehen (*de facto-control*),[117] z. B. bei entsprechenden vertraglichen Vereinbarungen zwischen dem Investor und anderen Stimmrechtsinhabern oder aus Rechten anderer vertraglicher Vereinbarungen.[118]

Das **zweite Merkmal** des Control-Konzepts ist, dass das Unternehmen das Risiko aus oder Rechte an variablen **wirtschaftlichen Erfolgen** aus dem Engagement *(exposure/ rights to variable returns)* hat, d. h. dass der Investor sowohl an positiven als auch negativen Erfolgen partizipiert,[119] z. B. an Dividenden, Wertsteigerungen oder

---

111 Die Beherrschungsmöglichkeit (*power*) wird im Schrifttum auch Entscheidungsmacht oder Bestimmungsmacht genannt. Vgl. MARTENS, S./OLDEWURTEL, C./KÜMPEL, K., Konzernrechnungslegung nach IFRS 10 und IFRS 12, S. 43 f.

112 Zu den maßgeblichen oder relevanten Tätigkeiten zählen die wirtschaftlichen Erfolge des Beteiligungsunternehmens. Vgl. IFRS 10 Anhang A.

113 Vgl. IFRS 10.10.

114 Vgl. IFRS 10.11.

115 Vgl. IFRS 10.B37.

116 Vgl. IFRS 10.B37.

117 Vgl. IFRS 10.B38; BEYHS, O./BUSCHHÜTER, M./SCHURBOHM, A., Neue IFRS zum Konsolidierungskreis, S. 664; ZWIRNER, C./BOECKER, C./BUSCH, J., Neuregelungen zum Konsolidierungskreis in IFRS 10 bis IFRS 12, S. 608; BAETGE, J./HAYN, S./STRÖHER, T., in: Rechnungslegung nach IFRS, IFRS 10, Rn. 106-112; FISCHER, D., EFRAG-Feldstudie zu den Konsolidierungsstandards IFRS 10-12, S. 128.

118 Vgl. IFRS 10.B38. Zu weiteren Möglichkeiten der Bestimmungsmacht ohne Stimmrechtsmehrheit vgl. IFRS 10.B39-B50.

119 Vgl. IFRS 10.15-16 i. V. m. IFRS 10.B55-B57. Vgl. hierzu auch MARTENS, S./OLDEWURTEL, C./KÜMPEL, K., Konzernrechnungslegung nach IFRS 10 und IFRS 12, S. 44.

-absenkungen des Anteilsbesitzes.[120] Die Zu- oder Abflüsse beim Anteilsinhaber sollen von den Aktivitäten des beherrschten Unternehmens abhängen.[121]

Das **dritte Merkmal** ist die Kopplung des ersten und zweiten Merkmals, also die **Verbindung von Beherrschungsmöglichkeit und wirtschaftlichen Erfolgen.**[122] Das heißt, dass ein Investor durch Beherrschung die Höhe der wirtschaftlichen Erfolge steuern kann *(link between power and returns)*. Ein Investor kann ein anderes Unternehmen beherrschen, wenn er beide Merkmale verbinden kann, wenn er also aufgrund der Beherrschungsmöglichkeit dafür sorgen kann, dass das Unternehmen Erfolge erzielt. Für die Beherrschung reicht es nicht aus, dass ein Investor nur über die Entscheidungsmacht verfügt, aber nicht den variablen Rückflüssen des *investee* ausgesetzt ist und vice versa.[123] Denn nur wenn das Unternehmen die Bestimmungsmacht, die Rechte oder Risiken an den wirtschaftlichen Erfolgen[124] trägt und die Möglichkeit hat, durch die ausgeübte Bestimmungsmacht die variablen Rückflüsse zu beeinflussen, beherrscht ein Unternehmen ein Beteiligungsunternehmen.

Das **Beherrschungs-Konzept** ist die Grundlage für die **Identifizierung sämtlicher Unternehmensbeziehungen**: So können unabhängig davon, ob die Beherrschung über andere Unternehmen wirtschaftlich oder gesellschafts- resp. schuldrechtlich[125] fundiert ist, sowohl Beteiligungen an anderen Unternehmen, vor allem auch an nicht leicht zu erkennenden strukturierten Unternehmen[126] identifiziert werden.[127] In IFRS 10 „Kon-

---

120 Vgl. BEYHS, O./BUSCHHÜTER, M./SCHURBOHM, A., Neue IFRS zum Konsolidierungskreis, S. 665.

121 Zum Beispiel wie bei Dividendenzahlungen, vgl. IFRS 10.15 f. i. V. m. IFRS 10.B55.

122 Vgl. IFRS 10.7.

123 Vgl. BAETGE, J./HAYN, S./STRÖHER, T., IFRS 10, Rn. 155.

124 Wirtschaftliche Erfolge können positiv oder negativ sein. Vgl. IFRS 10.15. Die Anmerkung gemäß IFRS 10.15, dass Erfolge positiv oder negativ sein können, ist nach Auffassung der Verfasserin redundant. Der informierte Berichtsleser kann den Begriff Erfolg aus der GuV herleiten, wo Erfolg ebenfalls als Gewinn oder als Verlust aufgefasst wird.

125 Vgl. BÖCKEM, H., U. A., Gläubigerrechte im control-Konzept, S. 358, KÜTING, K./MOJADADR, M., Vergleich der Beherrschungskonzepte, S. 252.

126 Ausführlich zur Abgrenzung von strukturierten Unternehmen vgl. Abschnitt 226.

127 Vgl. IFRS 10.IN3-10.IN4; siehe dazu auch KÜTING, K./MOJADADR, M., Neues Control-Konzept nach IFRS 10, S. 274; MARTENS, S./OLDEWURTEL, C./KÜMPEL, K., Konzernrech-

zernabschlüsse" werden u. a. das in IAS 27 (rev. 2008) und SIC-12 noch uneinheitlich dargestellte Konzept der Beherrschung zusammengefasst und durch ein neu gestaltetes Control-Konzept vereinheitlicht und verbessert.[128] IFRS 10 ersetzt die Regelungen in IAS 27 (rev. 2008) „Konzern- und Einzelabschlüsse" bzgl. der Konzernabschlüsse und der Interpretation SIC-12 „Konsolidierung – Zweckgesellschaften".[129] Ergo sind die Bilanzierungsregeln zum Konzernabschluss in IFRS 10 ein- und bei IAS 27 ausgegliedert worden. Die Bilanzierung von Einzelabschlüssen ist nun in der Neufassung von IAS 27 (rev. 2011) geregelt, die daher nicht mehr „Konzern- und Einzelabschlüsse", sondern lediglich „Einzelabschlüsse" heißt. In IAS 27 (rev. 2011) „Einzelabschlüsse" wurden alle Vorschriften für Konzernabschlüsse gestrichen.[130] Alle gemäß IFRS 10 relevanten **Anhangangaben für Konzernabschlüsse** sind nun ausschließlich in **IFRS 12** „Angaben zu Anteilen an anderen Unternehmen" enthalten.[131] Die folgende Übersicht zeigt, welche Standards in den neuen IFRS 10 überführt worden sind:

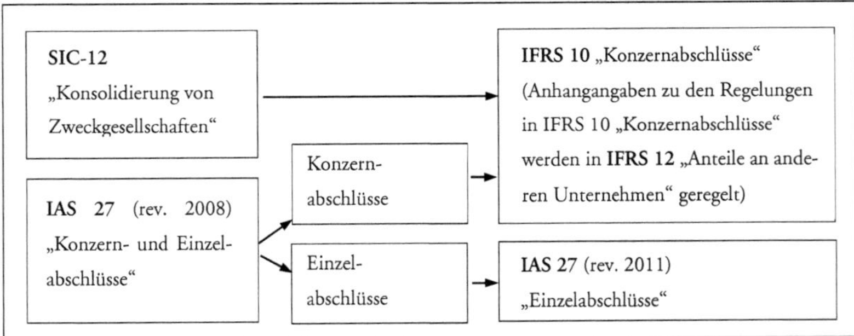

Übersicht 3: IFRS 10 ersetzt IAS 27 (rev. 2008) und SIC-12.

nungslegung nach IFRS 10 und IFRS 12, S. 42. Mit der Konzeption des Beherrschungskonzepts verfolgte der Board das Ziel, dass durch einheitliche Abgrenzungskriterien für alle Unternehmensbeziehungen die Unterscheidung zwischen klassischen Unternehmen und Zweckgesellschaften hinfällig wird. Vgl. REILAND, M., Spielwiese für Bilanzpolitiker, S. 2734.

128 Vgl. IFRS 10.BC2 f.; LACHMANN, M./KÜMPEL, K./HAGEN, J., Kritische Analyse der internationalen Konzernrechnungslegung nach IFRS 10-12, S. 574; MARTENS, S./OLDEWURTEL, C./KÜMPEL, K., Konzernrechnungslegung nach IFRS 10 und IFRS 12, S. 42.

129 Vgl. IFRS 10.IN2; IFRS 10.BC8 i. V. m. IFRS 10.BC29 ff. Zum ausführlichen Vergleich von IFRS 10 und IAS 27 sowie SIC-12 vgl. ZÜLCH, H./POPP, M., Würdigung der Neuregelungen des IFRS 10 im Vergleich zu den bisherigen Vorschriften des IAS 27 sowie SIC-12, S. 585-593.

130 Vgl. IAS 27.BC3.

131 Davon ausgenommen sind die Anhangangaben, die für die Aufstellung der Einzelabschlüsse relevant sind. Vgl. IFRS 10.BC7; IFRS 12.BC9.

223. Anteile an Tochterunternehmen

Die meisten von IFRS 12 geforderten Anhangangaben beziehen sich auf Angaben zu Anteilen an Tochterunternehmen.[132] Ein Tochterunternehmen (*investee*) ist ein Unternehmen, welches von einem anderen Unternehmen (*investor*) beherrscht *(control)* wird.[133] Ein Tochterunternehmen wird von einem Mutterunternehmen beherrscht, wenn die oben genannten **drei Merkmale** gemäß dem **Control-Konzept**[134] **kumulativ erfüllt** sind.[135]

224. Anteile an nicht konsolidierten Tochterunternehmen durch Investmentgesellschaften

Nach IFRS 10 „Konzernabschlüsse" gilt der Grundsatz, dass ein Mutterunternehmen alle Tochterunternehmen in seinem Konzernabschluss zu konsolidieren[136] hat, außer wenn ein Mutterunternehmen eine Investmentgesellschaft ist.[137] Eine **Investmentgesellschaft** wird **definiert** als ein **Unternehmen**, das Mittel von einem oder mehreren Investoren erhält, sich gegenüber dem Investor verpflichtet, dass der Geschäftszweck in der Steigerung von wirtschaftlichen Erträgen besteht und als ein Unternehmen definiert ist, dass die Ertragskraft der Beteiligungen auf der Grundlage der beizulegenden Zeitwerte bestimmt, beurteilt und bewertet.[138] Sofern sich Tatsachen oder Sachverhalte bzgl. der Definition einer Investmentgesellschaft ändern und sich somit eines oder mehrere der drei oben genannten Merkmale ändern, ist neu zu prüfen, ob das Mutterunterneh-

---

132 Vgl. IFRS 12.10-19.

133 Vgl. IFRS 10 Anhang A.

134 Da das Control-Konzept für die Identifizierung sämtlicher Unternehmensbeziehungen heranzuziehen ist, gilt dies auch für die Qualifizierung eines Mutter-Tochter-Beteiligungsverhältnisses. Vgl. BUSCH, J./ZWIRNER, C., Abgrenzung des Konsolidierungskreises, S. 185.

135 Vgl. IFRS 10.7. Vgl. hierzu auch MARTENS, S./OLDEWURTEL, C./KÜMPEL, K., Konzernrechnungslegung nach IFRS 10 und IFRS 12, S. 43; Abschnitt 222.

136 Vgl. IFRS 10.4.

137 Vgl. IFRS 10.IN7; IFRS 10.4(c).

138 Vgl. IFRS 10.27 i. V. m. Anhang A.

men eine Investmentgesellschaft ist.[139] Zusätzlich zu der Prüfung, ob ein Unternehmen als Investmentgesellschaft zu definieren ist, hat der Konzern-Bilanzierende zu untersuchen, ob das Unternehmen folgende **typischen Merkmale** aufweist:[140]

- das Unternehmen hält mehr als eine Beteiligung,[141]
- das Unternehmen hat mehr als einen Investor,[142]
- das Unternehmen hat Investoren, die dem Unternehmen nicht nahestehen[143] und
- das Unternehmen hat Eigentumsanteile in Form von Eigenkapitalanteilen.[144]

Wenn das **Mutterunternehmen eine Investmentgesellschaft** ist, sind Beteiligungen an Tochterunternehmen gemäß **IFRS 9 „Finanzinstrumente"** aufwands- oder ertragswirksam zum beizulegenden Zeitwert zu bewerten.[145] Auch wenn nicht alle Merkmale einer typischen Investmentgesellschaft erfüllt sind, kann es sich um eine solche handeln.[146] Dann müssen zusätzliche Anhangangaben nach IFRS 12.9A gemacht werden.[147]

225. Anteile an gemeinschaftlichen Vereinbarungen und assoziierten Unternehmen

Die Anhangangaben zu gemeinschaftlichen Vereinbarungen und assoziierten Unternehmen sind gemäß IFRS 12 in einen gemeinsamen Anhang-Bereich eingeordnet und sind zusammen mit allen anderen Angaben zu Unternehmensbeteiligungen im Anhang

---

139 Vgl. IFRS 10.29.

140 Diese typischen Merkmale einer Investmentgesellschaft werden als Anleitungen zur Anwendung in IFRS 10 aufgeführt. Vgl. IFRS 10.28.

141 Vgl. IFRS 10.28(a) i. V. m. IFRS 10.B85O-B85P.

142 Vgl. IFRS 10.28(b) i. V. m. IFRS 10.B85Q-B85S.

143 Vgl. IFRS 10.28(c) i. V. m. IFRS 10.B85T-B85U.

144 Vgl. IFRS 10.28(d) i. V. m. IFRS 10.B85V-B85W.

145 Wenn das Mutterunternehmen eine Investmentgesellschaft ist, ist das Tochterunternehmen weder zu konsolidieren, noch ist das Unternehmen nach IFRS 3 „Unternehmenszusammenschlüsse" zu bilanzieren. Vgl. IFRS 10.IN7 i. V. m. IFRS 10.31.

146 Vgl. IFRS 10.28.

147 Vgl. IFRS 10.28. Ausführlich zu den Anhangangaben zu Anteilen an nicht konsolidierten Tochterunternehmen durch Investmentgesellschaften vgl. Abschnitt 233.22.

anzugeben. Die folgende Übersicht zeigt zunächst die Struktur von gemeinschaftlichen Vereinbarungen und assoziierten Unternehmen:

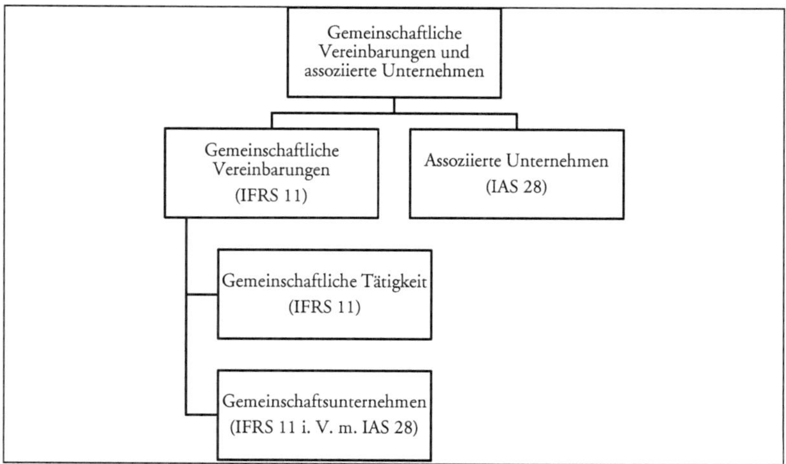

Übersicht 4: Kategorisierung von gemeinschaftlichen Vereinbarungen und assoziierten Unternehmen.

IFRS 11 „Gemeinschaftliche Vereinbarungen", ein weiterer Standard des am 12.05.2011 veröffentlichten Pakets der Konzernrechnungslegungsstandards, regelt die **Grundsätze für die Rechnungslegung** von Unternehmen, die Anteile an gemeinschaftlichen Vereinbarungen besitzen. IFRS 11 ersetzt IAS 31 „Rechnungslegung über Anteile an Joint Ventures" und SIC-13 „Gemeinschaftlich geführte Unternehmen – Nicht monetäre Einlagen durch Partnerunternehmen".[148]

In IFRS 12 werden zu Anteilen an gemeinschaftlichen Unternehmen und assoziierten Unternehmen Anhangangaben gefordert, wie Art, Umfang und die finanziellen Auswirkungen der Anteile des Konzernmutterunternehmens an gemeinschaftlichen Vereinbarungen und assoziierten Unternehmen.[149] Zudem werden die verbundenen Risiken, die Art, der Umfang und die Auswirkungen der vertraglichen Beziehung zu

148 Vgl. IFRS 11.IN1-11.IN2.

149 Vgl. IFRS 12.20(a).

anderen Investoren, die an der gemeinschaftlichen Führung von gemeinschaftlichen Vereinbarungen beteiligt sind oder maßgeblichen Einfluss auf diese haben, gefordert.[150] Die **gemeinschaftliche Vereinbarung** soll losgelöst von der rechtlichen Ausgestaltung dargestellt werden und enthält zwei Formen von gemeinschaftlichen Vereinbarungen.[151] Eine **gemeinschaftliche Vereinbarung** ist nach IFRS 11 entweder eine **gemeinschaftliche Tätigkeit** oder ein **Gemeinschaftsunternehmen.**[152]

Eine **gemeinschaftliche Vereinbarung** liegt vor, wenn mindestens zwei Parteien sich die gemeinschaftliche Führung teilen und zwei Merkmale gegeben sind:[153] Die Parteien sind durch eine **vertragliche Vereinbarung** miteinander verbunden und diese vertragliche Vereinbarung berechtigt mindestens zwei Parteien zur **gemeinschaftlichen Führung** dieser gemeinschaftlichen Vereinbarung.[154] Die Definition der gemeinschaftlichen Vereinbarung verlangt wiederum die Definition der **gemeinschaftlichen Führung.** Eine gemeinschaftliche Führung ist die „vertraglich geregelte Teilung der Beherrschung einer **Vereinbarung.** Sie liegt vor, wenn „Entscheidungen über die maßgeblichen Tätigkeiten die einhellige Zustimmung[155] der sich die gemeinschaftliche Beherrschung[156] teilenden Parteien erfordern."[157] Eine Partei, die eine gemeinschaftliche Vereinbarung[158] getroffen

---

150 Vgl. IFRS 12.20-23.

151 Vgl. IFRS 11.IN3; ZÜLCH, H., U. A., Bilanzierung von Joint Arrangements, S. 1817 f.; LACHMANN, M./KÜMPEL, K./HAGEN, J., Kritische Analyse der internationalen Konzernrechnungslegung nach IFRS 10-12, S. 574.

152 Vgl. ZÜLCH, H./POPP, M., Neue Standards für die Konzernrechnungslegung nach IFRS, S. 1.

153 Vgl. IFRS 11.4 f.; IFRS 11 Anhang A.

154 Vgl. IFRS 11.4 i. V. m. IFRS 11.B2-11.B4. Diese beiden Merkmale gelten für gemeinschaftliche Vereinbarungen. Sie gelten unabhängig davon, ob die gemeinschaftliche Vereinbarung als gemeinschaftliche Tätigkeit oder als Gemeinschaftsunternehmen klassifiziert wird. Vgl. KÜTING, K./SEEL, C., Gemeinschaftliche Beherrschung nach IFRS 11, S. 452.

155 Eine einstimmige Zustimmung bedeutet, dass alle an der gemeinschaftlichen Führung beteiligten Parteien die Entscheidung im Kollektiv treffen. Vgl. IFRS 11.8-11.9. Vgl. hierzu auch ZÜLCH, H., U. A., Bilanzierung von Joint Arrangements, S. 1818 f.

156 Eine gemeinschaftliche Beherrschung liegt vor, wenn die Anforderungen des Control-Konzepts gemäß IFRS 10 erfüllt sind. Eine gemeinschaftliche Beherrschung (sog. *collective control*) von mindestens zwei Parteien liegt vor, wenn die Parteien gemeinsam handeln müssen, um die maßgeblichen Tätigkeiten zu bestimmen. Vgl. IFRS 11.8 i. V. m. IFRS 11.B5 f. Vgl. hierzu auch KÜTING, K./SEEL, C., Gemeinschaftliche Beherrschung nach IFRS 11, S. 453.

157 IFRS 11 Anhang A i. V. m. IFRS 11.7-11.13.

158 Bei einer gemeinschaftlichen Vereinbarung hält mindestens eine Partei die gemeinschaftliche Führung. Die Form der Vereinbarung ist an keine bestimmten Bedingungen oder Voraussetzungen

hat, muss indes keine gemeinschaftliche Führung ausüben.[159] Ob mehrere Unternehmen die gemeinschaftliche Führung über eine gemeinschaftliche Tätigkeit (*joint operation*) oder ein klassisches Gemeinschaftsunternehmen (*joint venture*) ausüben, hängt nicht von der rechtlichen Ausgestaltung der Unternehmensbeziehungen ab.[160] Vielmehr stellt IFRS 11 auf die wirtschaftliche Betrachtungsweise und die damit verbundenen Rechte und Pflichten der beteiligten Unternehmen ab.[161] Entsprechend hat eine Partei einer gemeinschaftlichen Vereinbarung die Pflicht, die Art der Vereinbarung[162] zu ermitteln, indem sie Rechte und Pflichten aus ebendieser beurteilt.[163] Es stellt sich demzufolge die Frage, ob die beteiligten Unternehmen Rechte aus Vermögenswerten sowie Pflichten aus Schulden haben (**gemeinschaftliche Tätigkeit**) oder ob die Unternehmen lediglich einen Residualanspruch am Reinvermögen (**Gemeinschaftsunternehmen**) besitzen.[164]

Eine **gemeinschaftliche Tätigkeit** ist eine Form der gemeinschaftlichen Vereinbarung. Die mindestens zwei Parteien einer gemeinschaftlichen Tätigkeit besitzen die gemeinschaftliche Führung der Vereinbarung sowie die Rechte an den Vermögenswerten und Verpflichtungen für die Schulden.[165] Bei einem **Gemeinschaftsunternehmen** hingegen haben die Parteien zwar ebenfalls – wie bei der gemeinschaftlichen Tätigkeit – die gemeinschaftliche Führung an der Vereinbarung, doch halten sie bei einem

zungen geknüpft. Im Allgemeinen wird von der Schriftform ausgegangen; diese ist allerdings nicht zwingend. Vgl. BÖCKEM, H./ISMAR, M., Joint Arrangements nach IFRS 11, S. 822; STAMM, A./GIORGINI, A., Reaktion des Standardsetters auf die Finanzmarktkrise bzgl. IFRS 10-12, S. 11; KÜTING, K./SEEL, C., Gemeinschaftliche Beherrschung nach IFRS 11, S. 452 f.

159 Zur Definition einer Partei von gemeinschaftlichen Vereinbarungen vgl. IFRS 11 Anhang A.

160 Vgl. ZÜLCH, H., U. A., Bilanzierung von Joint Arrangements, S. 1817. Nach IAS 31 richtete sich die Einordnung von Gemeinschaftsunternehmen nach der rechtlichen Gestaltung bzw. der Struktur einer Kooperation. Vgl. BÖCKEM, H./RÖHRICHT, V., Umsetzung der Klassifizierungsvorgaben für Joint Arrangements nach IFRS 11, S. 1032.

161 Vgl. IFRS 11.4. Vgl. hierzu auch BÖCKEM, H./ISMAR, M., Joint Arrangements nach IFRS 11, S. 820.

162 Zu den Arten von gemeinschaftlichen Vereinbarungen vgl. IFRS 11.14-11.19.

163 Vgl. IFRS 11.IN5.

164 Vgl. ZWIRNER, C./FROSCHHAMMER, M., Überblick über die ab 2014 neu anzuwendenden IFRS, S. 2; STIBI, B./BÖCKEM, H./KLAHOLZ, E., Mehr Anwendungssicherheit bei IFRS 10-12?, S. 1527; KÜTING, K., Konzernrechnungslegung nach IFRS und HGB, S. 2830, unter Rückgriff auf BÖCKEM, H./ISMAR, M., Joint Arrangements nach IFRS 11, S. 820-827.

165 Vgl. IFRS 11.15.

Gemeinschaftsunternehmen nur die Rechte am Nettovermögen der Vereinbarung.[166] Um die gemeinschaftliche Vereinbarung unter Berücksichtigung der Rechte und Pflichten der Parteien einzuordnen, beschreibt die nachfolgende Übersicht die Klassifizierung von ebendiesen.[167]

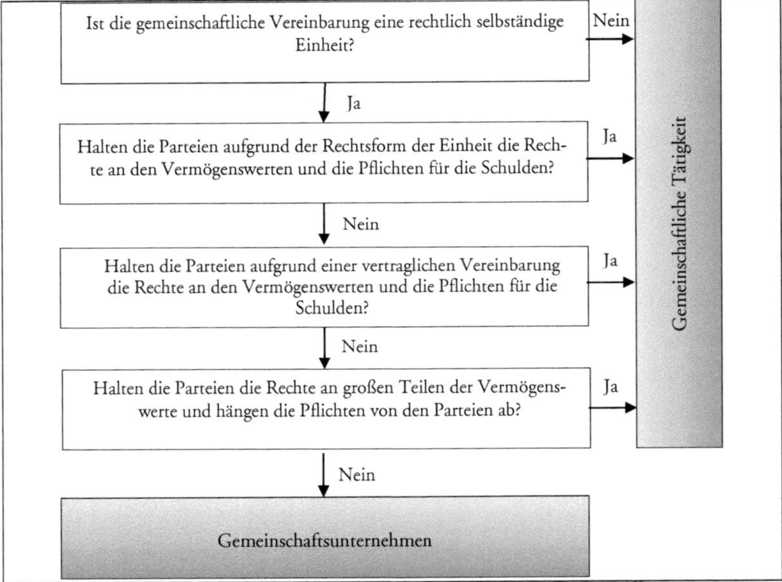

Übersicht 5: Klassifizierung von gemeinschaftlichen Vereinbarungen.[168]

Die Klassifizierung der gemeinschaftlichen Vereinbarung hat Auswirkungen auf die bilanzielle Abbildung der Vereinbarung in den Rechenwerken und vor allem auf die Anhangangaben des IFRS-Konzernabschlusses.[169] Bei **gemeinschaftlichen Tätigkeiten** sind die Aufwendungen, Erträge, Vermögenswerte und Schulden anteilig zu bilanzie-

166 Vgl. IFRS 11.16.

167 Vgl. BÖCKEM, H./RÖHRICHT, V., Umsetzung der Klassifizierungsvorgaben für Joint Arrangements nach IFRS 11, S. 1033.

168 In Anlehnung an BÖCKEM, H./RÖHRICHT, V., Umsetzung der Klassifizierungsvorgaben für Joint Arrangements nach IFRS 11, S. 1033.

169 Vgl. STAMM, A./GIORGINI, A., Reaktion des Standardsetters auf die Finanzmarktkrise bzgl. IFRS 10-12, S. 11; BUSCH, J./ZWIRNER, C., Abbildung von Gemeinschaftsunternehmen im Konzernabschluss, S. 227.

ren.[170] Gemeinschaftsunternehmen hingegen werden nach der **Equity-Methode** in Übereinstimmung mit **IAS 28 (rev. 2011)** abgebildet.[171] Falls ein Gemeinschaftsunternehmen oder ein assoziiertes Unternehmen, welches für das berichtende Unternehmen wesentlich ist, nach der Equity-Methode bilanziert wird, ist der beizulegende Zeitwert der Beteiligung an jenem Gemeinschaftsunternehmen oder assoziierten Unternehmen anzugeben.[172]

IAS 28 (rev. 2011) regelt „Beteiligungen an **assoziierten Unternehmen** und **Gemeinschaftsunternehmen**". Dieser Standard ist von Gemeinschaftsunternehmen, aber auch von assoziierten Unternehmen anzuwenden. Ein assoziiertes Unternehmen ist ein Unternehmen, auf welches der Investor einen maßgeblichen Einfluss hat.[173] Dabei weist das assoziierte Unternehmen weder Merkmale eines Tochterunternehmens noch Merkmale eines gemeinschaftlich geführten Unternehmens auf.[174] Die nachfolgende Übersicht fasst die Unterschiede zwischen gemeinschaftlichen Tätigkeiten, Gemeinschaftsunternehmen und assoziierten Unternehmen zusammen.

---

170 Vgl. IFRS 11.20-21. Vgl. hierzu auch ZWIRNER, C./BOECKER, C./BUSCH, J., Neuregelungen zum Konsolidierungskreis in IFRS 10 bis IFRS 12, S. 609; FREIBERG, J., Konsolidierungspaket, S. 29.

171 Vgl. IFRS 11.24 i. V. m. IAS 28.IN6; BÖCKEM, H./RÖHRICHT, V., Umsetzung der Klassifizierungsvorgaben für Joint Arrangements nach IFRS 11, S. 1032; BUSCH, J./ZWIRNER, C., Abbildung von Gemeinschaftsunternehmen im Konzernabschluss, S. 227.

172 Vgl. IFRS 12.21b(iii). Ausführlich zu den Anhangangaben zu Anteilen an gemeinschaftlichen Vereinbarungen und assoziierten Unternehmen vgl. Abschnitt 233.23.

173 Vgl. IAS 28.3. Die Vermutung eines maßgeblichen Einflusses, die sog. Assoziierungsvermutung, besteht, wenn das Mutterunternehmen mehr als 20 % der Stimmrechte hält. Vgl. IFRS 28.5.

174 Vgl. POLLMANN, R./WULF, I., Gemeinschaftliche Vereinbarungen und assoziierte Unternehmen im IFRS-Konzernabschluss, S. 374.

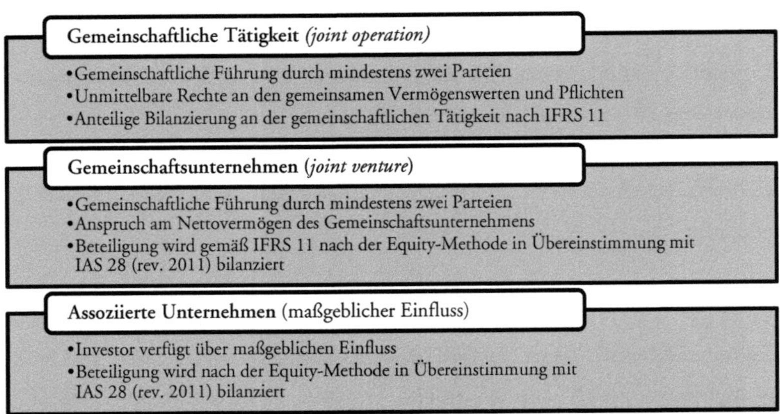

Übersicht 6: Unterschiede von gemeinschaftlichen Vereinbarungen und assoziierten Unternehmen.[175]

226. Anteile an nicht konsolidierten strukturierten Unternehmen

Zwar werden in IFRS 12.24-31 Anhangangaben zu Anteilen an strukturierten Unternehmen gefordert, doch wird der Begriff **„strukturiertes Unternehmen"** nicht konkret definiert. Statt einer Definition, wird in IFRS 12 lediglich beschrieben, wie ein strukturiertes Unternehmen gestaltet ist.[176] Demnach ist ein strukturiertes Unternehmen derart gestaltet, dass es für die Ermittlung und Bestimmung der Beherrschung eines Unternehmens nicht wichtig ist, wie viele Stimmrechte im Besitz des beherrschenden Unternehmens sind.[177] Die **Beherrschung** wird über vertragliche Regelungen und nicht über Stimmrechte oder ähnliche Rechte hergestellt.[178] So können sich Stimmrechte lediglich auf administrative Tätigkeiten beziehen und die wesentlichen, sog. maßgeblichen

---

[175] Vereinfachte Übersichten finden sich bei POLLMANN, R./WULF, I., Gemeinschaftliche Vereinbarungen und assoziierte Unternehmen im IFRS-Konzernabschluss, S. 375 und BADER, A./PREUSCHE, J., Abbildung von Joint Arrangements im Konzernabschluss, S. 252.

[176] Ein strukturiertes Unternehmen wird im Schrifttum mit einer Zweckgesellschaft verglichen, die zuvor in SIC-12 definiert wurde. Vgl. dazu ZWIRNER, C./BOECKER, C./BUSCH, J., Neuregelungen zum Konsolidierungskreis in IFRS 10 bis IFRS 12, S. 612; ZÜLCH, H./ERDMANN, M.-K./POPP, M., Neuformulierung der konzernbezogenen Anhangangaben, S. 590; REILAND, M., Spielwiese für Bilanzpolitiker, S. 2734; ERCHINGER, H./MELCHER, W., Neuerungen nach IFRS 10, S. 1236 f. Indes wird in IFRS 12 nur der Begriff strukturierte Unternehmen genutzt.

[177] Vgl. IFRS 12.BC82.

[178] Vgl. IFRS 12 Anhang A; IFRS 12.B21; IFRS 12.BC84.

Tätigkeiten durch Verträge geformt werden.[179] Beispiele für strukturierte Unternehmen sind Verbriefungsgesellschaften, forderungsbesicherte Finanzierungen oder Investmentfonds.[180] Strukturierte Unternehmen zeichnen sich durch „einige oder alle der folgenden Merkmale oder Eigenschaften“[181] aus:

- eingeschränkte Tätigkeiten,[182]
- klar definierte Zielsetzung, bspw. ein steuereffizientes Leasinggeschäft,[183]
- unzureichendes Eigenkapital, sodass das strukturierte Unternehmen seine Tätigkeiten nicht ohne Unterstützung des Investors finanzieren kann,[184]
- Finanzierung durch Investoren.[185]

In Folge der im Jahr 2007 begonnenen Finanzmarktkrise wurde deutlich, dass Investoren verdeckten Risiken durch die Beteiligung an strukturierten Unternehmen ausgesetzt waren.[186] Denn strukturierte Unternehmen wurden oftmals gegründet, um Vermögenswerte und Schulden *off-balance*[187] zu lagern. Durch die bilanzunwirksamen Engagements bei bspw. Verbriefungsgesellschaften wurden Risiken für Investoren bzgl. dieser Beteiligungen verborgen.[188] Der Board versucht daher durch die neuen Abgrenzungsregeln

---

179 Vgl. IFRS 12 Anhang A.

180 Vgl. IFRS 12.B23. HAYN/STRÖHER nennen darüber hinaus als Beispiel für strukturierte Unternehmen Private Equity Strukturen. Vgl. HAYN, S./STRÖHER, T., in: Rechnungslegung nach IFRS, IFRS 12, Tz. 35.

181 IFRS 12.B22. Der Board äußert sich nicht dazu, wie viele der vier beschriebenen Merkmale „einige“ sind. Ferner wird in IFRS 12 nicht adressiert, ob „einige“ Merkmale kumulativ zu erfüllen sind.

182 Vgl. IFRS 12.B22(a). Inwiefern strukturierte Unternehmen eingeschränkten Tätigkeiten nachgehen, wird in IFRS 12 nicht erläutert.

183 Vgl. IFRS 12.B22(b).

184 Vgl. IFRS 12.B22(c)

185 Vgl. IFRS 12.B22(d).

186 Vgl. IFRS 12.BC116(b). Vgl. hierzu auch KÜTING, K., Konzernrechnungslegung nach IFRS und HGB, S. 2821; BEYHS, O./BUSCHHÜTER, M./SCHURBOHM, A., Neue IFRS zum Konsolidierungskreis, S. 662. Zu den Anhangangaben, vor allem zu Risiken, denen Unternehmen ausgesetzt sind, die ein Engagement bei strukturierten Unternehmen halten, vgl. Abschnitt 233.24.

187 Vgl. BIEKER, M., Konzernrechnungslegung nach IFRS – Konzeptionelle Neuorientierung oder fine tuning?, S. 306.

188 Vgl. IFRS 10.IN5.

i. S. d. Control-Konzepts[189] nach IFRS 10 und vor allem durch die neuen Angabepflichten nach IFRS 12[190] etwaige Risiken bzgl. der strukturierten Unternehmen für Investoren transparent darzustellen.[191] Vor der Veröffentlichung von IFRS 10 und dem damit einhergehenden Control-Konzept wurden Unternehmen nach SIC-12 i. V. m. IAS 27 in klassische und strukturierte Unternehmen kategorisiert. Nach IFRS 10 existiert diese Unterscheidung indes nicht mehr.[192] Anstelle einer speziellen Regel bzw. eines besonderen Konzepts zur **Prüfung**, ob ein Unternehmen **Anteile an nicht konsolidierten strukturierten Unternehmen hält**, existiert auch für Zweckgesellschaften das Control-Konzept gemäß IFRS 10.[193] Danach beherrscht ein Investor ein anderes Unternehmen, also ein strukturiertes Unternehmen, wenn er die Bestimmungsmacht über die maßgeblichen Tätigkeiten und das Risiko von oder Rechte an variablen Erfolgen besitzt und die beiden Kriterien Bestimmungsmacht und wirtschaftlicher Erfolg miteinander verbunden sind.[194]

Das dritte Kriterium des Control-Konzepts, die Verbindung der ersten beiden Kriterien, ist vor allem im Hinblick auf die Konsolidierungspflicht von **strukturierten Unternehmen** und der damit verbundenen **Prinzipal-Agenten-Beziehung**[195] bedeutsam.[196] Denn die Bestimmungsmacht hängt nicht unmittelbar mit dem Agenten zusammen, sondern mit dem wirtschaftlich Berechtigten, dem Prinzipal, dem auch die wirtschaftlichen Erfolge zugehen bzw. von dem die Misserfolge (Risiken) zu tragen sind.[197] Daher ist zu

---

189 Zum Control-Konzept i. S. d. IFRS 10 vgl. Abschnitt 222.

190 Vgl. Abschnitt 233.24 „Anhangangaben zu Anteilen an nicht konsolidierten strukturierten Unternehmen."

191 Vgl. IFRS 10.IN5.

192 Vgl. Abschnitt 221.

193 Vgl. zur Beurteilung von Zweck und Aufbau strukturierter Unternehmen KÜTING, K., Konzernrechnungslegung nach IFRS und HGB, S. 2822.

194 Zum Beherrschungs-Konzept vgl. Abschnitt 222.

195 Ausführlich zur Prinzipal-Agenten-Theorie vgl. GROSSMAN, S./HART, O., Analysis of the Principal-Agent Problem, S. 7-45; PICOT, A., Transaktionskosten- und Principal-Agent-Theorie, S. 361-379.

196 Vgl. BAETGE, J./HAYN, S./STRÖHER, T., in: Rechnungslegung nach IFRS, IFRS 10, Rn. 156-165; KIRSCH, H.-J./EWELT-KNAUER, C., Abgrenzung des Vollkonsolidierungskreises nach IFRS 10 und IFRS 12, S. 1643; MARTENS, S./OLDEWURTEL, C./KÜMPEL, K., Konzernrechnungslegung nach IFRS 10 und IFRS 12, S. 44; BÖCKEM, H./DISSER, I./WATERSCHEK-CUSHMAN, E., Delegated Power-Konzept nach IFRS 10, S. 118-123.

197 Vgl. MARTENS, S./OLDEWURTEL, C./KÜMPEL, K., Konzernrechnungslegung nach IFRS 10

beurteilen, ob der Investor[198] seine Rechte und Einflussbefugnisse als Prinzipal selbst oder als Agent für eine andere Partei ausübt.[199] Derjenigen Partei, der mehr Rechte (sog. *decision-making rights*) zukommen Entscheidungen bzgl. der Beteiligung zu bestimmen, ist mit größter Wahrscheinlichkeit der Vollmachtgeber, der Prinzipal.[200] Handelt ein Agent nur als Bevollmächtigter für den Prinzipal, ist das Kriterium der Beherrschungsmacht nicht erfüllt. Zwar würde ein Prinzipal Entscheidungsbefugnisse an den Agenten übertragen, doch besitzt der Prinzipal die *decision-making rights* und somit die Bestimmungsmacht.[201]

23 Anhangangaben zu Anteilen an anderen Unternehmen

231. Bedeutung der Anhangangaben im IFRS-Konzernabschluss

Der **Anhang** ist ein **wesentlicher Bestandteil des Abschlusses**, der nicht isoliert von anderen Bestandteilen analysiert werden kann, der seinerseits aber erforderlich ist, damit Bilanz und GuV analysiert werden können. Denn die Bestandteile des IFRS-Abschlusses stehen miteinander in Verbindung.[202] So enthält ein **vollständiger IFRS-Konzernabschluss** die Bilanz[203], die GuV, die Eigenkapitalveränderungsrechnung[204], die Kapitalflussrechnung[205] und den **Anhang.**[206] Der **IFRS-Anhang** soll die im Abschluss

und IFRS 12, S. 44; STIBI, B./BÖCKEM, H./KLAHOLZ, E., Mehr Anwendungssicherheit bei IFRS 10-12?, S. 1530.

198 Der Investor wird auch als sog. Entscheidungsträger (*decision-maker*) beschrieben. Vgl. IFRS 10.B6.

199 Zu den Faktoren, die das bilanzierende Unternehmen bei der Beurteilung unterstützen sollen, ob ein Entscheidungsträger Agent (oder Prinzipal) ist vgl. IFRS 10.B60. Zur delegierten Bestimmungsmacht vgl. IFRS 10.B58-B61. Vgl. hierzu auch BEYHS, O./BUSCHHÜTER, M./SCHURBOHM, A., Neue IFRS zum Konsolidierungskreis, S. 665; ZÜLCH, H./POPP, M., Würdigung der Neuregelungen des IFRS 10 im Vergleich zu den bisherigen Vorschriften des IAS 27 sowie SIC-12, S. 589.

200 Vgl. IFRS 10.B68. Vgl. dazu auch ERCHINGER, H./MELCHER, W., Neuerungen nach IFRS 10, S. 1234.

201 Vgl. BAETGE, J./HAYN, S./STRÖHER, T., in: Rechnungslegung nach IFRS, IFRS 10, Rn. 156.

202 Vgl. IAS 1.10 f. Dazu auch BRÜGGEMANN, B., Berichterstattung im IFRS-Anhang, S. 27.

203 Vgl. ZÜLCH, H./FISCHER, D., IFRS-Bilanz, S. 857-870.

204 Vgl. JANNETT, S., Eigenkapitalveränderungsrechnung, S. 220 f.

205 Vgl. hierzu IAS 7; EISELT, A./MÜLLER, S., Kapitalflussrechnung nach IFRS; SONNABEND,

enthaltenen Posten aufgliedern und bzw. oder verbal beschreiben[207] und nach IAS 1.10 (e) wichtige Aufgaben übernehmen.[208] Der Anhang soll demnach:

- **Informationen** über die Aufstellung des Abschlusses und die spezifischen angewandten Rechnungslegungsvorschriften darlegen, sowie
- **Informationen** geben, die nicht in anderen Bestandteilen des Abschlusses wie Bilanz oder GuV gezeigt werden, indes durch diese Informationen und Erläuterungen verständlicher gemacht werden.[209]

Dabei sollen die Anhangangaben durch die berichtenden Unternehmen systematisch dargelegt werden.[210] Das heißt, dass in allen anderen Bestandteilen des IFRS-Abschlusses die entsprechenden Posten mit Querverweisen auf die zugehörigen Informationen im Anhang versehen werden sollen.[211] Nur bestimmte Bestandteile des Abschlusses eines Unternehmens zu publizieren genügt nicht. Das vollständige Bild der VFE-Lage lässt sich nämlich aufgrund von Angaben entweder im Anhang oder der Bilanz[212], im Anhang oder der GuV[213] oder im Anhang oder der Eigenkapitalveränderungsrechnung[214] nur mit allen Bestandteilen des IFRS-Konzernabschlusses zeigen.

M./RAAB, H., Anforderungen an die Kapitalflussrechnung nach IFRS.

206 Vgl. IAS 1.10.

207 Vgl. IAS 1.7.

208 Vgl. IAS 1.112; KRAWITZ, N., Anhang und Lagebericht nach IFRS, S. 10; HACHMEISTER, D., in: Beck'sches Handbuch der Rechnungslegung, Konzernanhang Tz. 29; KESSLER, M., in: Kommentar zum Bilanzrecht, Erläuterungen der Bilanz und der Gewinn- und Verlustrechnung, Tz. 47-50.

209 Vgl. hierzu IAS 1.112.

210 Vgl. IAS 1.113.

211 Vgl. IAS 1.113.

212 Zu den Informationen, die entweder in der Bilanz oder im Anhang darzustellen sind, vgl. IAS 1.77-80A.

213 Zu den Informationen, die entweder in der GuV oder im Anhang darzustellen sind, vgl. IAS 1.97-105.

214 Zu den Informationen, die entweder in der Eigenkapitalveränderungsrechnung oder im Anhang darzustellen sind, vgl. IAS 1.106A-110.

232. Berichterstattung im IFRS-Konzernanhang

Der IASB regelt die Berichterstattung bzgl. IFRS 12 im IFRS-Abschluss durch unterschiedliche Verbindlichkeitsstufen. In Anlehnung an das *House of IFRS*[215] gelten für die **Berichterstattung gemäß IFRS 12 im IFRS-Anhang drei Regelungsebenen**, wie die nachfolgende Übersicht graphisch zeigt:[216]

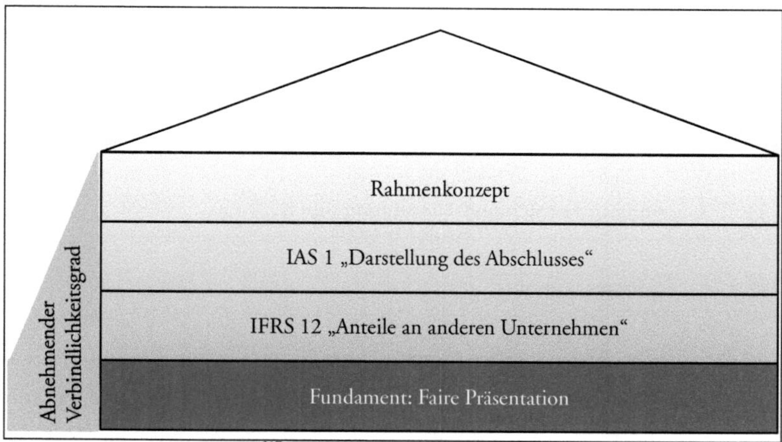

Übersicht 7: House of IFRS.[217]

Das Fundament der IFRS-Rechnungslegung baut auf dem Grundsatz der **fairen Präsentation des Abschlusses** auf.[218] Darüber hinaus sind die Regelungen des IFRS 12[219], des IAS 1, als Grundlage zur Berichterstattung im Anhang, und das Rahmenkonzept, als Deduktionsgrundlage[220] der IFRS-Rechnungslegung, zu beachten.[221] Das **Rahmenkon-**

[215] Zum House of IFRS vgl. PELLENS, B., U. A., Internationale Rechnungslegung, S. 64; ZÜLCH, H./HENDLER, M., Bilanzierung nach IFRS, S. 47 f.

[216] Zu den Regelungsebenen des IFRS-Anhangs vgl. BRÜGGEMANN, B., Berichterstattung im IFRS-Anhang, S. 37-40.

[217] In Anlehnung an PELLENS, B., U. A., Internationale Rechnungslegung, S. 64. Vgl. auch PLAUMANN, S., Kräftemessen der Rechnungslegungssysteme, S. 3 f.

[218] Vgl. IAS 1.15.

[219] Zusätzlich zum IFRS 12 veröffentlicht der Board ergänzende Dokumente zu IFRS 12, die Grundlage für Schlussfolgerungen zu IFRS 12.

[220] Vgl. WOLLMERT, P./ACHLEITNER, A.-K., Konzeptionelle Grundlagen, S. 209 f.

zept ist die Basis für die Rechnungslegung nach IFRS.[222] In diesem Rahmenkonzept werden allgemeine **Anforderungen an Finanzinformationen** im IFRS-Konzernabschluss festgelegt, die Adressaten nützliche Informationen liefern sollen. Da der IFRS-Anhang ein wesentlicher Bestandteil des IFRS-Konzernabschlusses ist, muss auch der IFRS-Anhang den grundlegenden und weiterführenden Anforderungen des IFRS-Abschlusses genügen, die sich im Rahmenkonzept finden. Neben den grundlegenden und weiterführenden Anforderungen an Informationen im IFRS-Konzernanhang, sind in **IAS 1 spezifische Angaben zum IFRS-Konzernanhang** festgelegt.[223] So wird in IAS 1 dargelegt, dass die Anhangangaben strukturiert dargestellt[224] sowie die Vorschriften zu den Rechnungslegungsmethoden und Quellen von Schätzungsunsicherheiten erläutert werden sollen.

233. Anwendungsbereich und Zielsetzung von IFRS 12

233.1 Vorbemerkungen

Im IFRS-Konzernanhang sind die zu veröffentlichenden Informationen in verschiedene Themen bzw. Rubriken eingeteilt. Im Siemens Konzernabschluss bspw. sind die Anhangangaben in 41 Rubriken gegliedert.[225] Drei umfangreiche Rubriken betreffen Anteile an anderen Unternehmen gemäß IFRS 12. IFRS 12 kommt für die Analyse des Konzernabschlusses eine zentrale Bedeutung zu, da die Berichterstattung zu Anteilen an anderen Unternehmen ohne Anhangangaben zu Informationsdefiziten bei Adressaten führen würde.[226] Der Anhang, als wesentlicher und zugleich **unverzichtbarer Pflichtbestandteil** des IFRS-Konzernabschlusses, enthält Angaben, um ein den tatsächlichen Verhältnissen entsprechendes Bild der VFE-Lage zu vermitteln.[227] Die VFE-Lage kann nämlich nur zutreffend vermittelt werden, sofern den Abschlussadressaten alle Informa-

221 Vgl. HÜTTEN, C., Geschäftsbericht als Informationsinstrument.

222 Vgl. IFRS FOUNDATION, Conceptual Framework, OB1.

223 Vgl. IAS 1.112-138.

224 Vgl. IAS 1.112-116.

225 Vgl. SIEMENS AG, Geschäftsbericht 2014, S. 279-283 und S. 338-349.

226 Vgl. BRÜGGEMANN, B., Berichterstattung im IFRS-Anhang, S. 32-35.

227 Vgl. IAS 1.7 i. V. m. IAS 1.17(c).

tionen zugänglich gemacht werden, die sie für ihre Kauf- oder Verkaufsentscheidungen benötigen.[228]

Ohne erläuternde Anhangangaben gemäß IFRS 12 lassen sich die Bilanz sowie die GuV im Hinblick auf Anteile an anderen Unternehmen nur unzureichend verstehen und interpretieren.[229] Denn Bilanz und GuV geben zu den zusammengefassten Positionen sowie aus den Abschlussbuchungen nur Werte und Größen an, die sich aus dem Abschluss der Konten des berichtenden Unternehmens als Salden ergeben. Bilanz und GuV enthalten also keine dem Verständnis der beiden Elemente des Konzernabschlusses dienenden Erläuterungen, Beschreibungen und Erklärungen.[230] Der Anhang dagegen liefert „**Erläuterungen, Angaben, Darstellungen, Aufgliederungen** und **Begründungen** zur Bilanz und GuV oder zu einzelnen ihrer Posten, zu ihrem Inhalt, zu den angewandten Bewertungs- und Abschreibungsmethoden sowie zu Unterbrechungen der Ausweis- und Bewertungsstetigkeit.“[231]

Mit IFRS 12 wird das Ziel verfolgt, dass für Entscheidungen von Konzernabschluss-Lesern und -Analysten die erforderlichen **Informationen** über Anteile an anderen Unternehmen in Anhangangaben ausgegeben werden sollen. Dadurch soll den Adressaten ermöglich werden, die **Art der Anteile** an anderen Unternehmen, die damit korrelierenden **Risiken** sowie die Auswirkungen auf die VFE-Lage und die Cashflows zu verstehen und beurteilen bzw. analysieren zu können.[232] Dieses Ziel soll erfüllt werden, indem erhebliche Ermessensentscheidungen und Annahmen sowie Informationen über die unterschiedlichen Arten der Anteile an anderen Unternehmen angegeben werden.[233] Das berichtende Unternehmen soll bestimmte Angaben über

---

228 Vgl. IAS 1.15 f.

229 Vgl. IAS 1.17(c).

230 Vgl. LEFFSON, U., Grundsätze ordnungsmäßiger Buchführung, S. 78.

231 FORSTER, K.-H., Anhang, Lagebericht, Prüfung und Publizität, S. 1578. Hervorhebungen durch die Verfasserin. Bereits die Ausführungen zum HGB-Anhang heben die grundsätzliche Bedeutung des Anhangs hervor.

232 Vgl. IFRS 12.1.

233 Vgl. IFRS 12.2(a) und (b).

- Anhang-Bereich A: Anteile an Tochterunternehmen,
- Anhang-Bereich B: Anteile an nicht konsolidierten Tochterunternehmen,
- Anhang-Bereich C: Anteile an gemeinschaftlichen Vereinbarungen und Anteile an assoziierten Unternehmen,
- Anhang-Bereich D: Anteile an nicht konsolidierten strukturierten Unternehmen sowie über
- Anhang-Bereich E: erhebliche Ermessensentscheidungen und Annahmen

machen.[234] Im Folgenden werden die Anhangangaben für die genannten fünf Anhang-Bereiche dargestellt.

233.2 Darstellung der geforderten Anhangangaben zu Anteilen an anderen Unternehmen

233.21 Anhangangaben zu Anteilen an Tochterunternehmen

Die **Angabepflichten zu Anteilen an Tochterunternehmen** sind in IFRS 12.10-12.19 geregelt:[235] **Anhangangaben sollen erfolgen**

(1) ...für jedes Tochterunternehmen, an dem für das berichtende Unternehmen **wesentliche nicht beherrschende Anteile an den Tätigkeiten und Cashflows bestehen**, wie Name des Tochterunternehmens, Hauptgeschäftssitz, Beteiligungs- bzw. Stimmrechtsquote nicht beherrschender Anteile, den auf nicht beherrschende Anteile des Tochterunternehmens entfallenden Gewinn oder Verlust, die kumulierten nicht beherrschenden Anteile am Tochterunternehmen sowie zusammenfassende Finanzinformationen über das Tochterunternehmen.[236]

---

234 Vgl. IFRS 12.2(b); IFRS 12.5 i.V.m. IFRS 12.B4.

235 Aufgrund der hohen Zahl von Anhangangaben werden diese im vorliegenden Abschnitt – genauso wie im programmierten Fragebogen – zusammengefasst. Vgl. Anhang dieser Arbeit. Der Wortlaut und Wortsinn der Anhangangaben bleibt trotz der zusammengefassten Angaben bestehen.

236 Vgl. IFRS 12.10(a)(ii) i. V. m. IFRS 12.12(a)-12.12(g).

(2) ...über den **Abschlussstichtag des Tochterunternehmens** und die etwaigen Gründe für die Verwendung unterschiedlicher Abschlussstichtage des Tochterunternehmens und des Mutterunternehmens.[237]

(3) ...über Art und Umfang erheblicher **Beschränkungen der Fähigkeit eines Unternehmens, Zugang zu Vermögenswerten bzw. Schulden des Konzerns** zu haben, diese zu nutzen oder zu begleichen.[238]

(4) ...über **Art und Umfang von Schutzrechten nicht beherrschender Anteile,** die die Fähigkeit des Unternehmens, Zugang zu Vermögenswerten des Konzerns zu haben und Schulden zu begleichen, erheblich beschränken können sowie die im Konzernabschluss ausgewiesenen Buchwerte dieser Vermögenswerte und Schulden.[239]

(5) ...über Bedingungen vertraglicher **Vereinbarungen**, die das Unternehmen verpflichten könnten, ein **konsolidiertes strukturiertes Unternehmen finanziell zu unterstützen.**[240]

(6) ...über die **Gründe sowie Art und Betrag der Unterstützung** an ein konsolidiertes strukturiertes Unternehmen, bei dem **keine Verpflichtung** des berichtenden Unternehmens besteht, finanziell oder in anderer Weise **zu unterstützen.**[241]

(7) ...über die relevanten Faktoren, die dazu geführt haben, dass das berichtende Unternehmen, ohne vertragliche Verpflichtung, ein **bisher nicht konsolidiertes strukturiertes Unternehmen finanziell unterstützt** und diese Unterstützung dazu geführt hat, dass das berichtende Unternehmen **das strukturierte Unternehmen beherrscht.**[242]

(8) ...über die **gegenwärtige Absicht**, ein konsolidiertes strukturiertes Unternehmen **finanziell zu unterstützen.**[243]

---

237 Vgl. IFRS 12.11(a)-(b).
238 Vgl. IFRS 12.13(a).
239 Vgl. IFRS 12.13(b)-(c).
240 Vgl. IFRS 12.14.
241 Vgl. IFRS 12.15.
242 Vgl. IFRS 12.16.
243 Vgl. IFRS 12.17.

(9) ...über die **Auswirkungen von Änderungen der Beteiligungsquote** eines Mutterunternehmens an einem Tochterunternehmen, welche **nicht zu einem Verlust der Beherrschung** führen.[244]

(10) ...über etwaige **Gewinne oder Verluste** zum **Zeitpunkt des Verlusts der Beherrschung** über ein Tochterunternehmen während der Berichtsperiode sowie die Abschlussposten, in denen diese Gewinne oder Verluste erfasst werden.[245]

233.22 Anhangangaben zu Anteilen an nicht konsolidierten Tochterunternehmen durch Investmentgesellschaften

Investmentgesellschaften haben bestimmte Angaben zu ihren Beteiligungen zu machen. Regelungen zu diesen Anhangangaben sind in den Tz. 19A-19G des IFRS 12 zu finden.

Anhangangaben

(1) ...von einer **Investmentgesellschaft**, die nach IFRS 10 „Konzernabschlüsse" zur Anwendung der Ausnahme von der Konsolidierung verpflichtet ist und ihre **Beteiligung** an einem Tochterunternehmen statt dessen **aufwands- oder ertragswirksam zum beizulegenden Zeitwert** bilanziert.[246]

(2) ...über **Name, Hauptsitz, Beteiligungsquote** und ggf. Stimmrechtsquote für jedes nicht konsolidierte Tochterunternehmen einer Investmentgesellschaft.[247]

(3) ...über Name, Hauptsitz, Beteiligungsquote und ggf. Stimmrechtsquote für jedes nicht konsolidierte Tochterunternehmen einer Investmentgesellschaft, wenn die Investmentgesellschaft das Mutterunternehmen einer anderen Investmentgesellschaft ist.[248]

(4) ...über **etwaige gegenwärtige Verpflichtungen**, ein nicht konsolidiertes Tochterunternehmen finanziell oder auf andere Weise **zu unterstützen** sowie die Angabe **erheblicher Beschränkungen der Fähigkeit** eines nicht konsolidierten Tochterun-

244 Vgl. IFRS 12.18.
245 Vgl. IFRS 12.19.
246 Vgl. IFRS 12.19A.
247 Vgl. IFRS 12.19B.
248 Vgl. IFRS 12.19C.

ternehmens, **Finanzmittel**, die von der Investmentgesellschaft gewährt wurden, an diese Investmentgesellschaft **zu transferieren.**[249]

(5) …über **Art, Betrag und Gründe der Unterstützung** an nicht konsolidierte Tochterunternehmen **ohne vertragliche Verpflichtung.**[250]

(6) …über die **Bedingungen vertraglicher Vereinbarungen**, bspw. Liquiditätsvereinbarungen, die die Investmentgesellschaft oder ihre nicht konsolidierten Tochterunternehmen verpflichten könnten, ein **nicht konsolidiertes beherrschtes strukturiertes Unternehmen finanziell zu unterstützen.**[251]

(7) …über **relevante Faktoren**, die zu der Entscheidung führen, dass eine Investmentgesellschaft ein nicht beherrschtes, nicht konsolidiertes strukturiertes Unternehmen **finanziell** oder auf andere Weise **unterstützt** hat, **ohne dazu vertraglich verpflichtet** gewesen zu sein, und diese Unterstützung dazu geführt hat, dass **die Investmentgesellschaft das strukturierte Unternehmen beherrscht.**[252]

233.23 Anhangangaben zu Anteilen an gemeinschaftlichen Vereinbarungen und zu Anteilen an assoziierten Unternehmen

Parteien, die an einer **gemeinschaftlichen Vereinbarung** beteiligt sind, haben gemäß IFRS 12.20-12.23 folgende Angaben im IFRS-Konzernanhang zu zeigen.

Anhangangaben

(1) …über **Name, Art der Beziehung, Hauptgeschäftssitz, Beteiligungsquote** und ggf. Stimmrechtsquote des gemeinschaftlichen oder assoziierten Unternehmens.[253]

(2) …ob die **Beteiligungen** an Gemeinschafts- oder assoziierten Unternehmen nach der **Equity-Methode oder zum beizulegenden Zeitwert bewertet** werden.[254]

---

249 Vgl. IFRS 12.19D.
250 Vgl. IFRS 12.19E.
251 Vgl. IFRS 12.19F.
252 Vgl. IFRS 12.19G.
253 Vgl. IFRS 12.20-12.21(a)(i)-(iv).
254 Vgl. IFRS 12.21(b)(i).

(3) …über den **beizulegenden Zeitwert der Beteiligung** am Gemeinschafts- bzw. assoziierten Unternehmen, **sofern es nach der Equity-Methode bilanziert wird** und ein notierter Marktpreis für die Beteiligung vorliegt.[255]

(4) …über **zusammenfassende Finanzinformationen**, wie Vermögenswerte, Schulden, Umsatzerlöse, Gewinne und Verluste aus fortzuführenden und aus aufgegebenen Geschäftsbereichen sowie das sonstige und gesamte Ergebnis für **jedes wesentliche Gemeinschafts- oder assoziierte Unternehmen.**[256]

(5) …über **zusammenfassende Finanzinformationen**, wie über den Gewinn und Verlust aus fortzuführenden und aus aufgegebenen Geschäftsbereichen sowie das sonstige und gesamte Ergebnis für **jedes Gemeinschafts- oder assoziierte Unternehmen**, das **einzeln unwesentlich** ist.[257]

(6) …über **Art und Umfang erheblicher Beschränkungen der Fähigkeit des Gemeinschafts- oder assoziierten Unternehmens,** Finanzmittel in Form von Bardividenden oder Darlehens- und Vorschusstilgungen an das Unternehmen **zu transferieren.**[258]

(7) …über den **Abschlussstichtag** von Gemeinschafts- oder assoziierten Unternehmen, welche die Equity-Methode anwenden sowie die **Gründe für die Verwendung unterschiedlicher Abschlussstichtage** zwischen bilanzierendem Unternehmen und Gemeinschafts- oder assoziiertem Unternehmen.[259]

(8) …über den **nicht erfassten anteiligen Verlust** eines Gemeinschafts- oder assoziierten Unternehmens, **wenn** das Unternehmen seine **Verlustanteile** am Gemeinschafts- oder assoziierten Unternehmen **bei Verwendung der Equity-Methode nicht mehr erfasst.**[260]

(9) …über **eingegangene,** aber noch **nicht erfasste Verpflichtungen**, die zu einem **künftigen Abfluss von Ressourcen** führen können.[261]

---

255 Vgl. IFRS 12.21(b)(iii).

256 Vgl. IFRS 12.21(b)(ii) i. V. m. IFRS 12.B12 und IFRS 12.B13.

257 Vgl. IFRS 12.21(c) i. V. m. IFRS 12.B16.

258 Vgl. IFRS 12.22(a).

259 Vgl. IFRS 12.22(b).

260 Vgl. IFRS 12.22(c).

261 Vgl. IFRS 12.23(a) i. V. m. IFRS 12.B18 f.

(10) ...über die mit Anteilen eines Unternehmens an Gemeinschafts- und assoziierten Unternehmen **verbundenen Risiken gemäß IAS 37**; d. h. Angabe der **Eventualverbindlichkeit** im Zusammenhang mit Anteilen an Gemeinschafts- oder assoziierten Unternehmen, getrennt von dem Betrag anderer Eventualverbindlichkeiten, es sei denn, die Möglichkeit eines Verlustes ist unwahrscheinlich.[262]

233.24 Anhangangaben zu Anteilen an nicht konsolidierten strukturierten Unternehmen

Zusätzlich zu den bestehenden Angabepflichten in IAS 27 (rev. 2008), IAS 28 (rev. 2003) und IAS 31 wurden die Anhangangaben u. a. um **Anhangangaben zu Anteilen an nicht konsolidierten strukturierten Unternehmen erweitert.**[263] Bis dato enthielt IAS 27 (rev. 2008), der durch IFRS 10 bzgl. der Konzernabschlüsse ersetzt wurde, keine Angaben zu Anteilen an nicht konsolidierten Unternehmen.[264] Grund, die erstmalig geforderten Anhangangaben zu Anteilen an nicht konsolidierten strukturierten Unternehmen einzuführen, sind die Erkenntnisse aus der Finanzmarktkrise.[265] Die Finanzmarktkrise war Auslöser dafür, dass sich der Board stärker mit nicht bilanzierten Risiken von strukturierten Gesellschaften beschäftigte.[266] Denn bis zur Finanzmarktkrise waren keine Angaben zu bilanzunwirksamen Aktivitäten, wie Verbriefungsgesellschaften und vermögenswertbesicherten Finanzierungen, in den IFRS gefordert. So blieben Risiken aus strukturierten Unternehmen ohne relevante Informationen in Form von

[262] Vgl. IFRS 12.23(b).

[263] Vgl. IFRS 12.BC119B.

[264] Vgl. IFRS 12.BC62.

[265] Vgl. auch IFRS 12.BC107 und BC116(b). Seit der 2007 beginnenden Finanz- und Wirtschaftskrise sind die Anhangangaben, vor allem zu Risiken, denen Unternehmen ausgesetzt sind, die ein Engagement bei strukturierten Unternehmen halten, noch bedeutsamer geworden. Vgl. IFRS 12.IN5; ENDERT, V./JUCKNAT, J./SEPETAUZ, K., Prüfung der Anhangangaben vor dem Hintergrund der Finanzmarktkrise; IDW, Positionspapier des IDW zu Bilanzierungs- und Bewertungsfragen im Zusammenhang mit der Subprime-Krise; IDW, Prüfungsfragen im Kontext der aktuellen Wirtschafts- und Finanzmarktkrise.

[266] Vgl. STAMM, A./GIORGINI, A., Reaktion des Standardsetters auf die Finanzmarktkrise bzgl. IFRS 10-12, S. 8. So sind die neuen Anhangangaben und das Control-Konzept nach IFRS 10 „Materiell [...] als Reaktion auf die Finanzmarktkrise ab 2007 zu verstehen." THEILE, C./PAWELZIK, K., in: IFRS-Handbuch, Anhangangaben zum Konzernabschluss, Rz. 5008; vgl. auch KÜTING, K./MOJADADR, M., Neues Control-Konzept nach IFRS 10, S. 285.

Anhangangaben unerkannt.[267] Um diesen Mangel an relevanten Informationen zu beheben, werden in IFRS 12 die Anhangangaben zu strukturierten Unternehmen gefordert.[268] Konkret werden folgende Angaben zu strukturierten Unternehmen, die nicht vom berichtenden Unternehmen konsolidiert werden, in IFRS 12.24-12.31 verlangt:

Anhangangaben

(1) ...über **qualitative und quantitative Informationen** zu Anteilen an nicht konsolidierten strukturierten Unternehmen, wie Art, Zweck, Umfang und Tätigkeiten des nicht konsolidierten strukturierten Unternehmens sowie dessen Finanzierung.[269]

(2) ...darüber, **wie ein Unternehmen ermittelt** hat, bei welchen nicht konsolidierten strukturierten Unternehmen es als **Sponsor**[270] tätig war.[271]

(3) ...in Tabellenform über **Erträge aus nicht konsolidierten strukturierten Unternehmen** (Gebühren, Zinsen, Dividenden), wenn ein Unternehmen bei einem nicht konsolidierten strukturierten Unternehmen als **Sponsor** tätig war.[272]

(4) ...in Tabellenform über **Buchwerte aller Vermögenswerte**, die in der Berichtsperiode vom berichtenden Unternehmen **auf das nicht konsolidierte strukturierte Unternehmen übertragen** wurden, falls das berichtende Unternehmen bei einem nicht konsolidierten strukturierten Unternehmen als Sponsor tätig war.[273]

(5) ...über Buchwerte der im Abschluss angesetzten Vermögenswerte und Schulden, die sich auf Anteile an nicht konsolidierten strukturierten Unternehmen beziehen

267 Vgl. BRUNE, J., in: Beck'sches IFRS-Handbuch, Angaben im Konzernanhang, Rn. 57; STAMM, A./GIORGINI, A., Reaktion des Standardsetters auf die Finanzmarktkrise bzgl. IFRS 10-12, S. 11; WOLLMERT, P., Neuregelungen zur Konzernrechnungslegung nach IFRS 10-12, S. I.

268 Vgl. IFRS 12.24-12.31.

269 Vgl. IFRS 12.26.

270 In IFRS 12 wird der Begriff des Sponsors zwar häufig genutzt, indes nicht definiert.

271 Vgl. IFRS 12.27(a).

272 Vgl. IFRS 12.27(b).

273 Vgl. IFRS 12.27(c).

sowie die Bilanzposten, in denen diese Vermögenswerte und Schulden erfasst sind.[274]

(6) ...über den Betrag, der das **maximale Verlustrisiko des Unternehmens aufgrund seiner Anteile an nicht konsolidierten strukturierten Unternehmen** darstellt, einschließlich Informationen darüber, wie das maximale Verlustrisiko bestimmt wird.[275]

(7) ...über einen **Vergleich von Buchwerten der Vermögenswerte und Schulden** des Unternehmens, die sich auf seine Anteile an nicht konsolidierten strukturierten Unternehmen beziehen, mit seinem **maximalen Verlustrisiko** aufgrund dieser Unternehmen.[276]

(8) ...über **Art und Betrag der finanziellen Unterstützung** an einem nicht konsolidierten strukturierten Unternehmen (**ohne vertragliche Verpflichtung**) sowie über die **Gründe der Unterstützung.**[277]

(9) ...über die etwaige gegenwärtige **Absicht**, ein **nicht konsolidiertes strukturiertes Unternehmen finanziell zu unterstützen.**[278]

Zusätzlich zu den in IFRS 12.29-12.31 geforderten Anhangangaben geben die Textstellen B25-B26 des IFRS 12 weitere Angabepflichten zu den Arten von Risiken vor. Dies sind **Anhangangaben**

(1) ...über die **Bedingungen einer Vereinbarung, die das Unternehmen verpflichten könnten**, ein nicht konsolidiertes strukturiertes Unternehmen **finanziell zu unterstützen.**[279]

(2) ...über **Verluste**, die dem Unternehmen aus Anteilen an nicht konsolidierten strukturierten Unternehmen entstanden sind.[280]

---

274 Vgl. IFRS 10.24(b) i. V. m. IFRS 12.29(a) und 12.29(b).
275 Vgl. IFRS 12.29(c).
276 Vgl. IFRS 12.29(d).
277 Vgl. IFRS 12.30.
278 Vgl. IFRS 12.31.
279 Vgl. IFRS 12.B26(a).
280 Vgl. IFRS 12.B26(b).

(3) ...über **Arten von Erträgen**, die das Unternehmen aus Anteilen an nicht konsolidierten strukturierten Unternehmen erhalten hat.[281]

(4) ...über **Ausgleichsverpflichtungen für Verluste** eines nicht konsolidierten strukturierten Unternehmens sowie Höchstgrenzen solcher Verluste, Rangfolge und Beträge der Ausgleichsverpflichtungen anderer Parteien.[282]

(5) ...über „**Informationen von Liquiditätsvereinbarungen**, Garantien oder anderen Verpflichtungen gegenüber Dritten, die sich auf den beizulegenden Zeitwert oder das Risiko der Anteile des Unternehmens am nicht konsolidierten strukturierten Unternehmen auswirken."[283]

(6) ...über die „in der Berichtsperiode aufgetretenen **Schwierigkeiten eines nicht konsolidierten strukturierten Unternehmens bei der Finanzierung** seiner Tätigkeiten."[284]

(7) ...über die **Formen der Finanzierung** eines nicht konsolidierten strukturierten Unternehmens (bspw. Fälligkeitsanalysen) und ihre gewichtete durchschnittliche Laufzeit.[285]

233.25 Anhangangaben zu erheblichen Ermessensentscheidungen und Annahmen

Darüber hinaus sollen neben den Informationen zu Anteilen an anderen Unternehmen auch erhebliche Ermessensentscheidungen und Annahmen offengelegt werden, die das berichtende Unternehmen bei der Identifizierung der Art von Anteilen an anderen Unternehmen anwendet.[286] So bedarf die Erstellung des IFRS-Abschlusses inkl. -Anhangs gemäß dem Geschäftsbericht 2013/2014 der THYSSENKRUPP AG Schätzungen und Annahmen bzgl. der Höhe der Beträge, die in den Anhangangaben zu erläutern sind.[287] Ermessensentscheidungen sind erforderlich, weil einerseits nicht sämtliche Sachverhalte

281 Vgl. IFRS 12.B26(c).
282 Vgl. IFRS 12.B26(d).
283 IFRS 12.B26(e).
284 IFRS 12.B26(f).
285 Vgl. IFRS 12.B26(g).
286 Vgl. IFRS 12.2(a).
287 Vgl. THYSSENKRUPP AG, Geschäftsbericht 2013/2014, S. 202.

abschließend in den IFRS geregelt sind und andererseits weil bestimmte Vermögenswerte aufgrund von zahlreichen unbekannten Variablen nicht punktgenau geschätzt werden können.[288] Bspw. werden die langfristigen Vermögenswerte der THYSSENKRUPP AG in einem Werk in Brasilien von den künftigen wirtschaftlichen Rahmenbedingungen, den erwarteten Nutzungsdauern und den geschätzten Cashflows beeinflusst.[289]

Mit Ermessensentscheidungen und Annahmen sind Schätzungsunsicherheiten verbunden. Vor allem Schätzungen, die unter besonders hoher Unsicherheit getroffen werden und die deutliche Auswirkungen auf die wirtschaftliche Lage des bilanzierenden Unternehmens haben, sind für Kapitalmarktexperten wichtig.[290] Als Quellen von Schätzungsunsicherheiten versteht der Board schwierige, subjektive oder komplizierte Ermessensentscheidungen und Schätzungen des Managements eines berichtenden Unternehmens.[291] Durch ungewisse künftige Ereignisse können unsichere Schätzungen entstehen. Diese Schätzungsunsicherheiten erfordern in künftigen Geschäftsjahren unter Umständen Anpassungen bei Vermögenswerten und Schulden.[292] Damit die Konzernabschlüsse trotz Unsicherheiten, ein zutreffendes Bild der VFE-Lage geben, müssen durch IFRS 12 Ermessensentscheidungen und Annahmen des Unternehmensmanagements offengelegt werden. Nachfolgend werden die gemäß IFRS 12.7-12.9B als Mindestpflichtanhangangaben geforderten Ermessensentscheidungen und Annahmen dargestellt.[293]

288 Vgl. BAETGE, J./KIRSCH, H.-J./THIELE, S., Bilanzanalyse, S. 154.

289 Vgl. THYSSENKRUPP AG, Geschäftsbericht 2013/2014, S. 203.

290 Vgl. ENGEL-CIRIC, D., Bilanzpolitische Spielräume, S. 780-782; HOFFMANN, W.-D./LÜDENBACH, N., Offenlegung der Ermessensspielräume bei der Erstellung des Jahresabschlusses, S. 1965. Vgl. KIRSCH, H., Gestaltungspotenzial durch verdeckte Bilanzierungswahlrechte, S. 1111-1116.

291 Vgl. IAS 1.127.

292 Vgl. IAS 1.125-1.133.

293 Vgl. IFRS 12.B5. Der Detaillierungsgrad der Berichterstattung dieser Anhangangaben hängt von den IFRS-Konzernanhangerstellern ab.

Anhangangaben

(1) ...bei der Ermittlung, ob eine **Beherrschung**, eine **gemeinschaftliche Vereinbarung** oder ein **maßgeblicher Einfluss** vorliegt.[294]

(2) ...wenn ein Unternehmen ein anderes Unternehmen **nicht beherrscht**, indes **mehr als die Hälfte** der Stimmrechte hält.[295]

(3) ...wenn ein Unternehmen ein anderes **beherrscht**, indes **weniger als die Hälfte der Stimmrechte** hält.[296]

(4) ...bei der Feststellung, ob ein Unternehmen **Agent** oder **Prinzipal** ist.[297]

(5) ...wenn ein Unternehmen **keinen maßgeblichen Einfluss** hat, obwohl es **mindestens 20 % der Stimmrechte** hält.[298]

(6) ...wenn ein Unternehmen **maßgeblichen Einfluss** hat, obwohl es **weniger als 20 %** der Stimmrechte hält.[299]

Zusätzlich zu den Ermessensentscheidungen und Annahmen, die das berichtende Unternehmen bei der Ermittlung der Art der Anteile an anderen Unternehmen getroffen hat, sind Ermessensentscheidungen anzugeben, ob die Definition einer Investmentgesellschaft erfüllt ist. Dazu zählen **Anhangangaben**

- ...zu erheblichen Ermessensentscheidungen und Annahmen, die zu der Feststellung geführt haben, dass das Mutterunternehmen eine Investmentgesellschaft nach IFRS 10.27 ist, auch wenn sie typische Merkmale einer Investmentgesellschaft nicht aufweist.[300]
- ...über die **Änderung des Statuswechsels eines Unternehmens**, d. h. wird ein Unternehmen eine Investmentgesellschaft oder verliert es die Voraussetzungen da-

294 Vgl. IFRS 12.7 i. V. m. IFRS 12.8.

295 Vgl. IFRS 12.9(a).

296 Vgl. IFRS 12.9(b).

297 Vgl. IFRS 12.9(c) i. V. m. IFRS 10.B58-B72.

298 Vgl. IFRS 12.9(d).

299 Vgl. IFRS 12.9(e).

300 Vgl. IFRS 12.9A i. V. m. IFRS 10.27 f.

für eine Investmentgesellschaft zu sein, hat es die Auswirkungen dieser Statusänderung anzugeben.[301]

- ...über die **Auswirkungen der Statusänderung einschließlich der beizulegenden Zeitwerte des Gesamtvermögens** der nicht mehr konsolidierten Tochterunternehmen zum Zeitpunkt der Statusänderung.[302]
- ...über die **Auswirkungen der Statusänderung einschließlich des Gesamtbetrages etwaiger Gewinne oder Verluste,** die nach IFRS 10.B101 berechnet werden.[303]
- ...über die **Auswirkungen der Statusänderung einschließlich des bzw. der aufwands- oder ertragswirksamen Abschlussposten,** in dem/denen dieser Gewinn oder Verlust erfasst wird.[304]

24 Kritische Würdigung der Anhangangaben zu Anteilen an anderen Unternehmen gemäß IFRS 12

241. Vorbemerkungen

Die in IFRS 12 zusammengefassten Anhangangaben zeigen, welche Angaben von einem Konzern zu Anteilen an anderen Unternehmen gefordert werden. Mit diesen **Anhangangaben** soll das Ziel der Rechnungslegung, die **Vermittlung entscheidungsnützlicher Informationen,** erreicht[305] und ein besseres Verständnis der Konzernabschlüsse ermöglicht werden.[306] Die damit verbundenen Kosten der Konzerne werden mit einem hohen Nutzen für die Adressaten gerechtfertigt.[307]

---

301 Vgl. IFRS 12.9B.

302 Vgl. IFRS 12.9B(a).

303 Vgl. IFRS 12.9B(b) i. V. m. IFRS 10.B101.

304 Vgl. IFRS 12.9B(c).

305 Vgl. IFRS 12.1.

306 Vgl. IFRS 12.BC125-BC127.

307 Vgl. IFRS 12.BC128. Vgl. ZÜLCH, H./POPP, M., Konsolidierungsstandards IFRS 10, IFRS 11 und IFRS 12, S. 87; LACHMANN, M./KÜMPEL, K./HAGEN, J., Kritische Analyse der internationalen Konzernrechnungslegung nach IFRS 10-12, S. 578. Mehraufwand erwartet FISCHER in Form von Kosten bei der Implementierung der neuen Standards und der Anhangangaben. Vgl. FISCHER, D., EFRAG-Feldstudie zu den Konsolidierungsstandards IFRS 10-12, S. 129.

Im Folgenden werden die in IFRS 12 geforderten Anhangangaben systematisch diskutiert und geprüft, ob die o. g. Ziele erreicht werden. Aufgrund der Fülle geforderter Angaben kann zwar nicht jede Anhangangabe separat analysiert werden, doch werden anhand ausgewählter Beispiele Definitionen, Ermessensspielräume sowie ein potentieller *information overload* der Angaben diskutiert. Dazu werden beispielhaft Anhangangaben aus DAX-30-Geschäftsberichten analysiert.[308] Hierbei wird geprüft, ob und wie sich die unterschiedlichen Anforderungen bzgl. der Detaillierungsgrade auf die Vergleichbarkeit der Informationen auswirken, d. h., ob diese unterschiedlichen Detaillierungsgrade zu vergleichbaren Angaben führen. Außerdem werden die Angaben an den Vorgaben des Rahmenkonzepts gespiegelt und geprüft, ob die Anhangangaben nach IFRS 12 den Anforderungen an nützliche Informationen gerecht werden.

242. Ermessensspielräume durch unklare Definitionen und nicht konkretisierende Anhangangaben

Praxis und Wissenschaft konstatieren, dass IFRS 10 und IFRS 11 sowie die flankierenden **Anhangangaben** nach IFRS 12 **große Gestaltungsspielräume bieten**, wie **Bewertungsspielräume und Sachverhaltsgestaltungen.**[309] Vor allem die neuen Anhangangaben nach IFRS 12 bieten zusätzliche Ermessenspielräume. Fraglich ist, ob den Adressaten des IFRS-Konzernanhangs mit der Fülle von neuen und bestehenden Angaben zu Ermessensentscheidungen und Annahmen ein realistisches Bild der VFE-Lage des berichtenden Unternehmens vermittelt wird.[310] Zwar werden durch die quantitativen Pflichtangaben zu Ermessensspielräumen die bilanzpolitischen Spielräume eingeengt und der Bilanzpolitik von Unternehmen entgegengewirkt.[311] Doch führen die eingeräumten Ermessenspielräume überwiegend zu Unklarheiten und Ungenauigkeiten für

308 Konzerne, die nach den IFRS bilanzieren, haben ab dem 01.01.2014 erstmalig die in IFRS 12 neu geforderten Anhangangaben angewendet.

309 Vgl. ZÜLCH, H./ERDMANN, M.-K./POPP, M., Neuformulierung der konzernbezogenen Anhangangaben, S. 512.

310 Vgl. WOLLMERT, P., Neuregelungen zur Konzernrechnungslegung nach IFRS 10-12, S. I; KIRSCH, H.-J./EWELT-KNAUER, C., Abgrenzung des Vollkonsolidierungskreises nach IFRS 10 und IFRS 12, S. 1645.

311 Vgl. IFRS 12.7-12.9B „Erhebliche Ermessensentscheidungen und Annahmen“. Vgl. dazu auch BRÖTZMANN, I., Möglichkeiten und Grenzen der Bilanzpolitik von Joint Arrangements, S. 25.

die Adressaten. Im Folgenden werden daher Beispiele für wesentliche Ermessensspielräume dargestellt, die zeigen, dass die Komplexität der Anhangangaben durch klarere Abgrenzungen und Definitionen verringert werden könnte.

Gemäß IFRS 12.21 müssen Unternehmen für jede gemeinschaftliche Vereinbarung, die für das Unternehmen wesentlich ist, bestimmte Angaben veröffentlichen.[312] Durch die **Unterscheidung**[313] **von gemeinschaftlichen Vereinbarungen** *(joint arrangements)* in gemeinschaftliche Tätigkeiten *(joint operations)* und Gemeinschaftsunternehmen *(joint ventures)* entstehen indes viele neue Ermessensspielräume.[314] Denn die **Abgrenzung ist komplex** und führt abhängig von unterschiedlichen vertraglichen Konditionen zu einer unterschiedlichen Abgrenzung und Bilanzierung.[315] Da die Merkmale, die eine gemeinschaftliche Tätigkeit oder ein Gemeinschaftsunternehmen voneinander unterscheiden sollen, aber nicht klar voneinander zu trennen sind, ist auch die Abgrenzung der beiden Arten von gemeinschaftlichen Vereinbarungen schwierig.[316] Dadurch entstehen unvermeidliche Ermessensspielräume, die auch durch die Anhangangaben in IFRS 12 nicht eingeengt werden können. Durch die Ausnutzung dieser Ermessensspielräume kann es zu einer verzerrten wirtschaftlichen Abbildung von gemeinschaftlichen Vereinbarungen im IFRS-Anhang kommen.

Eine **separate Zielsetzung** für die Darstellung von **Anteilen an gemeinschaftlichen Vereinbarungen getrennt** von der Darstellung der **Anteile an assoziierten Unternehmen** im Anhang ist nach Ansicht des Board nicht erforderlich, da beide Arten von Anteilen ver-

312 Vgl. IFRS 12.21(a)(i)-(iv).

313 Vgl. IFRS 11.6; IFRS 11.14-11.16.

314 Zur Unterscheidung von gemeinschaftlichen Tätigkeiten und Gemeinschaftsunternehmen vgl. Abschnitt 225.

315 Vgl. ZWIRNER, C./BOECKER, C./BUSCH, J., Neuregelungen zum Konsolidierungskreis in IFRS 10 bis IFRS 12, S. 612; STIBI, B./BÖCKEM, H./KLAHOLZ, E., Mehr Anwendungssicherheit bei IFRS 10-12?, S. 1530 f., unter Rückgriff auf EFRAG, Reports on the findings of the field tests on implementing IFRS 10-12, S. 15 f.; FISCHER, D., EFRAG-Feldstudie zu den Konsolidierungsstandards IFRS 10-12, S. 129; ZÜLCH, H./POPP, M., Konsolidierungsstandards IFRS 10, IFRS 11 und IFRS 12, S. 88.

316 Für die Abgrenzung der Arten von gemeinschaftlichen Vereinbarungen sind neben dem Standard auch die Grundlagen für Schlussfolgerungen heranzuziehen, die die Komplexität der Abgrenzung nicht minimieren.

gleichbar sind.[317] Doch ist fraglich, ob ohne Klärung des Zwecks der beiden Beteiligungsarten der Inhalt klar definiert werden kann. So scheint IFRS 12 eher zur Füllung von Informationslücken zu dienen, die durch eine unzureichende Konkretisierung der Zielsetzung von vermeintlich gleichen Beteiligungen entsteht.[318] Für zwei unterschiedliche Arten von Beteiligungen sollten daher nicht die gleichen Anhangangaben zugrunde gelegt werden.

Nach IFRS 12.21(a)(iv) müssen Unternehmen, die über Anteile an anderen Unternehmen berichten, den **Anteil an der gemeinschaftlichen Tätigkeit** angeben. Demnach soll ein gemeinschaftlicher Betreiber den Anteil an gemeinschaftlich gehaltenen Vermögenswerten, Schulden, Erträgen oder Aufwendungen angeben.[319] Indes **fehlt** bis dato eine **Definition des Begriffs „Anteil"** (*share*). Im Schrifttum hat sich ebenfalls keine eindeutige Lösung herausgebildet. BRUNE schlägt schlicht „Quote" vor.[320] BRÖTZMANN fasst den Begriff der Quote enger und wirft für eine Definition von *„its share"* eine gesellschaftsrechtliche Beteiligungsquote, eine Dividendenquote oder eine vertragliche Abnahmequote auf.[321] Durch die unklare Abgrenzung des Wortes Anteil oder Quote hat der Bilanzierende einen großen Bewertungsspielraum bei der Bilanzierung von Anteilen an gemeinschaftlichen Tätigkeiten und somit bei den Anhangangaben zu bestimmten Unternehmensanteilen.

Wenn ein Mutterunternehmen ein konsolidiertes strukturiertes Tochterunternehmen finanziell unterstützt hat, ist gemäß IFRS 12.14 f. eine Angabe zu Art und Betrag der Unterstützung zu machen.[322] Auch gegenwärtige Absichten, ein Tochterunternehmen (finanziell) oder in anderer Weise zu unterstützen, ist nach IFRS 12.19D anzuzeigen.

---

317 Vgl. zu den Ausführungen auch IFRS 12.BC43.

318 Vgl. WOLLMERT, P., Neuregelungen zur Konzernrechnungslegung nach IFRS 10-12, S. I; BADER, A./PREUSCHE, J., Abbildung von Joint Arrangements im Konzernabschluss, S. 253.

319 Vgl. IFRS 11.20(a)-(e).

320 Vgl. BRUNE, J., in: Beck'sches IFRS-Handbuch, Joint Arrangements, S. 1279.

321 Vgl. BRÖTZMANN, I., Möglichkeiten und Grenzen der Bilanzpolitik von Joint Arrangements, S. 18.

322 Auch bei nicht konsolidierten strukturierten Unternehmen ist die Art und der Beitrag der finanziellen Unterstützung anzugeben. Vgl. IFRS 12.30.

Der Begriff **Unterstützung** ist indes unklar. Der Board definiert eine (finanzielle) Unterstützung als „direkte oder indirekte Bereitstellung von Mitteln an ein anderes Unternehmen“[323] und hat sich bewusst gegen eine enge Definition des Begriffes Unterstützung entschieden. Dies erfolgte mit der Begründung, dass eine solche Definition möglicherweise zu kreativen Strukturierungen führen würde, die die Definition des Board konterkarieren würde.[324] Doch konträr zu dem Entschluss des Board, keine klar abgegrenzte Definition des Begriffes „Unterstützung“ zu geben, hat der Board erläuternde Beispiele für Arten von finanzieller Unterstützung angegeben, die die weit gefasste Definition konkretisieren und die vermeintlichen Vorteile einer weiten Definition des Begriffes entkräften.[325] Sicherlich kann eine zu enge Definition kontraproduktiv sein, sofern sich diese Definition nicht auf alle Konzernunternehmen anwenden lässt. Doch wenn eine zu weit gefasste, unverständliche Definition eines Begriffes von keinem Unternehmen angewendet werden kann, dann ist dies ebenfalls **kontraproduktiv**. Denn unscharfe Regelungen lassen verschiedene Interpretationen sowie subjektiv geprägte, individuelle Definitionen zu, die zu subjektiv zu bestimmenden Angaben über die (finanzielle) Unterstützung von beteiligten Unternehmen führen.[326]

Auch die vage Definition des Begriffs eines **strukturierten Unternehmens** führt zu Unklarheiten: Unternehmen müssen Anhangangaben über die **Art und den Umfang** von Anteilen an strukturierten Unternehmen machen.[327]Zum einen ist die Definition von strukturierten Unternehmen nicht klar und zum anderen ist die Identifizierung von strukturierten Unternehmen aufgrund der unklaren Definition schwierig. Als Definition von strukturierten Unternehmen wird angegeben, dass diese derart gestaltet sind, „dass Stimmrechte oder ähnliche Rechte bei der Entscheidung, wer das Unternehmen beherrscht, nicht ausschlaggebend sind.“[328] Konzernunternehmen stehen vor großen fachlichen und organisatorischen Herausforderungen, strukturierte Unternehmen in der

323 IFRS 12.BC105.
324 Vgl. IFRS 12.BC105.
325 Vgl. IFRS 12.BC105.
326 Vgl. TANSKI, J., Bilanzpolitische Spielräume, S. 1846 f.
327 Vgl. IFRS 12.24-31.
328 IFRS 12 Anhang A i. V. m. IFRS 12.B22-24.

Praxis zu identifizieren und die Daten dafür zu beschaffen.[329] Im SIEMENS-Konzern bspw. wird ein Anteil an einem strukturierten Unternehmen mittels einer dreistufigen, komplexen und aufwändigen Analyse identifiziert.[330] Fraglich bleibt, wie Anhangangaben zu strukturierten Unternehmen nach IFRS 12 ohne eindeutige Definition des Begriffs strukturiertes Unternehmen und ohne konkrete Regelungen zur Identifikation von strukturierten Unternehmen angegeben werden können.[331]

Problematisch bei diesen Beispielen von weit gefassten und unklaren Definitionen ist, dass diese viele Interpretationen ermöglichen.[332] Die Leser eines IFRS-Konzernanhangs kennen nicht die vom bilanzierenden Unternehmen zugrunde gelegten Abgrenzungen und Definitionen und müssen – wenn das bilanzierende Unternehmen nicht selbst Klarheit geschaffen hat – auf Kommentierungen und (Branchen-)Meinungen zurückgreifen.[333] Festzuhalten bleibt, dass IFRS 12 keine ausreichend klaren Definitionen vorgibt. Stets sind zur Klärung der Begriffe die ergänzenden Dokumente *(basis for conclusions)* zu IFRS 12 und zu den Standards IAS 28, IFRS 10 und IFRS 11 heranzuzuziehen, die wiederum offene Fragen und Abgrenzungsprobleme bzgl. weit gefasster Definitionen offenbaren. Dabei ist es die wichtigste Aufgabe des IFRS-Konzernanhangs Adressaten zusätzliche Informationen zu geben und nicht die Mängel in den Definitionen und Abgrenzungen von wesentlichen Begriffen auszugleichen.[334]

329 Vgl. STIBI, B./BÖCKEM, H./KLAHOLZ, E., Mehr Anwendungssicherheit bei IFRS 10-12?, S. 1531; ZWIRNER, C./BOECKER, C./BUSCH, J., Neuregelungen zum Konsolidierungskreis in IFRS 10 bis IFRS 12, S. 615; REILAND, M., Spielwiese für Bilanzpolitiker, S. 2731.

330 Zur Identifizierung von Anteilen an strukturierten Unternehmen im Siemens-Konzerns vgl. STARBATTY, N., Anforderungen an Disclosure, S. 3-6. Ferner vgl. KÜTING, K./MOJADADR, M., Neues Control-Konzept nach IFRS 10, S. 285.

331 Vgl. BEYHS, O./BUSCHHÜTER, M./SCHURBOHM, A., Neue IFRS zum Konsolidierungskreis, S. 668; ZÜLCH, H./POPP, M., Würdigung der Neuregelungen des IFRS 10 im Vergleich zu den bisherigen Vorschriften des IAS 27 sowie SIC-12, S. 593; BRUNE, J., in: Beck'sches IFRS-Handbuch, Angaben im Konzernanhang, Rn. 61.

332 Vgl. ERCHINGER, H./MELCHER, W., Neuerungen nach IFRS 10, S. 1237.

333 Ähnlich hierzu TANSKI, J., Bilanzpolitische Spielräume, S. 1847.

334 Vgl. REILAND, M., Spielwiese für Bilanzpolitiker, S. 2736.

243. Unvergleichbarkeit durch unterschiedliche Detaillierungsgrade

Durch vom IFRS 12 geforderte Anhangangaben sollen die Auswirkungen bilanzpolitischer Maßnahmen transparent werden und zwar durch detaillierte Anhangangaben zu einzelnen Anhang-Bereichen. Dabei soll der **Detaillierungsgrad von Anhangangaben vom berichtenden Unternehmen festgelegt** werden.[335] Motivation für diese Regelung ist, dem berichtenden Unternehmen den Freiraum einzuräumen, auf jeden Sachverhalt unterschiedlich detailliert und individuell eingehen zu können. Der erforderliche Detaillierungsgrad von Informationen ist abhängig von den bilanzierenden Unternehmen. Die bilanzierenden Unternehmen entscheiden, für welche Adressatengruppe sie wie viele Informationen bereitstellen wollen. Hier zeigt sich erneut das Problem der nicht klar definierten Adressaten durch den Standardsetter. Denn berichtende Unternehmen können keine klaren und detaillierten Anhangangaben erstellen, wenn sie nicht wissen, wer die Adressaten sein sollen und welche **Informationsbedürfnisse** und welche Anforderungen dementsprechend an die Anhangangaben zu stellen sind.

In IFRS 12 sind nur die Mindestangaben festgelegt. Das berichtende Unternehmen soll je nach individuellen Tatsachen, Umständen und Risikopositionen freiwillig – zusätzlich zu den geforderten Mindestpflichtangaben – weitere Informationen angeben, um das Ziel des IFRS 12 zu erreichen.[336] Die Anhangangaben zu Anteilen an anderen Unternehmen sollen weder mit (zu) ausführlichen **Details**, die den Abschlussadressaten möglicherweise wenig nützen, **überladen** werden, noch sollen Informationen durch stark aggregierte Anhangangaben verdeckt werden.[337] Da der Detaillierungsgrad der Anhangangaben gemäß der Zielsetzung des IFRS 12 von dem berichtenden Unternehmen selbst zu bestimmen ist, führt das Vorgehen des Standardsetters zu einem hohen Auslegungsbedarf und zu wenig zwischenbetrieblich vergleichbaren Angaben.[338]

---

335 Vgl. IFRS 12.BC81 i. V. m. IFRS 12.B5.

336 Zur Zielsetzung des IFRS 12 vgl. Abschnitt 233.; IFRS 12.BC80 und 12.3. Vgl. dazu BEYHS, O./BUSCHHÜTER, M./SCHURBOHM, A., Neue IFRS zum Konsolidierungskreis, S. 667.

337 Vgl. IFRS 12.4; 12.B2-12.B3.

338 Vgl. REILAND, M., Spielwiese für Bilanzpolitiker, S. 2733.

Als erstes Beispiel dafür ist die unterschiedliche Gliederung von Anteilen an anderen Unternehmen zu nennen: Nach IFRS 12 existiert keine Regelung für die Gliederung von Anteilen an anderen Unternehmen, bspw. in Anlehnung an die Struktur des IFRS 12. Der Standard schreibt vor, dass die Art der Anteile im IFRS-Konzernanhang angegeben werden soll. Berichtende Unternehmen gliedern ihre Anteile teilweise geographisch nach Regionen[339] oder aber nach der Art der Anteile an anderen Unternehmen. Die ALLIANZ GRUPPE z. B. gliedert die Anteile an anderen Unternehmen in Anteile an verbundenen Unternehmen, Gemeinschaftsunternehmen, assoziierten Unternehmen oder sonstige Anteile zwischen 5 % und 20 % Stimmrechtsanteile.[340] Die RWE AG hingegen gliedert ihre Anteile an anderen Unternehmen in verbundene Unternehmen, die in den Konzernabschluss einbezogen sind, verbundene Unternehmen, die wegen untergeordneter Bedeutung für die VFE-Lage des Konzerns nicht in den Konzernabschluss einbezogen sind, Unternehmen, die nach der Equity-Methode bilanziert werden, Unternehmen, die wegen untergeordneter Bedeutung für die VFE-Lage des Konzerns nicht nach der Equity-Methode bilanziert werden und in sonstige Beteiligungen.[341] Allein diese beiden Beispiele zeigen, dass Konzerne ihre Beteiligungen im Konzernabschluss wegen der vorhandenen erheblichen **Ermessensspielräume** bei der Berichterstattung im Anhang unterschiedlich ausweisen. Dies **erschwert** die zwischenbetriebliche **Vergleichbarkeit von Unternehmen**.

Besonders problematisch sind die wenig konkretisierten Anhangangaben nach IFRS 12 für unterschiedliche Unternehmen und Branchen. Da Industrieunternehmen unterschiedliche Arten von Beteiligungen besitzen, verfolgen sie auch andere Wachstums- und Akquisitionsstrategien als bspw. Banken, Versicherungen oder Handelsunternehmen. Doch der IASB berücksichtigt keine unterschiedlichen Branchen der berichtenden Unternehmen und verlangt lediglich allgemeine Anhangangaben. Ferner ist die **konkrete**

339 Beispielsweise wird der Anteilsbesitz der ADIDAS GROUP nach Firmen in Deutschland, Europa, Nordamerika, Asien und Lateinamerika segmentiert. Vgl. ADIDAS GROUP, Geschäftsbericht 2013, S. 68-71.

340 Vgl. ALLIANZ GROUP, Geschäftsbericht 2013, S. 253-259; ALLIANZ GROUP, Geschäftsbericht 2014, S. 274-280.

341 Vgl. RWE AG, Geschäftsbericht 2013, S. 200-224; RWE AG, Geschäftsbericht 2014, S. 184-210.

Berichterstattung über Anteile an anderen Unternehmen als problematisch zu benennen. Beispielhaft werden drei DAX-30-Unternehmen, die der Automobilbranche zuzuordnen sind, bzgl. ihrer Berichterstattung über Anteile an (nicht) konsolidierten strukturierten Unternehmen betrachtet. Die drei zu analysierenden Unternehmen, die BMW GROUP, die DAIMLER AG und die VW AG, berichten über strukturierte Unternehmen: Die BMW GROUP informiert in einem kurzen Absatz über den Grund der von ihr gehaltenen Zweckgesellschaften.[342] Sie veröffentlicht dort indes **keine eindeutigen Zusatzangaben, ob die Zweckgesellschaften konsolidiert sind oder nicht.** Diese Informationen werden an anderer Stelle im Konzernanhang, in den Grundsätzen zum Konzernanhang, gegeben. Dort wird beschrieben, dass Zweckgesellschaften nicht konsolidiert sind.[343] Wünschenswert wäre, dass die BMW GROUP an geeigneter Stelle im IFRS-Konzernanhang einen Fehlbericht über nicht konsolidierte strukturierte Unternehmen gibt, damit Leser des IFRS-Anhangs schnell erkennen können, ob die BMW GROUP **nicht konsolidierte strukturierte Unternehmen hält.**

Ein Hinweis, dass keine nicht konsolidierten strukturierten Unternehmen vorliegen, findet sich hingegen in den IFRS-Konzernanhängen der DAIMLER AG und der VW AG.[344] Die VW AG berichtet sogar sehr ausführlich über nicht konsolidierte und konsolidierte strukturierte Unternehmen im IFRS-Konzernanhang. Sie gibt bspw. die Gründe für die Konstruktion von strukturierten Unternehmen und die für Adressaten wichtige Information an, dass aus den Beziehungen zu nicht konsolidierten strukturierten Unternehmen keine (wesentlichen) Risiken für den Konzern entstehen.[345]

Selbst wenn den nach IFRS bilanzierenden Unternehmen unterstellt wird, dass sie den individuell **auszuwählenden Detaillierungsgrad** der zu berichtenden Informationen nicht absichtlich als gering bestimmen und (zu) wenige Informationen publizieren, um eine adäquate und wirklichkeitsnahe Beurteilung dieser Position zu ermöglichen, fehlt

[342] Vgl. BMW AG, Geschäftsbericht 2014, S. 90. Bei dem Begriff Zweckgesellschaften ist davon auszugehen, dass die BMW GROUP strukturierte Unternehmen meint.

[343] Vgl. BMW AG, Geschäftsbericht 2014, S. 99.

[344] Vgl. Daimler AG, Geschäftsbericht 2014, S. 211; Volkswagen AG, Geschäftsbericht 2014, S. 193.

[345] Vgl. Volkswagen AG, Geschäftsbericht 2014, S. 193.

bei dem selbst zu wählenden Detaillierungsgrad durch die Unternehmen die wichtige Voraussetzung der Vergleichbarkeit der dargestellten stark voneinander abweichenden Anhangangaben zwischen den Unternehmen.[346] Erst wenn Anhangangaben zu Anteilen an anderen Unternehmen in einem IFRS-Konzernabschluss mit den Angaben anderer Unternehmen verglichen werden können, ist die Angabe entscheidungsnützlich.[347] Durch die **mangelnde Vergleichbarkeit** zwischen Unternehmen aufgrund unterschiedlicher Detaillierungsgrade ist davon auszugehen, dass schlechtere Prognosen über künftige Investments durch Adressaten getroffen werden können als mit besser vergleichbaren Angaben. Zudem wird für Bilanzersteller durch unterschiedlich geforderte Detaillierungsgrade die Möglichkeit geschaffen, Anhangangaben wenig detailreich und vor allem wenig konkret im Anhang darzustellen, wenn aus Sicht der Bilanzersteller die Zielsetzung des IFRS 12 so ausreichend erfüllt ist.

244. Information overload

Um einen potentiellen *information overload* bzw. um einen ***disclosure overload***[348] des Konzernanhangs durch IFRS 12 abzuwägen, soll geklärt werden, ob die Vielzahl der geforderten Anhangangaben nach IFRS 12 die Adressaten mit Informationen zufriedenstellt oder der Umfang des Konzernanhangs nur unnötig aufgebläht wird.[349] In den vergangenen zehn Jahren konnte ein anhaltender Anstieg des Seitenumfangs von IFRS-Konzernanhängen verzeichnet werden.[350] Auch die Anhang-Prüfchecklisten in einschlä-

[346] Vgl. BRUNE, J., in: Beck'sches IFRS-Handbuch, Angaben im Konzernanhang, Rz. 61; MARTENS, S./OLDEWURTEL, C./KÜMPEL, K., Konzernrechnungslegung nach IFRS 10 und IFRS 12, S. 46.

[347] Ausführlich zum Unternehmens- und Branchenvergleich, der für die Bilanzanalyse von hoher Bedeutung ist vgl. BAETGE, J./KIRSCH, H.-J./THIELE, S., Bilanzanalyse, S. 172-176; BAETGE, J./COMMANDEUR, D., Branchenvergleich, S. 327.

[348] Vgl. ausführlich KIRSCH, H.-J./GALLASCH, F./GIMPEL-HENNING, N., Gestaltung anhangbezogener Rechnungslegungsvorschriften, S. 86-94; KIRSCH, H.-J./GIMPEL-HENNING, N., Diskussion um die Einführung eines "Disclosure Framework", S. 190-197; SEEBERG, T., Aussagekraft von Jahresabschlüssen durch erweiterte Berichterstattung, S. 153-166; LEU, P./ZEMP, R., Disclosure Framework – Suche nach dem heiligen Gral, S. 161-167.

[349] Nach BALLWIESER ist eine Information entscheidungsrelevant, wenn durch diese Information eine andere (Investitions-)Entscheidung getroffen wird als ohne sie. Wenn indes nur die vorherige geplante Entscheidung durch die neue, zusätzliche Information verstärkt wird, ist sie nicht entscheidungsrelevant. Vgl. BALLWIESER, W., Informations-GoB, S. 117.

[350] Die Auswertung von DAX-30-Konzernabschlüsse durch die Autorin zeigt, dass im Zeitablauf

gigen IFRS-Kommentaren[351] dokumentieren einen erheblich gestiegenen Umfang der Anhangangaben im Zeitablauf.[352] Beispielsweise umfasst die Checkliste für angabepflichtige Informationen über Beteiligungen an anderen Unternehmen im Kommentar „Rechnungslegung nach IFRS“ 128 Anhangangaben auf 18 Seiten.[353] Hierbei ist fraglich, ob Adressaten die große Zahl der Angaben sinnvoll verarbeiten können und ob diese Anhangangaben tatsächlich in Gänze benötigt werden.[354] Bei isolierter Betrachtung einzelner Standards sprechen Gründe für die große Zahl der geforderten Anhangangaben. Doch die Gesamtheit der geforderten Anhangangaben macht deutlich, dass dieser Umfang auf die wesentlichen Informationen reduziert werden sollte.[355]

Positiv anzumerken ist, dass sich der Board vor der Veröffentlichung von IFRS 12 dazu entschlossen hat, einige frühere Pflichtangaben nicht aufzunehmen, weil sie entweder redundant oder unwesentlich für die Entscheidung von Investoren seien, denn die Abschlussadressaten hätten sich diese Verringerung der Zahl der Angaben gewünscht.[356]

---

die Seitenumfänge von IFRS-Konzernanhängen – parallel zum Umfang der gesamten Geschäftsberichte – zugenommen haben. Der prozentuale Umfang der Geschäftsberichte ist in den Jahren zwischen 2005 und 2014 um 49,5 % und der Umfang der IFRS-Konzernanhänge im selben Zeitraum um 42,1 % gestiegen. Gründe für den Anstieg des Umfangs der Geschäftsberichte sind zum einen die erhöhte Komplexität der IFRS und zum anderen unübersichtliche und zugleich komplizierte Geschäftsmodelle, die mehr Erläuterungen als weniger komplizierte Geschäftsmodellen erfordern. Zur Komplexität der IFRS vgl. MEYER, H., Komplexität von IFRS, S. 229; KÜTING, K., Komplexität der Rechnungslegungssysteme nach HGB und IFRS, S. 299 f.; FÜLBIER, R./KUSCHEL, P., Komplexitätszunahme in der IFRS-Rechnungslegung?, S. 933; KÜTING, K., Konzernrechnungslegung nach IFRS und HGB, S. 2821; MOXTER, A., Absehbarer Abschied von der HGB-Bilanzierung, S. I; PELLENS, B., U. A., Die Zukunft der IFRS-Rechnungslegung, S. 2173 f.

351 Vgl. WOLLMERT, P./BISCHOF, S., in: Rechnungslegung nach IFRS, Checkliste für angabepflichtige Informationen; LÜDENBACH, N./HOFFMANN, W.-D./FREIBERG, J., in: Haufe IFRS-Kommentar, § 5 Anhang; DRIESCH, D., in: Beck'sches IFRS-Handbuch, Anhang nach IFRS; THEILE, C./PAWELZIK, K., in: IFRS-Handbuch, Anhangangaben zum Konzernabschluss.

352 Auch die VW AG konstatiert bzgl. IFRS 12 einen deutlichen gestiegenen Umfang der zu veröffentlichenden Anhangangaben. Vgl. Volkswagen AG, Geschäftsbericht 2014, S. 188.

353 Vgl. WOLLMERT, P./BISCHOF, S., in: Rechnungslegung nach IFRS, Checkliste für angabepflichtige Informationen, Teil C. Hochgerechnet umfassen die mindestens anzugebenden Anhangangaben im gesamten Abschluss etwa 1350 Anhangangaben.

354 Vgl. MARTENS, S./OLDEWURTEL, C./KÜMPEL, K., Konzernrechnungslegung nach IFRS 10 und IFRS 12, S. 46.

355 Vgl. EWELT, C./KNAUER, T./SIEWEKE, M., Mehr = besser?, S. 707; LEIBFRIED, P./WEBER, I., Notes, S. 9; HILLMER, H.-J., Rechnungslegung auf dem richtigen Weg?, S. 253 f.

356 Vgl. IFRS 12.BC2.

Tatsächlich sei der Anhang durch entbehrliche Angaben überfrachtet.[357] Folgende **Angaben sind daher nicht in IFRS 12** aufgenommen worden: Ermessensentscheidungen und Annahmen, wie quantitative Informationen über bilanzielle Konsequenzen von Unternehmensentscheidungen, ein anderes Unternehmen zu konsolidieren, da in IFRS 12 bereits gefordert wird, dass hierzu Informationen angegeben werden.[358]

Ferner wurde in IFRS 12 darauf verzichtet, Finanzinformationen über Tochterunternehmen anzugeben, die **unwesentlich** sind oder wenn das berichtende Unternehmen keine beherrschenden Anteile hält.[359] Angaben zu Investmentgesellschaften, wie Finanzinformationen über Anteile an anderen Unternehmen, die einzeln unwesentlich sind sowie Angaben über sämtliche ihrer Kapitalanlagetätigkeiten[360] sind nach IFRS 12 nicht angabepflichtig.[361] Außerdem brauchen keine Angaben zu Bewertungen und Bewertungsmethoden bzgl. des beizulegenden Zeitwerts durch Investmentgesellschaften veröffentlicht werden, da diese Bewertungsparameter bereits in IFRS 7 und IFRS 13 bestimmt sind.[362]

Trotz der Nichtaufnahme der zuvor aufgeführten Anhangangaben, verbleiben noch viele Anhangangaben in IFRS 12, die nicht zum Abbau des *disclosure overload* beitragen. Auch wenn der Board bei vielen anderen Standards versucht hat, die Anhangangaben sinnvoll zu reduzieren, ist ihm dies beim neuen IFRS 12 „Anteile an anderen Unternehmen" nicht gelungen. Denn er setzt nicht nur die in unterschiedlichen Standards[363] enthaltenen Angaben in den IFRS 12 um, sondern er **erweitert** die bestehenden **Angaben erheblich.** Redundante Angaben[364] ergeben sich aus den übernommenen

357 Vgl. IFRS 12.BC113.

358 Vgl. IFRS 12.BC19.

359 Vgl. IFRS 12.BC28 f.

360 Vgl. IFRS 12.BC61D.

361 Vgl. IFRS 12.21A.

362 Vgl. IFRS 12.BC61C. Die zusätzlichen Angaben würden sonst zu doppelten Angabepflichten führen.

363 Der Board ersetzte durch IFRS 12 die vorherigen Angabepflichten in IAS 27, IAS 28 und IAS 31.

364 Zu den Überschneidungen der Anhangangaben nach IAS 27, IAS 28 und IAS 31 vgl. IFRS 12.BC7.

Altstandards, die – trotz bestehender Inkonsistenzen und Überschneidungen – nicht neu überarbeitet wurden.[365] Derart viele Angaben können nicht sinnvoll sein, da selbst gut ausgebildete Kapitalmarktexperten die hohe Zahl der Angaben nicht schnell erfassen können und sie durch die **vielen nicht wesentlichen Informationen** im Anhang **überfordert** werden. So können Adressaten möglicherweise das Risiko aus Anteilen an anderen Unternehmen aufgrund der Fülle an komplexen Informationen nicht angemessen einschätzen.

245. Anforderungen an IFRS 12

245.1 Vorbemerkungen

Kapitalmarktexperten, die in dieser Arbeit als die Adressaten des IFRS-Konzernabschlusses und des IFRS-Anhangs angesehen werden, benötigen Informationen über die VFE-Lage und die Cashflows eines Unternehmens. Mit Informationen über künftige Erträge und Verluste sowie über künftige Unternehmenspreise[366] sollen Adressaten Entscheidungen treffen, ob sie bspw. Eigenkapital- und Schuldinstrumente kaufen, halten oder verkaufen sollten.[367] Durch nützliche Informationen soll das Ziel der IFRS-Rechnungslegung, die **Adressaten** bei der **wirtschaftlichen Entscheidungsfindung** zu unterstützen, erreicht werden.[368]

Im Rahmenkonzept (*Conceptual Framework*) werden die Arten von Informationen identifiziert, die auf in IFRS-Konzernabschlüssen und den inkludierte IFRS-Anhängen gegebenen Informationen anzuwenden sind.[369] Die im Rahmenkonzept genannten (qua-

---

365 Zu den übernommenen Vorschriften aus Altstandards, über die nicht erneut beraten wurde vgl. IFRS 12.BC11.

366 Vgl. STREIM, H./BIEKER, M./LEIPPE, B., Theoretische Fundierung der IFRS, S. 181.

367 Vgl. IFRS FOUNDATION, Conceptual Framework, S. 4; QC1. Ferner gibt BALLWIESER weitere Entscheidungsoptionen, wie die Einstellung, Beibehaltung und Trennung von Managern oder auch den Aufbau und die Art von Verträgen, an. Vgl. BALLWIESER, W., Informations-GoB, S. 117. Ausführlich zu den Informationsinteressen unterschiedlicher Adressaten vgl. BAETGE, J./THIELE, S., Gesellschafterschutz versus Gläubigerschutz, S. 15.

368 Vgl. IFRS FOUNDATION, Conceptual Framework, Einführung.

369 Vgl. IFRS FOUNDATION, Conceptual Framework, QC1-QC3.

litativen) Anforderungen an nützliche (Finanz-)Informationen im IFRS-Konzernabschluss gelten für alle IFRS-Standards und somit auch für den in der vorliegenden Arbeit fokussierten IFRS 12. Diese Anforderungen sollen sicherstellen, dass die Kapitalmarktexperten die VFE-Lage und die Cashflows eines Unternehmens mit Hilfe der Anhangangaben realitätsnah einschätzen können.[370] Das Rahmenkonzept legt einen konzeptionellen Rahmen fest, eine sogenannte Leitmaxime,[371] mit dem der geltende Standard IFRS 12 überprüft werden kann.[372] So kann geprüft werden, ob mit dem neuen IFRS 12 die Anforderungen an nützliche Informationen erfüllt werden. Zudem können die empirischen Ergebnisse der Befragung[373] mit den Anforderungen des Rahmenkonzeptes konkretisiert werden. Der Board fordert – unter der *going-concern*-Prämisse[374] – zum einen **grundlegende** und zum anderen **weiterführende qualitative Anforderungen an Finanzinformationen.**[375] Zwischen den grundlegenden und den weiterführenden qualitativen Anforderungen besteht eine Rangordnung.[376] Die grundlegenden qualitativen Anforderungen sind wichtiger als die weiterführenden qualitativen Anforderungen.[377] Neben den grundlegenden und weiterführenden qualitativen Anforderungen ist die Nebenbedingung der Kostenbegrenzung zu erfüllen. Übersicht 2

---

370 Vgl. IFRS FOUNDATION, Conceptual Framework, OB2, OB13, OB20 und 4.40 i. V. m. IAS 1.9. Um Adressaten vor einer ungleichen Verteilung von Informationen, die das berichtende Unternehmen bereitstellt, zu schützen, müssen besonders kapitalmarktorientierte Unternehmen zahlreichen Veröffentlichungsvorschriften nach den IFRS nachkommen. Vgl. BAETGE, J. ET. AL, in: Bilanzrecht, Publizität und Offenlegung, Tz. 555.

371 Vgl. BALLWIESER, W., Rahmenkonzepte, S. 338.

372 SCHÖLLHORN/MÜLLER sehen das Rahmenkonzept als konzeptionellen Unterbau der IFRS-Rechnungslegung. Vgl. SCHÖLLHORN, T./MÜLLER, M., Bedeutung und praktische Relevanz des Rahmenkonzepts, S. 1624.

373 Zu den empirischen Ergebnissen dieser Arbeit vgl. Abschnitt 4.

374 Vgl. BAETGE, J./KIRSCH, H.-J./THIELE, S., Bilanzen, S. 156. Bei der Aufstellung von Abschlüssen wird davon ausgegangen, dass das berichtende Unternehmen auf absehbare Zeit fortgeführt wird. Vgl. IFRS FOUNDATION, Conceptual Framework, 4.1 sowie IAS 1.25. Vgl. dazu auch das going-concern-Prinzip im Abschluss bei ADAM, S., Going-Concern-Prinzip in der Jahresabschlussprüfung; ASHTON, R./KENNEDY, J., Going Concern Judgments; ASARE, S., Going-Concern Decision.

375 Zu den grundlegenden qualitativen Anforderungen vgl. IFRS FOUNDATION, Conceptual Framework, QC4-QC18 und zu den weiterführenden qualitativen Anforderungen an Finanzinformationen vgl. IFRS FOUNDATION, Conceptual Framework, QC.19-QC.34.

376 Vgl. LACHMANN, M./KÜMPEL, K./HAGEN, J., Kritische Analyse der internationalen Konzernrechnungslegung nach IFRS 10-12, S. 574.

377 Vgl. IFRS FOUNDATION, Conceptual Framework, BC3.8.

zeigt zusammenfassend, in welchen Abschnitten in dieser Arbeit die Anforderungen an Finanzinformationen vorgestellt werden.

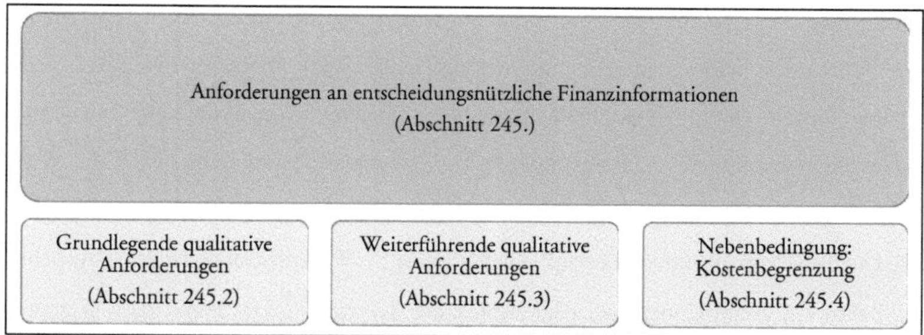

Übersicht 8: System der Rechnungslegungsgrundsätze nach IFRS. [378]

245.2 Grundlegende qualitative Anforderungen

245.21 Vorbemerkungen

Durch entscheidungsnützliche Informationen sollen mit Hilfe der IFRS-Rechnungslegung, die Adressaten, also die **Kapitalmarktexperten,** bei der **wirtschaftlichen Entscheidungsfindung** unterstützt werden.[379] Die Informationen sollen folgenden qualitativen Anforderungen[380] genügen:[381] Relevanz und glaubwürdige Darstellung.

245.22 Relevanz

Informationen sind relevant, wenn sie wirtschaftliche Entscheidungen des Adressaten ändern können.[382] Finanzinformationen sind z. B. für Kapitalmarktexperten relevant,

[378] In Anlehnung an BAETGE, J./KIRSCH, H.-J./THIELE, S., Bilanzen, S. 160.

[379] Vgl. IFRS FOUNDATION, Conceptual Framework, Einführung.

[380] Grundlegende qualitative Anforderungen werden auch Fundamentalgrundsätze genannt.

[381] Vgl. IFRS FOUNDATION, Conceptual Framework, BC3.10.

[382] Vgl. IFRS FOUNDATION, Conceptual Framework, QC4. Indes ist nicht die tatsächliche Beeinflussung von wirtschaftlichen Entscheidungen des Adressaten hervorzuheben, sondern nur die Möglichkeit, diese Entscheidungen zu beeinflussen. Vgl. IFRS FOUNDATION, Conceptual Framework, BC3.11-BC3.13. Vgl. hierzu auch KAMPMANN, H., Rahmenkonzept, S. 64.

wenn sie sich auf Basis von Finanzinformationen zum Kauf, zum Halten oder Verkauf von Anteilen entscheiden.[383] Wenn Informationen relevant sind, sind sie für sie auch entscheidungsnützlich.[384] Adressatenentscheidungen werden durch Finanzinformationen nur geändert oder beeinflusst, wenn sie einen **vorhersagenden Wert**, einen **bestätigenden Wert** oder **beides** haben.[385] Der vorhersagende Wert künftiger Ergebnisse von Finanzinformationen sowie der bestätigende Wert über vorherige Bewertungen sind eng miteinander verbunden.[386] Das grundlegende Merkmal Relevanz wird durch die Wesentlichkeit bestimmt.[387] Finanzinformationen sind wesentlich, wenn sie die Entscheidung von Adressaten beeinflussen können.[388] **Wesentlichkeit** ist nach Ansicht des Board ein unternehmensspezieller Aspekt der Relevanz.[389] Das heißt, dass Wesentlichkeit unternehmensindividuell festgelegt wird. Der Board legt keine quantitative Wesentlichkeitsgrenze fest, da die Wesentlichkeit stets von der Größe des berichtenden Unternehmens oder aber auch von der Größe eines einzelnen Postens abhängt.[390] Der Begriff der Wesentlichkeit birgt nämlich – nach Auffassung des Board – mit definierten Wesentlichkeitsschwellen (zu) hohe Ermessensspielräume.[391]

---

383 Vgl. WÜNSCHE, B., Entscheidungsnützlichkeit, S. 27.

384 Entscheidungsnützliche Informationen sollen bzw. müssen für künftige Investitionen Aussagen über die Zukunft ermöglichen. Vgl. STREIM, H., Vermittlung von entscheidungsnützlichen Informationen, S. 125-127; STREIM, H., Konzeptionslosigkeit der Rechnungslegung, S. 340; BALLWIESER, W., Konzeptionslosigkeit des IASB, S. 727-746.

385 Vgl. IFRS FOUNDATION, Conceptual Framework, QC7. BALLWIESER erläutert zu Recht, dass eine Finanzinformation, die nur verdeutlicht wird und bereits durch andere Quellen verarbeitet wurde, für Abschlussadressaten nicht entscheidungsnützlich ist. Vgl. BALLWIESER, W., Informations-GoB, S. 117; BALLWIESER, W., Ökonomische Analyse des Rahmenkonzeptes, S. 451-476.

386 Vgl. IFRS FOUNDATION, Conceptual Framework, QC8-QC10.

387 Da das Merkmal Relevanz einen hohen Abstraktionsgrad aufweist, wird Relevanz durch den Board mittels des Begriffes „Wesentlichkeit" konkretisiert. Vgl. BAETGE, J./KIRSCH, H.-J./WOLLMERT, P./BRÜGGEMANN, P., in: Rechnungslegung nach IFRS, Grundlagen der IFRS-Rechnungslegung, Rn. 42.

388 Vgl. IFRS FOUNDATION, Conceptual Framework, QC11.

389 Vgl. IFRS FOUNDATION, Conceptual Framework, QC11.

390 Vgl. IFRS FOUNDATION, Conceptual Framework, QC11. Vgl. auch KAMPMANN, H., Rahmenkonzept, S. 64; ALTHOFF, F., Einführung IFRS, S. 33; HENSELMANN, K., Jahresabschluss nach IFRS, S. 54.

391 Der Board bedient sich für die nicht definierte Wesentlichkeitsschwelle eines Vorwands, denn durchaus könnten Wesentlichkeitsschwellen für Unternehmen unterschiedlicher Größe, Rechtsform und Branche festgelegt werden. Vgl. dazu MARX, F./DALLMANN, H., Schwellenwerte zur Einordnung der Größenklassen nach HGB, Rn. 3. Zum Beispiel könnten

245.23 Glaubwürdige Darstellung

Neben dem Merkmal „Relevanz“ ist das grundlegende qualitative Merkmal **„glaubwürdige Darstellung“** zu beachten. Finanzinformationen müssen wahr sein, um entscheidungsnützlich zu sein.[392] Eine vollkommende Glaubwürdigkeit der Darstellung ist in praxi schwierig zu erreichen.[393] Dagegen lässt sich eine glaubwürdige Darstellung der Anhangangaben zu Anteilen an anderen Unternehmen erzielen, indem die Merkmale „vollständig“, „neutral“ und „fehlerfrei“ erfüllt sind.[394] **Vollständig** ist eine Finanzinformation, wenn sie sämtliche Informationen für Adressaten enthält, die diese benötigen, um den geschilderten Sachverhalt im Abschluss zu verstehen.[395] Adressaten sollen zudem eine **neutrale** Darstellung der Informationen erhalten, d. h. eine Darstellung, die frei von verzerrenden oder manipulierenden Einflüssen ist.[396] Damit die Information glaubwürdig ist, soll sie zudem **ohne Fehler** und **ohne Auslassungen** abgebildet werden.

245.3 Weiterführende qualitative Anforderungen

Die weiterführenden qualitativen Anforderungen an Finanzinformationen werden auch **Erweiterungsgrundsätze** genannt. Sie sind gemäß dem Rahmenkonzept zwar nicht zwingend zu beachten, indes wünschenswert.[397] Für ebendiese Erweiterungsgrundsätze gilt, dass sie die Nützlichkeit von Finanzinformationen erhöhen, wenn die grundlegenden weiterführenden qualitativen Anforderungen, wie Relevanz und glaubwürdige

Anknüpfungspunkte zum HGB gezogen werden, wo Größenklassen nach § 267 HGB für Kapitalgesellschaften unterschiedlicher Größe gemäß den Regelungen der EU festgelegt werden.

392 Vgl. WÜNSCHE, B., Entscheidungsnützlichkeit, S. 31.

393 Vgl. BAETGE, J./KIRSCH, H.-J./THIELE, S., Bilanzen, S. 154.

394 Vgl. IFRS FOUNDATION, Conceptual Framework, QC12.

395 Vgl. IFRS FOUNDATION, Conceptual Framework, QC13.

396 Vgl. IFRS FOUNDATION, Conceptual Framework, QC14.

397 Die Erweiterungsgrundsätze sollen – wie der Name vermuten lässt – die Fundamentalgrundsätze erweitern. Vgl. IFRS FOUNDATION, Conceptual Framework, BC3.8 i. V. m. BC3.39.

Darstellung, greifen.[398] Die vier genannten weiterführenden qualitativen Anforderungen sind zu maximieren.[399]

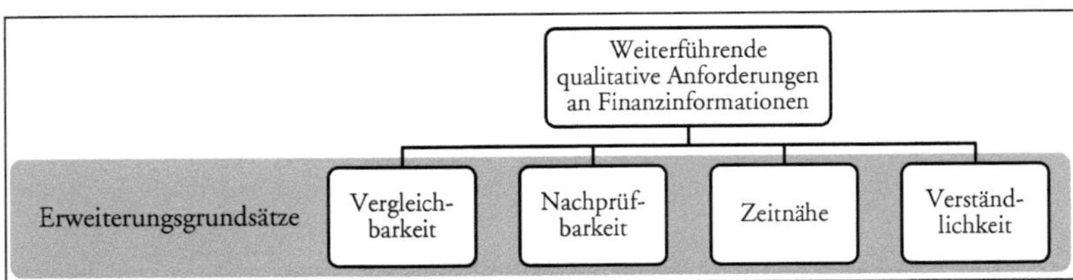

Übersicht 9: Weiterführende qualitative Anforderungen an Finanzinformationen.[400]

Unter dem **ersten weiterführenden qualitativen Merkmal „Vergleichbarkeit"** versteht der Board, dass Ähnlichkeiten und Unterschiede zwischen mindestens zwei Sachverhalten für Abschlussadressaten sichtbar sind und so miteinander verglichen werden können.[401] Der Board geht davon aus, dass sich Investoren stets zwischen mehreren Varianten entscheiden müssen. Beispielsweise können Investoren vor der Frage stehen, ob sie in Unternehmen A oder B investieren sollen.[402] Informationen sind daher nützlicher, wenn sie vergleichbare Informationen über andere Unternehmen zum gleichen Zeitpunkt und vergleichbare Informationen über dasselbe Unternehmen zu einem anderen Zeitpunkt oder für eine andere Periode enthalten.[403] Zwar glaubt der Board, dass bereits durch relevante und glaubwürdige Informationen „ein gewisses Maß an Vergleichbarkeit"[404] besteht.[405] Doch durch vergleichbare Sachverhalte können Ähnlichkeiten und

398 Vgl. IFRS FOUNDATION, Conceptual Framework, QC33.

399 Vgl. IFRS FOUNDATION, Conceptual Framework, QC33.

400 In Anlehnung an BAETGE, J./KIRSCH, H.-J./THIELE, S., Bilanzen, S. 160.

401 Vgl. IFRS FOUNDATION, Conceptual Framework, QC21. Der Board stellt durch eine Negativabgrenzung klar, dass Vergleichbarkeit nicht mit Stetigkeit oder Einheitlichkeit gleichgesetzt wird. Vgl. IFRS FOUNDATION, Conceptual Framework, QC22-QC23.

402 Vgl. IFRS FOUNDATION, Conceptual Framework, QC20.

403 Vgl. IFRS FOUNDATION, Conceptual Framework, QC20. Zum Zeitvergleich vgl. BAETGE, J./MARESCH, D., (Un-)Möglichkeit des Zeitvergleichs, S. 417-422.

404 IFRS FOUNDATION, Conceptual Framework, QC24.

405 Relevante und glaubwürdige Informationen sind besonders nützlich, wenn sie auch vergleichbar sind. Indes sind relevante und glaubwürdige Informationen, auch wenn sie nicht immer vergleichbar sind, nützlich. Vgl. IFRS FOUNDATION, Conceptual Framework, BC3.33.

Unterschiede besser herausgestellt werden, was wiederum die Nützlichkeit von Finanzinformationen erhöht.[406]

Der Board definiert als **zweites weiterführendes qualitatives Merkmal** die **Nachprüfbarkeit.**[407] Nachprüfbarkeit bedeutet gemäß dem Rahmenkonzept, dass sachverständige Dritte unabhängig voneinander ermitteln können, ob eine Darstellung glaubwürdig ist. Das heißt, Adressaten können sicher sein, dass die berichteten Informationen keine wesentlichen Fehler enthalten und keinen verzerrenden Einflüssen unterliegen.[408] Nachprüfbarkeit ist ein Teilaspekt der glaubwürdigen Darstellung.[409] Nachprüfbarkeit verlangt keine genau Punktschätzungen, sondern die Angabe von Wahrscheinlichkeiten für Punkt oder Bandbreitenschätzungen.[410] Die Nachprüfung kann direkt oder indirekt erfolgen.[411] Direkte Nachprüfung bedeutet bspw. das konkrete Nachzählen von Geld. Im Gegensatz dazu werden bei der indirekten Nachprüfung die Parameter eines Modells plausibilisiert.[412] Nachprüfbare Informationen und Daten reduzieren das Risiko für Adressaten, dass diese nicht glaubwürdig sind. Indes gelten Informationen, auch wenn sie nicht nachprüfbar sind, nicht zwingend als nutzlos.[413]

Als **drittes Kriterium der Erweiterungsgrundsätze** wird im Rahmenkonzept die **Zeitnähe** genannt. Je schneller Informationen für Adressaten zugänglich sind, desto entscheidungsnützlicher sind diese. Andersherum sind Informationen umso nutzloser, je älter sie sind. Daher fordert der Board eine entsprechend zeitnahe Veröffentlichung der

---

406 Vgl. IFRS FOUNDATION, Conceptual Framework, QC21. Bei vergleichbaren Informationen werden ein einheitlicher Maßstab und ein gleicher Informationsstand bei dem Leser von Finanzinformationen angenommen. Vgl. BAETGE, J., Objektivierung des Jahreserfolges, S. 16 f.

407 Dies wird nach BAETGE als intersubjektiv nachprüfbar dargelegt. Vgl. BAETGE, J., Objektivierung des Jahreserfolges, S. 16; POPPER, K., Logik der Forschung, S. 18 f.; LEFFSON, U., Grundsätze ordnungsmäßiger Buchführung, S. 81.

408 Vgl. IFRS FOUNDATION, Conceptual Framework, QC26 und BC3.36.

409 Vgl. IFRS FOUNDATION, Conceptual Framework, BC3.36.

410 Vgl. IFRS FOUNDATION, Conceptual Framework, QC26.

411 Vgl. IFRS FOUNDATION, Conceptual Framework, QC27.

412 Vgl. IFRS FOUNDATION, Conceptual Framework, QC27.

413 Vgl. IFRS FOUNDATION, Conceptual Framework, BC3.34.

Daten.[414] Zeitnahe, schnell veröffentlichte Informationen sind allerdings nur nützlich, wenn sie auch relevant und glaubwürdig sind, also die grundlegenden qualitativen Anforderungen erfüllt sind.[415]

Das **vierte weiterführende qualitative Merkmal** heißt **Verständlichkeit**. Informationen, die deutlich und prägnant erklärt werden können, sind verständlich.[416] Ziel dieses Kriteriums ist, dass die Unternehmen komplexe Sachverhalte einfach darstellen und erläutern.[417] Indes darf das Merkmal „Verständlichkeit" nicht dazu führen, dass von Natur aus komplexe Sachverhalte einfacher dargestellt werden, als sie tatsächlich sind. Denn auch fachlich versierte Adressaten benötigen gelegentlich Unterstützung, um schwierige und komplexe Sachverhalte zu verstehen.[418]

245.4 Kostenbegrenzung als Nebenbedingung

Wichtig für den Board ist überdies, dass die entstehenden **Kosten** für eine zusätzliche Information den **Nutzen der Information nicht übersteigen**.[419] Die Begrenzung der Kosten für eine Information durch den mit der Information erzielbaren Nutzen ist zwar eine Restriktion des IASB, indes keine qualitative Anforderung.[420] Sie sind den Anforderungen des Prozesses, der für die Informationsbereitstellung verwendet wird, zuzuordnen.[421]

---

414 Vgl. IFRS FOUNDATION, Conceptual Framework, QC29 und BC3.39.

415 Vgl. IFRS FOUNDATION, Conceptual Framework, BC3.39. Andersherum können Informationen auch nützlich sein, wenn sie zwar nicht zeitnah veröffentlicht werden, dafür allerdings relevant und glaubwürdig dargestellt werden.

416 Vgl. IFRS FOUNDATION, Conceptual Framework, QC30.

417 Vgl. IFRS FOUNDATION, Conceptual Framework, BC3.42.

418 Vgl. IFRS FOUNDATION, Conceptual Framework, QC32.

419 Vgl. IFRS FOUNDATION, Conceptual Framework, QC35 i. V. m. BC3.48. Vgl. dazu auch KAMPMANN, H., Rahmenkonzept, S. 66.

420 Vgl. IFRS FOUNDATION, Conceptual Framework, BC3.47 i. V. m. QC38 f.

421 Vgl. IFRS FOUNDATION, Conceptual Framework, BC3.47.

245.5 Unvollständige Vermittlung entscheidungsnützlicher Informationen

Durch die Erfüllung der Anforderungen des Rahmenkonzeptes soll das Ziel der IFRS-Rechnungslegung, die **Adressaten bei der wirtschaftlichen Entscheidungsfindung zu unterstützen**, erreicht werden.[422] Zunächst wird geprüft, ob das Merkmal Relevanz durch die Angaben in IFRS 12 erfüllt wird. **Relevanz** i. S. v. Wesentlich- und Wichtigkeit wird einer Finanzinformation zugesprochen, wenn sie die wirtschaftliche Entscheidung von Adressaten verändern kann.[423] Das heißt, wenn Adressaten sie als Grundlage für Vorhersagen von künftigen Ergebnissen nutzen oder für die Bestätigung von Schätzungen hinzuziehen können.[424] Durch Ermessensentscheidungen und Annahmen, die bspw. im Rahmen der Neueinschätzung, wie das berichtende Unternehmen mit anderen Unternehmen verbunden ist, zu treffen sind, eröffnen sich Bewertungs- und Bilanzierungsspielräume. Mittels dieser Bewertungs- und Bilanzierungsspielräume wird die **Relevanz** von Informationen eingeschränkt, die letztlich zu einer verminderten Entscheidungsnützlichkeit von Informationen führt.[425] Doch welche Informationen für Adressaten des IFRS-Anhangs relevant sind, kann verlässlich nur durch eine Befragung von Adressaten des IFRS-Anhangs geklärt werden.

Unternehmen sollen, um den Zweck der IFRS-Rechnungslegung zu erreichen, i. S. d. **Wesentlichkeitskonzepts** relevante Informationen bereitstellen. Doch um wesentliche Informationen für Adressaten zu identifizieren, müssten wie zuvor beschrieben, entweder konkrete Informationsbedürfnisse der Adressaten bekannt sein oder die Anhangersteller müssten versuchen, eine „adressatenorientierte Entscheidungsrele-

422 Vgl. IFRS FOUNDATION, Conceptual Framework, Einführung des Rahmenkonzepts; WOTSCHOFSKY, S./TOPP, C., Systematisierung der Berichterstattung im Anhang, S. 385.

423 Vgl. IFRS FOUNDATION, Conceptual Framework, QC6.

424 Vgl. IFRS FOUNDATION, Conceptual Framework, QC8.

425 Vgl. auch STIBI, B./BÖCKEM, H./KLAHOLZ, E., Mehr Anwendungssicherheit bei IFRS 10-12?, S. 1531; BEYHS, O./BUSCHHÜTER, M./SCHURBOHM, A., Neue IFRS zum Konsolidierungskreis, S. 671. Zur schwierigen Abgrenzung des Konsolidierungskreises vgl. MARTENS, S./OLDBMWEWURTEL, C./KÜMPEL, K., Konzernrechnungslegung nach IFRS 10 und IFRS 12, S. 41 f.

vanz"[426] vorherzusagen. Doch die Prognose einer möglichen adressatenorientierten Entscheidungsrelevanz mündet nur allzu oft in einem *disclosure overload*.[427] Daher ist es besonders wichtig, dass der Board die Reichweite des Wesentlichkeitskonzepts festlegt, damit die Anhangersteller nicht unwesentliche Informationen im Anhang darstellen und diese für Adressaten aufgrund des Informationsüberangebots nicht klar identifizierbar sind.[428] Gemäß der Analyse der Kompatibilität mit dem Framework kann festgestellt werden, dass die zweite grundlegende qualitative Anforderung an Finanzinformationen, die glaubwürdige Darstellung, durch die Anhangangaben nach IFRS 12 grundsätzlich erreicht werden kann. Denn durch die neuen Anhangangaben zu Anteilen an nicht konsolidierten strukturierten Unternehmen werden potentielle Anreizmechanismen für *off-balance-sheet*-Formationen gemindert, so dass eine wenig manipulative und zugleich **glaubwürdige Darstellung** der Berichterstattung belegt werden kann.[429] Wenngleich eine glaubwürdige Berichterstattung auch stets von den berichtenden Unternehmen abhängt.

Die **grundlegenden qualitativen Anforderungen** an Finanzinformationen werden durch die Anhangangaben gemäß IFRS 12 nur eingeschränkt erreicht.[430] Die grundlegenden qualitativen Anforderungen sind die Basis, um entscheidungsnützliche Informationen zu vermitteln. Da ebendiese nicht erreicht werden, können auch keine entscheidungsnützlichen Informationen vermittelt werden. Fraglich ist, ob die **qualitativen weiterführenden Anforderungen** bzgl. des IFRS 12 und die damit verbundenen Konzernrechnungslegungsstandards entscheidungsnützliche Informationen vermitteln. Da der Board die weiterführenden qualitativen Anforderungen zwar als wünschenswert, indes für weniger wichtig als die grundlegenden qualitativen Anforderungen erachtet und ebendiese auch dann zu entscheidungsnützlichen Informationen führen können,

426 FISCHER, D., Disclosure Initiative, S. 57.

427 Vgl. Abschnitt 244.

428 Vgl. FISCHER, D., Disclosure Initiative, S. 57.

429 Vgl. BEYHS, O./BUSCHHÜTER, M./SCHURBOHM, A., Neue IFRS zum Konsolidierungskreis, S. 671.

430 Zu einem gleichen Ergebnis gelangen LACHMANN, M./KÜMPEL, K./HAGEN, J., Kritische Analyse der internationalen Konzernrechnungslegung nach IFRS 10-12, S. 579.

wenn sie keine weiterführenden qualitativen Anforderungen erfüllen, werden die weiterführenden qualitativen Anforderungen nur kurz betrachtet:[431]

Die **Vergleichbarkeit** von Finanzinformationen ist – wie der vorherige Abschnitt gezeigt hat – stark eingeschränkt. Neben unterschiedlichen Detaillierungsgraden, führt die Abschaffung der Quotenkonsolidierung zu einem schwierigen mehrperiodigen Vergleich eines Unternehmens.[432] Denn wenn ein Unternehmen vor der verpflichtenden Anwendung zur Equity-Methode in t2 die zuvor zugelassene Quotenkonsolidierung in t1 angewendet hat, lässt sich die anteilige Konsolidierung in den Konzernabschluss nur schwer in t1 und t2 vergleichen. Um dieses Informationsdefizit auszugleichen, müssten die Unternehmen eine Überleitungsrechnung von der Quotenkonsolidierung zur Equity-Methode offenlegen.[433] Durch die geforderte Erläuterung von Ermessensspielräumen können die weiterführenden qualitativen Anforderungen, wie **Nachprüfbarkeit** und **Verständlichkeit** von Angaben erreicht werden.[434] Aufgrund der gestiegenen Zahl von Anhangangaben ist allerdings davon auszugehen, dass der Zeitaufwand für die Erstellung der Anhangangaben für bilanzierende Unternehmen, aber auch das Lesen, das Verstehen und das Analysieren für Analysten und letztlich das Prüfen dieser Daten durch Wirtschaftsprüfer, zu erheblichen **Kosten** führen wird.[435] Auch der Board selbst beschreibt,

---

431 Die weiterführenden qualitativen Anforderungen sowie die Kostenbegrenzung sind ggü. den grundlegenden qualitativen Anforderungen nachrangig. Vgl. IFRS FOUNDATION, Conceptual Framework, BC3.8-BC3.10; WOTSCHOFSKY, S./TOPP, C., Systematisierung der Berichterstattung im Anhang, S. 385. Zu einer ausführlichen Analyse der Kompatibilität der Standards IFRS 10, IFRS 11 und IFRS 12 vgl. LACHMANN, M./KÜMPEL, K./HAGEN, J., Kritische Analyse der internationalen Konzernrechnungslegung nach IFRS 10-12, S. 573-580.

432 Vgl. LACHMANN, M./KÜMPEL, K./HAGEN, J., Kritische Analyse der internationalen Konzernrechnungslegung nach IFRS 10-12, S. 579.

433 Indes führt die Abschaffung der Quotenkonsolidierung grds. zu weniger bilanziellen Ermessensspielräumen und innerhalb eines Jahres zu besseren Vergleichsmöglichkeiten mit anderen Unternehmen.

434 Der Argumentation folgend vgl. LACHMANN, M./KÜMPEL, K./HAGEN, J., Kritische Analyse der internationalen Konzernrechnungslegung nach IFRS 10-12, S. 579.

435 Vgl. FISCHER, D., EFRAG-Feldstudie zu den Konsolidierungsstandards IFRS 10-12, S. 129; ZÜLCH, H./POPP, M., Konsolidierungsstandards IFRS 10, IFRS 11 und IFRS 12, S. 87; LACHMANN, M./KÜMPEL, K./HAGEN, J., Kritische Analyse der internationalen Konzernrechnungslegung nach IFRS 10-12, S. 579.

dass die Implementierung von IFRS 12 und die sog. laufenden Arbeiten Kosten verursachen werden.[436]

246. Zwischenfazit zu IFRS 12

Das durch den IASB erklärte Ziel, entscheidungsnützliche Informationen über Anteile an anderen Unternehmen nach IFRS 12 für möglichst viele Adressaten zu liefern, wird nur eingeschränkt erreicht.[437] Dies liegt an mehreren zuvor beschriebenen Gründen:

- Eingeschränkte Vergleichbarkeit durch unterschiedliche Detaillierungsgrade der Anhangangaben,
- erhebliche Ermessensspielräume für Adressaten,
- *information overload* durch viele, nicht wesentliche Informationen und
- unvollständige Vermittlung entscheidungsnützlicher Informationen.

Problematisch sind die wenig auf konkrete Bedürfnisse der Adressaten ausgerichteten Informationen.[438] Daher verwundert es nicht, dass IFRS 12 wegen des *information overload* zwangsläufig zu breit aufgestellt ist[439] und wenige situationsbezogene, vergleichbare Angaben[440] enthält. Aufgrund des weit gefassten Adressatenkreises fordert der IASB in IFRS 12 viele, zum Teil wenig konkretisierte Anhangangaben. Dies führt dazu, dass die für Kapitalmarktexperten wichtigen und wesentlichen Informationen in der Fülle von

---

436 Vgl. zu den Kosten-Nutzen-Überlegungen IFRS 12.BC123 und IFRS 12.BC128.

437 Vgl. IFRS FOUNDATION, Conceptual Framework, OB8; BEYHS, O./BUSCHHÜTER, M./SCHURBOHM, A., Neue IFRS zum Konsolidierungskreis S. 117; ANDERS, G., Zweifel an der Entscheidungsnützlichkeit, S. 53-57; KÜTING, K./WIRTH, J., Umstellung von Gemeinschaftsunternehmen, S. 157; KÜTING, K./MOJADADR, M., Neues Control-Konzept nach IFRS 10, S. 284 f.

438 Der Board erklärt in den Schlussfolgerungen zum Rahmenkonzept, dass die von ihm deklarierten Hauptadressaten, wie Investoren, Kreditgeber und andere Gläubiger, unterschiedliche Informationsbedürfnisse haben. Vgl. IFRS FOUNDATION, Conceptual Framework, BC1.18.

439 Vgl. Abschnitt 244.

440 Zu den situativen Merkmalen vgl. Abschnitt 323.

Anhangangaben „untergehen" und das Finden der für sie wichtigen und wesentlichen Informationen schwierig und zeitaufwändig ist.[441]

Die vorgenommene Analyse zeigt die Reformbedürftigkeit von IFRS 12. Doch lassen sich mit dieser Analyse keine Vorschläge für die Verbesserung der Anhangangaben im Hinblick auf die Entscheidungsnützlichkeit und die Vollständigkeit der geforderten Anhangangaben aus Sicht von Kapitalmarktexperten ermitteln. In der vorliegenden Untersuchung werden daher die bislang nicht ausreichend berücksichtigten Informationsbedürfnisse von Kapitalmarktexperten, die als die berechtigten Adressaten angesehen werden, bzgl. der Anhangangaben nach IFRS 12 ermittelt.[442] Da die Kapitalmarktexperten in den Gremien des Board nicht repräsentativ vertreten sind, sollte ermittelt werden, welche Informationsbedürfnisse ebendiese bzgl. der Anteile an anderen Unternehmen haben.[443] Welche Angaben sind also für Kapitalmarktexperten entscheidungsnützlich?[444]

441 Vgl. EWELT, C./KNAUER, T./SIEWEKE, M., Mehr = besser?, S. 707; LEIBFRIED, P./WEBER, I., Notes, S. 9.

442 Zur konkreten wie geeigneten Auswahl der Befragungsteilnehmer vgl. Abschnitt 325.

443 Vgl. ERNST, E./GASSEN, J./PELLENS, B., Präferenzen deutscher Aktionäre 2005, S. 2; BRÜGGEMANN, B., Berichterstattung im IFRS-Anhang, S. 41, unter Rückgriff auf KAISER, T., IFRS aus Investorensicht, S. 139 f.

444 Zum Ziel der empirischen Befragung und zum weiteren Vorgehen der Arbeit vgl. Abschnitt 31.

3 Empirische Analyse

31 Ziel der empirischen Analyse

In den vergangenen Jahren ist das wirtschaftliche Umfeld, in dem sich Unternehmen bewegen, dynamischer und internationaler geworden.[445] Auch der Kauf und Verkauf von Anteilen an anderen Unternehmen hat sich komplexer entwickelt. Die Abbildung dieser komplizierten Realität führt zu einer ständig anwachsenden Komplexität der IFRS[446] und ebenso zu **veränderten Informationsbedürfnissen von Adressaten** bzgl. der IFRS-Konzernrechnungslegung und vor allem bzgl. IFRS 12.[447]

Um indes eine investorenorientierte Rechnungslegung[448] i. S. d. IASB zu fördern, müssen die (veränderten) Informationsbedürfnisse der in den Fokus genommenen (Eigenkapital-)Investoren bekannt sein.[449] Denn Investoren benötigen – um komplexe Transaktionen, wie M&A-Transaktionen, beurteilen zu können – **Informationen** über die Art und Höhe der **Anteile an anderen Unternehmen.** Um Informationsbedürfnisse von Adressaten zu befriedigen, sollen aus ihrer Sicht wichtige Angaben für das Treffen wirtschaftlicher Entscheidungen, bspw. für jene Informationen über Anteile an anderen Unternehmen, zur Verfügung gestellt werden.[450] Welche **Angaben für den Entscheider wichtig** sind, lässt sich empirisch durch eine Befragung von Kapitalmarktexperten herausfinden.

---

445 Vgl. MARTENS, S./OLDEWURTEL, C./KÜMPEL, K., Konzernrechnungslegung nach IFRS 10 und IFRS 12, S. 46; LIPP, L., IFRS-Finanzberichterstattung, S. 750.

446 Zur Komplexität der IFRS vgl. MEYER, H., Komplexität von IFRS, S. 229; FÜLBIER, R./KUSCHEL, P., Komplexitätszunahme in der IFRS-Rechnungslegung?, S. 933; KÜTING, K., Konzernrechnungslegung nach IFRS und HGB, S. 2821; MOXTER, A., Absehbarer Abschied von der HGB-Bilanzierung, S. I; PELLENS, B., U. A., Die Zukunft der IFRS-Rechnungslegung, S. 2183; KÜTING, K., Komplexität der Rechnungslegungssysteme nach HGB und IFRS, S. 299 f.

447 Vgl. LIPP, L., IFRS-Finanzberichterstattung, S. 750.

448 Vgl. HOOGERVORST, H./TEITLER-FEINBERG, E., Responsibility to make sure that investors understand what is going on in a company, S. 133 f.

449 Vgl. KAISER, T., IFRS aus Investorensicht, S. 139.

450 Nicht nur relevante, sondern auch zuverlässige Informationen sind in IFRS-Abschlüssen für Adressaten wichtig. Vgl. BAETGE, J./HOLLMANN, S., Zuverlässigkeit der Rechnungslegung nach IFRS, S. 375.

Will man die in IFRS 12 geforderten Informationsanforderungen aus Sicht der Nutzer von IFRS-Konzernabschlüssen auf deren Wichtigkeit beurteilen, muss nicht nur ermittelt werden, welche Angaben wichtig, sondern auch welche unwichtig sind. So werden die Kapitalmarktexperten in der vorliegenden Arbeit zu jedem der in Abschnitt 2 herausgearbeiteten Anhang-Bereiche gefragt, welche Anhangangaben zu Anteilen an Tochterunternehmen, Anteilen an nicht konsolidierten Tochterunternehmen, Anteilen an gemeinschaftlichen Vereinbarungen und assoziierten Unternehmen, Anteilen an nicht konsolidierten strukturierten Unternehmen und Ermessensentscheidungen und Annahmen wichtig und welche unwichtig sind. Dabei werden die in IFRS 12 geforderten Anhangangaben zugrunde gelegt. Auf diese Weise lässt sich ermitteln, wie die in IFRS 12 geforderten Anhangangaben von den Kapitalmarktexperten beurteilt werden. Aus einer solchen empirischen Untersuchung über die aus Sicht der Kapitalmarktexperten wichtigsten und unwichtigsten Anhangangaben von Anteilen an anderen Unternehmen lässt sich der **Anforderungskatalog des IFRS 12 beurteilen** und falls erforderlich eine **de lege ferenda** Regelung für die entsprechende **Berichterstattung im Anhang** nach IFRS 12 herleiten.[451]

Ziel dieser **empirischen Untersuchung** ist es, den Anhangerstellern von Konzernabschlüssen zu vermitteln, welche Schwerpunkte bei der Berichterstattung über Anteile an anderen Unternehmen entsprechend dem IFRS 12 gesetzt werden sollten. Denn der Detaillierungs- und Aggregationsgrad der zu berichtenden Informationen kann gemäß IFRS 12 durch die Bilanzierenden selbst bestimmt werden.[452] Die als **unwichtig ermittelten Anhangangaben** können darüber hinaus eine Hilfe für den IASB sein, den **Anhang zu entschlacken** und ggfs. konkrete Anhangangaben, die von den befragten Kapitalmarktexperten als unwichtig angesehen werden, zu streichen.[453] **Weiteres Ziel** der Analyse, durch das Stellen von offenen Fragen nach fehlenden Anhangangaben, ist aus Sicht der Kapitalmarktexperten bestehende Regelungslücken zu identifizieren und zu ermitteln, ob in der aktuellen Fassung des IFRS 12 möglicherweise wichtige Anhang-

[451] Zum Aufbau des Fragebogens vgl. Abschnitt 324.

[452] Vgl. Abschnitt 243.

[453] Auch Lipp erklärt, dass Finanzberichterstattung nicht durch „Überladung" gefährdet werden soll. Vgl. LIPP, L., IFRS-Finanzberichterstattung, S. 790.

angaben fehlen, die die Kapitalmarktexperten für eine umfassende Analyse des Unternehmens benötigen. Dieses Ziel soll erreicht werden, indem zu jedem der o. g. Anhang-Bereiche gefragt wird, ob den Befragten über die aktuell bestehenden Anhangangaben nach IFRS 12 hinaus weitere Angaben fehlen.[454] Bislang existiert keine empirische Untersuchung **über die Informationsbedürfnisse und Präferenzen von Kapitalmarktexperten** bzgl. der Berichterstattung über Anteile an anderen Unternehmen nach IFRS 12. Zwar bündelte und ersetzte der Board die Pflichtangaben in den Standards IAS 27 „Konzern- und Einzelabschlüsse", IAS 28 „Anteile an assoziierten Unternehmen" und IAS 31 „Anteile an Gemeinschaftsunternehmen" jüngst durch IFRS 12, doch auch über diese Standards wurden bis dato keine Informationsbedürfnisse von Kapitalmarktexperten ermittelt.[455] Daher ist es i. S. einer investorenorientierten Rechnungslegung förderlich, die Informationsbedürfnisse von Kapitalmarktexperten zu erfragen. **Welche Adressaten** konkret befragt werden und welche **Methode** sich für die Befragung von Kapitalmarktexperten über ihre Informationsbedürfnisse bzgl. der Anteile an anderen Unternehmen am besten eignet, wird nachfolgend diskutiert.

32 Methodik und Konzeption der Befragung

321. Datenerhebung

321.1 Art der Daten

Wie die Wichtigkeit bzw. die Unwichtigkeit einzelner Anhangangaben ermittelt werden kann und welche **Art von Daten** dafür benötigt wird, wird in den folgenden Abschnitten dargelegt. Für die Untersuchung können primäre oder sekundäre Daten genutzt

---

454 Die empirische Befragung kann ebenfalls als Grundlage für die Weiterentwicklung des Kriterienkatalogs des Wettbewerbs „Der beste Geschäftsbericht" zum Themenfeld Konzernrechnungslegung und -konsolidierung dienen. Siehe ausführlich zum Wettbewerb „Der beste Geschäftsbericht" BAETGE, J., Der beste Geschäftsbericht, S. 199-230; OBERDÖRSTER, T., Finanzberichterstattung und Prognosefehler von Finanzanalysten, S. 88-100.

455 Durch das EU-Endorsement ist IFRS 12 für Geschäftsjahre anzuwenden, die am oder nach dem 01.01.2014 beginnen. Vgl. zum Erstanwendungszeitpunkt Abschnitt 21 und vgl. aktuell ZWIRNER, C./BOECKER, C./BUSCH, J., Neuregelungen zum Konsolidierungskreis in IFRS 10 bis IFRS 12, S. 608.

werden. **Primärdaten** sind Daten, die originär für die Untersuchung erhoben werden.[456] **Sekundärdaten** sind bereits durch eine andere Institution erhoben worden. Sie sind kostengünstig über Datenbanken, öffentliche Statistiken oder aus dem Internet verfügbar, da sie i. d. R. bereits für andere Zwecke genutzt wurden.[457] Da indes noch keine empirische Untersuchung zu den Informationsbedürfnissen von Kapitalmarktexperten über Anteile an anderen Unternehmen nach IFRS 12 vorliegt, können ausschließlich Primärdaten durch eine Befragung genutzt werden.

321.2 Methoden der Datenerhebung

Befragungen gelten als **Standardwerkzeug von Primärdatenerhebungsverfahren** in der empirischen Forschung.[458] Dabei lassen sich Befragungen in Offline und Online durchgeführte Befragungen differenzieren. Bis Anfang der 2000er Jahre zählte die Offline-Befragung zu den klassischen Datenerhebungsverfahren. Seit der zunehmenden Verbreitung des Internets erhöhte sich indes der Anteil der Online-Befragungen kontinuierlich, da die Vorteile ggü. der Offline-Befragung überwiegen.[459] Zu diesen Vorteilen zählen geringe Kosten für den Versand der Befragung, die Möglichkeit viele Befragungsteilnehmer innerhalb eines kurzen Zeitraums zu kontaktieren, die multimedialen Möglichkeiten im Fragebogen, die interaktive Menü- und Eingabeführung sowie die Weiterverarbeitungsmöglichkeiten der Daten.[460]

---

456 Vgl. KAJA, M., Datenerhebung, S. 49 f.; BACHMANN, A., Erfolgsmaße, S. 93.

457 Vgl. RIESENHUBER, F., Empirische Forschung, S. 7 und 12 f.

458 Vgl. WELKER, M./WERNER, A./SCHOLZ, J., Online-Research, S. 73; DIEKMANN, A., Empirische Forschung, S. 18-24 und 312-317.

459 Zur Klassifizierung internetbasierter Datenerhebungsverfahren HOLLAUS, M., Einsatz von Online-Befragungen, S. 20-28; WELKER, M./WERNER, A./SCHOLZ, J., Online-Research, S. 73 f.; HAUPTMANNS, P., Befragungen mit Hilfe des Internets, S. 23-29.

460 Vgl. für eine ausführliche Darstellung der Vorteile von Online-Befragungen THIELSCH, M./WELTZIN, S., Online-Befragungen in der Praxis, S. 69-71; HAUPTMANNS, P., Befragungen mit Hilfe des Internets, S. 21; ZIMMERMANN, M./GADEIB, A./LÜRKEN, A., Marktforschung Online, S. 38 f.; WELKER, M./WERNER, A./SCHOLZ, J., Online-Research, S. 80 f. Darüber hinaus können negative Interview-Effekte vermieden werden. Interview-Effekte können durch begrenzte Darstellungsmöglichkeiten bei telefonischen Befragungen auftreten oder aber auch bei face-to-face Befragungen aufgrund der nicht stets perfekt gleichen Art der Befragung durch den Befrager. Vgl. VOGT, K., Verzerrungen in elektronischen Befragungen, S. 127. Zu den

Ein **Online-Fragebogen** bietet darüber hinaus die Möglichkeit, Meinungen, Interessen und wesentliche Merkmale zu erfassen.[461] Hierbei kann zwischen drei Varianten eines Online-Fragebogens bzgl. des Verteilungsweges klassifiziert werden: Erstens kann ein Fragebogen per E-Mail den Teilnehmern mit der Bitte zugeschickt werden, den Fragebogen postalisch, per Fax oder per E-Mail zurückzusenden. Zweitens können Teilnehmer den Fragebogen von einem Server herunterladen und per E-Mail zurücksenden oder drittens den auf einem Server abgelegten Fragebogen direkt im Internet ausfüllen. Der Link hierzu wird als E-Mail versendet oder in Webforen hinterlegt.[462] Die zuletzt genannte Alternative ist für die Befragten komfortabel, da sie nicht selbst die ausgefüllte Befragung zurücksenden müssen.

322. Befragungsdesign

322.1 Vorbemerkungen

Um die Informationsbedürfnisse von Kapitalmarktexperten bzgl. der Anhangangaben zu Anteilen an anderen Unternehmen gemäß IFRS 12 zu ermitteln, wird ein Online-Fragebogen genutzt. Fraglich ist, welche adäquate Datenerhebungs-Messmethode für den Online-Fragebogen zugrunde zu legen ist, um mit diesem die wichtigen und unwichtigen Antworten bzgl. der Anhangangaben zu Anteilen an anderen Unternehmen nach IFRS 12 zu ermitteln. Im Folgenden werden daher mögliche Methoden zur Messung von Meinungen, welche für die hier vorliegende Untersuchung am besten geeignet sind, vorgestellt und gewürdigt.

Nachteilen von Interviews ggü. Fragebögen bzw. den Vorzügen von Fragebögen ggü. Interviews vgl. Bundesministerium des Innern/Bundesverwaltungsamt, Handbuch für Organisationsuntersuchungen, S. 195-202. Vgl. MUMMENDEY, H./GRAU, I., Fragebogen-Methode, S. 13; WELKER, M./WERNER, A./SCHOLZ, J., Online-Research, S. 73-75; PORST, R., Fragebogenarbeitshandbuch, S. 9-16.

461 Vgl. RAAB-STEINER, E./BENESCH, M., Der Fragebogen mit SPSS, S. 45 f.; MUMMENDEY, H./GRAU, I., Fragebogen-Methode, S. 13; PORST, R., Fragebogenarbeitshandbuch, S. 9-16.

462 Vgl. für die Einladung zur Befragung THIELSCH, M./WELTZIN, S., Online-Befragungen in der Praxis, S. 76.

322.2 Likert-Skalen, Allokationen und Rankings

Likert-Skalen[463], **Rankings** oder **Allokationen** werden genutzt, um Merkmale oder *Items* mit Messwerten zu versehen und zu quantifizieren.[464] Um die Merkmale zu erfassen, wird Befragten eine mehrstufige Likert-Skala mit meistens fünf Antwortmöglichkeiten[465] vorgelegt, wie die nachfolgende Übersicht 10 zeigt:

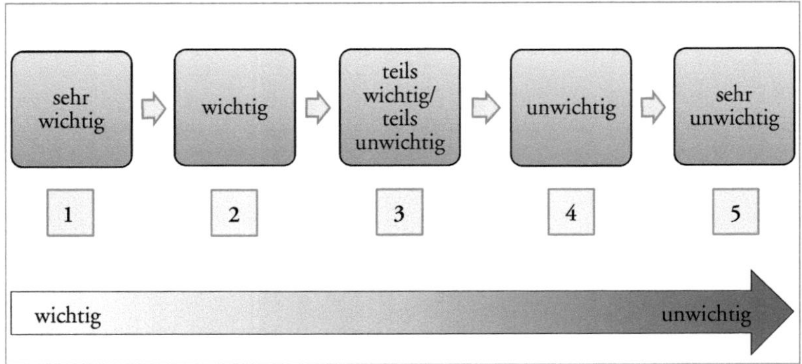

Übersicht 10: Design einer Likert-Skala.[466]

Eine Frage, die mittels der Likert-Skala beantwortet wird, könnte lauten: „Wie wichtig oder unwichtig finden Sie eine bestimmte Anhangangabe zu Anteilen an Tochterunternehmen? Wenn Sie die Anhangangabe als sehr wichtig einstufen, kreuzen Sie bitte die 1 an. Falls Sie die vorgegebene Anhangangabe als sehr unwichtig einschätzen, kreuzen Sie bitte die 5 an." Die Ausprägungen beschreiben das vom Befragten zu bewertende

463 Ausführlich zu Likert-Skalen vgl. LIKERT, R., Likert-Skala, S. 1-55; CLASON, D./DORMODY, T., Analyzing Data Measured by Individual Likert-Type Items, S. 31-55; SCHUMANN, S., Empirische Methoden und statistische Analyseverfahren der repräsentativen Umfrage, S. 281 f.

464 Zu den Varianten von Rating-Skalen vgl. SCHUMANN, S., Empirische Methoden und statistische Analyseverfahren der repräsentativen Umfrage, S. 1; GREVING, B., Messen und Skalieren von Sachverhalten, S. 69 f. Rating- und Likert-Skalen werden stellenweise in der Literatur synonym verwendet. Vgl. auch dazu BORTZ, J./DÖRING, N., Forschungsmethoden, S. 224.

465 Möglich sind auch sechs oder sieben Ausprägungen von Antwortmöglichkeiten auf einer Likert-Skala. Vgl. SCHNELL, R./HILL, P./ESSER, E., Methoden der empirischen Forschung, S. 179 f.

466 In Anlehnung an SCHNELL, R./HILL, P./ESSER, E., Methoden der empirischen Forschung, S. 180.

Merkmal von sehr wichtig bis sehr unwichtig. Je nachdem wie die Frage strukturiert ist, reicht die Skala auch von sehr positiv bis sehr negativ.[467]

Hingegen können mittels einer **Allokation** bspw. einhundert Punkte auf alle zu bewertenden Anhangangaben verteilt werden, um einerseits jeder Anhangangabe eine hohe oder niedrige Bedeutung zuzusprechen und andererseits auch ein Bedeutungsgefälle, einen Unterschied in den Wichtigkeiten zwischen den Angaben hervorzuheben. Das **Ranking**, also die Sortierung von sehr wichtigen bis hin zu den sehr unwichtigen Anhangangaben in einer Rangreihe, ist für den Zweck der Messung von Bedeutungen und Präferenzunterschieden ebenfalls möglich. Grundsätzlich haben sich die drei Verfahren Allokation, Ranking und Likert-Skalen etabliert und werden für die Präferenzmessung genutzt.[468] Trotz der häufigen Verwendung zur Präferenzmessung und Einschätzung von wichtigen und unwichtigen Angaben lassen sich **wesentliche Probleme** bei der Allokation, dem Ranking und vor allem bei der Likert-Skala feststellen:[469]

- Problem der Anspruchsinflation (*Inflation of Demands*),
- Problem der Tendenz zur Mitte und
- Problem bei einer sehr großen Zahl von Merkmalen eine Rangfolge zu bestimmen bzw. Punkte zu allokieren.

Letztgenanntes Problem ist, übertragen auf die vorliegende Untersuchung, aufgrund der Eingrenzung der Anhangangaben in bestimmte Anhang-Bereiche nach IFRS 12 im Vorfeld der Befragung sehr gering. Daher gilt es, die beiden zuerst genannten Probleme zu überwinden. In der Vergangenheit konnte in Studien festgestellt werden, dass **Befragte moderate Wichtigkeiten** oder **mittlere Einschätzungen** bevorzugen.[470] Die Befragten tendierten seltener zu den aussagekräftigen (Rand-)Antworten, sondern „verstecken"

---

467 Vgl. GREVING, B., Messen und Skalieren von Sachverhalten, S. 73.

468 Vgl. DIPPOLD, K./FORSTHOFER, R./HUBER, M., Präferenzmessung mit MaxDiff, S. 69; SOCIOTREND, Messbefragungen, zuletzt geprüft am 15.01.2015.

469 Zu den Problemen der Verfahren, vor allem zur Likert-Skala vgl. DIPPOLD, K./FORSTHOFER, R./HUBER, M., Präferenzmessung mit MaxDiff, S. 69; SOCIOTREND, Messbefragungen, zuletzt geprüft am 16.01.2015; GREVING, B., Messen und Skalieren von Sachverhalten, S. 72 f.

470 Vgl. DIPPOLD, K./FORSTHOFER, R./HUBER, M., Präferenzmessung mit MaxDiff, S. 69.

sich in den weniger gehaltvollen Antworten in der Mitte der Skala. Zudem besteht das **Problem der Anspruchsinflation.** Dies bedeutet, dass die Befragten viele Antwortmöglichkeiten als wichtig einstufen.[471] Auch im Gespräch mit einem Experten[472] wird die Gefahr gesehen, dass oftmals von den Befragten „mehr ist besser als weniger" angegeben wird.

Gerade vor dem Hintergrund des Teilziels der Arbeit, Entschlackungsmöglichkeiten des Anhangs bzgl. der Angaben zur Konzernrechnungslegung und -konsolidierung zu offerieren, liefern fehlende bzw. kaum deutlich spürbare Unterschiede in den als wichtig bewerteten Anhangangaben keinen Erkenntnisgewinn. Im Hinblick auf die Entschlakkung des Anhangs sind vor allem die von den Kapitalmarktexperten als unwichtig gekennzeichneten Anhangangaben geeignet, die Gefahr der Anspruchsinflation zu vermeiden. Die Lösung der oben genannten Probleme ist eine **Präferenzanalyse**, um die wichtigsten und unwichtigsten Anhangangaben gemäß IFRS 12 zu bestimmen.

322.3 Präferenzanalysen

Präferenzanalysen können die oben genannten Probleme überwinden. Sie werden genutzt, um Präferenzen von einzelnen Personen oder Personenkreisen zu ermitteln.[473] Drei Methoden dominieren im Bereich der Präferenzanalysen:

- *Total Unduplicated Reach and Frequency*-Analyse
- *Conjoint*-Analyse
- *Maximum Difference*-Methode

Die drei Verfahren werden vorwiegend bei der Ermittlung von Produktpräferenzen im Bereich Marketing, indes auch in anderen betriebswirtschaftlichen Disziplinen, genutzt und angewendet. **TURF** steht für *Total Unduplicated Reach and Frequency* und wird

471 Vgl. DIPPOLD, K./FORSTHOFER, R./HUBER, M., Präferenzmessung mit MaxDiff, S. 69.

472 Gespräch mit einem Vorstandsmitglied der KPMG AG Wirtschaftsprüfungsgesellschaft.

473 Vgl. BÖCKER, F., Präferenzforschung als Mittel marktorientierter Unternehmensführung, S. 543.

angewendet, wenn bspw. Produzenten von Süßwaren ein neues Produkt mit unterschiedlichen Geschmacksrichtungen entwickelt haben und die Präferenzen potentieller Kunden bzgl. dieser Geschmacksrichtungen testen und ermitteln wollen.[474] Ziel des TURF-Verfahrens ist zu prüfen, welche Geschmacksrichtung die größte Zahl von Käufern findet.[475] Übertragen auf die Anhangangaben nach IFRS 12 würde dies bedeuten, dass mit der TURF-Analyse versucht würde zu ermitteln, welche Anhangangaben bei den zu befragenden Kapitalmarktexperten eine große Schnittmenge aufweisen. Um die aus Sicht der Befragten wichtigen und bedeutenden Angaben zu ermitteln, ist die TURF-Methode ein geeignetes Verfahren. Indes ist die TURF-Methode vor dem Hintergrund der Entschlackung des IFRS 12 nicht geeignet, da der Befragte nicht angeben kann, welche Anhangangabe er nicht präferiert.

Auch die ***Conjoint*-Analyse** betrachtet Präferenzen einer Person bzgl. bestimmter Antwortmöglichkeiten (*Items*) und bringt diese in eine Reihenfolge.[476] Bei der *Conjoint*-Analyse können komplexe Produkte und ihre Produkteigenschaften bewertet und durch die unterschiedlichen Produkteigenschaften wiederum unterschiedliche Kombinationen von Produkten generiert werden. So haben bestimmte Produktmerkmale zwei unterschiedliche Ausprägungen. Zum Beispiel können sich haushaltsübliche Mixer[477] in den Produktmerkmalen A „Material", B „Gestaltung" und C „Fassungsvolumen" unterscheiden. Die drei Produktmerkmale weisen wiederum je zwei Ausprägungen auf. Produktmerkmal A „Material" kann Plastik oder Chrom sein, das Produktmerkmal B „Gestaltung" kann funktional oder extravagant sein und das Produktmerkmal C „Fassungsvolumen" kann klein oder groß sein. Übertragen auf die Präferenzermittlung, welche Anhangangabe nach IFRS 12 wichtig oder unwichtig ist, ist die *Conjoint*-Analyse aufgrund der sehr differenzierten Merkmalsausprägungen zu komplex, denn die Anhangangaben nach IFRS 12 weisen keine weiteren Merkmalsausprägungen auf.[478] Eine

---

474 Vgl. zum genannten Beispiel des *candy products with five flavors* MIAOULIS, G./FREE, V., Turf: A New Planning Approach, S. 32.

475 Ausführlich zur TURF-Analyse vgl. CONKLIN, M./LIPOVETSKY, S., Marketing decision analysis by TURF, S. 5-19 und KREIGER, A./GREEN, P., Turf Revisited, S. 30-36.

476 Vgl. BACKHAUS, K., U. A., Multivariate Analysemethoden, S. 452 f.

477 Zum oben genannten Beispiel vgl. TEICHERT, T./SATTLER, H./VÖLCKNER, F., Verfahren der Conjoint-Analyse, S. 656.

478 Ausführlich zur komplexen Methodik der *Conjoint*-Analyse vgl. BRUSCH, M., Präferenzanalyse mittels multimedial gestützter Conjointanalyse; VÖLCKNER, F./SATTLER, H./TEICHERT, T.,

Unterscheidung nach der Wichtigkeit und Unwichtigkeit der Betrachtungsobjekte bietet hingegen die **Maximum Difference (MaxDiff)-Methode.**[479] Diese Methode wird nachfolgend vorgestellt.

322.4 Maximum Difference-Methode (MaxDiff-Methode)

322.41 Ziel und Vorteile der MaxDiff-Methode

LOUVIERE entwickelte im Jahr 1987 für den Fachbereich Betriebswirtschaftslehre, vor allem Marketing, die MaxDiff-Methode. Aufgrund der Verlässlichkeit der Methode[480] wurde und wird diese in den Folgejahren auch in anderen Disziplinen, wie dem Gesundheits- oder dem Agrarsektor, angewendet.[481] Die MaxDiff-Methode ist eine wissenschaftlich fundierte Methode zur Ermittlung von Wichtigkeitspräferenzen.[482] **Ziel** der Anwendung dieser Methode – angewandt auf die Anhangangaben nach IFRS 12 – ist es, (Un-)Wichtigkeiten zu einzelnen Anhangangaben zu ermitteln, d. h. der Befragte kann jeweils nur die aus seiner Sicht wichtigste und die unwichtigste Anhangangabe kennzeichnen. Die eingeschränkte Auswahl auf die jeweils wichtigste und die jeweils unwichtigste Anhangangabe führt für den Antwortenden zu einem Abwägungsprozess.[483] Der Antwortende ist demnach gezwungen, sich für nur eine wichtige und nur

Verfahren der Conjoint-Analyse, S. 687-712.

479 In der Literatur wird *MaxDiff-Scaling, MaxDiff-Method und Best-Worst-Scaling* synonym verwendet Vgl. LOUVIERE, J., The Best-Worst or Maximum Difference Measurement Model; LEE, J./SOUTAR, G./LOUVIERE, J., Measuring Values Using Best-Worst Scaling; COHEN, S., Maximum Difference Scaling: Improved Measures of Importance and Preference for Segmentation.

480 Vgl. auch COHEN, S./ORME, B., What's your Preference?; LEE, J./SOUTAR, G./LOUVIERE, J., The Best-Worst Scaling Approach.

481 LOUVIERE entwickelte die *MaxDiff*-Methode bereits 1987. Indes veröffentlichte er Aufsätze dazu erst in den 1990er Jahren. Vgl. LOUVIERE, J., Best-Worst-Scaling: A model for the largest Difference Judgments; FINN, A./LOUVIERE, J., Determining the Appropriate Response to Evidence. Zu den weiteren Anwendungsbereichen vgl. ADAMOWICZ, W., U. A., Stated preference approaches for measuring passive use values; FLYNN, T., U. A., Best-worst scaling; SCARPA, R., U. A., Exploring scale effects of best/worst rank ordered choice data to estimate benefits of tourism; ALMQUIST, E./LEE, J., What Do Customers Really Want?, S. 23.

482 Vgl. ALMQUIST, E./LEE, J., Wünsche der Kunden, S. 16 f.; LIPOVETSKY, S./CONKLIN, M., Best-Worst Scaling in an analytical closed-form solution, S. 60-68.

483 Vgl. LÜKEN, J./SCHIMMELPFENNIG, H., Maximum Difference Scaling, S. 40; LOUVIERE, J., U. A., Application of best-worst scaling, S. 292-303; MARLEY, A./LOUVIERE, J., Best, worst, and best-worst choices, S. 464-480.

eine unwichtige Anhangangabe zu entscheiden, d. h. der Antwortende muss sich genau überlegen, welche Information für ihn wichtig bzw. unwichtig ist.[484]

Durch die in der MaxDiff-Methode nicht erforderliche Angabe von Präferenzen zwischen wichtig und unwichtig, ergo „teils wichtig, teils unwichtig", wie bei der Likert-Skala, können die beiden in Abschnitt 322.2 beschriebenen Probleme „Tendenz zur Mitte" und „Anspruchsinflation" umgangen werden. Dies ist bei den Anhangangaben besonders sinnvoll, da die Befragten so nicht sämtliche Angaben als wichtig einstufen können und der latenten Gefahr entgegen gewirkt wird, dass, obwohl die Anhangangaben von den Befragten gar nicht für Analysen und Entscheidungen gebraucht werden, diese trotzdem als wichtig erachtet werden, weil „mehr einfach besser ist als weniger".[485]

Um die **MaxDiff-Methode** zu designen, kann das Tabellenkalkulationsprogramm Excel genutzt werden. Indes ist Excel aufgrund des mangelnden Designs und der Schwierigkeit die Tabelle als Online-Version[486] anzubieten, unzureichend. Statistik- und Analysesoftware, wie Statistical Package for Social Sciences (SPSS)[487] der Firma International Business Machines Corporation (IBM) und der Firma SAWTOOTH SOFTWARE, bieten mit mittlerem Programmieraufwand gut umzusetzende Designs. In der Praxis hat sich die Datenerfassung mittels der letztgenannten Software, dem Sawtooth Software Incorporated Web Program (SSI Web), etabliert, da mit dessen Hilfe eine onlinebasierte Umfrage erstellt werden kann.[488]

484 Vgl. SCHLERETH, C./SCHULZ, F., Messung von Bedeutungsgewichten, S. 635; ORME, B./JOHNSON, R., Tools that work, S. 7-11.

485 Der Vergleich wird auf Erkenntnisse des Reziprozitätseffekts gestützt, bei dem Menschen u. a stets mehr kostenlose Produkte in Anspruch nehmen wollen und vermeintlich auch brauchen, obwohl sie diese effektiv nicht nutzen (können). Vgl. WIENS, M., Vertrauen in der ökonomischen Theorie S. 362-376.

486 Im vorherigen Abschnitt wurde konstatiert, dass die Vorteile einer Online-Befragung ggü. einer Offline-Befragung überwiegen.

487 SPSS wird lediglich als Marke genutzt und das Akronym nicht (mehr) ausgeschrieben. Vgl. BACKHAUS, K., U. A., Multivariate Analysemethoden, S. 20. Ausführlich zur Verwendung von SPSS vgl. BACKHAUS, K., U. A., Multivariate Analysemethoden, S. 20-48; BÜHL, A., Datenanalyse; JANSSEN, J./LAATZ, W., Statistische Datenanalyse mit SPSS oder auch RAAB-STEINER, E./BENESCH, M., Der Fragebogen mit SPSS.

488 Vgl. zur Anwendung der Sawtooth Software ausführlich LIPOVETSKY, S./CONKLIN, M., Best-

322.42 Limitationen der MaxDiff-Methode

Für die Überprüfung der aus Sicht der Kapitalmarktexperten wichtigsten und unwichtigsten Anhangangaben nach IFRS 12 besteht bei Anwendung der MaxDiff-Methode **keine Möglichkeit zusätzliche Ergänzungen oder Erklärungen** zu den Antworten vorzunehmen. Die Befragten können lediglich die wichtigste oder unwichtigste Antwort auswählen. Auch die in der Untersuchung aus Sicht der Kapitalmarktexperten zu ermittelnden in IFRS 12 **fehlenden Anhangangaben** können mit der MaxDiff-Analyse **nicht erfasst** werden.[489] Diese Nachteile können durch die Programmierung von Fragen mit einem Freitext-Feld behoben werden. Zwar kann trotzdem nicht zu jeder Frage eine Ergänzung oder Erklärung durch den Befragten vorgenommen werden, doch durch die Frage nach den fehlenden Anhangangaben in IFRS 12 kann der Nachteil der „Nicht-Erfassung von fehlenden Informationen“ umgangen werden.

322.43 Verwendung der MaxDiff-Methode für die vorliegende Untersuchung

Die MaxDiff-Methode ermittelt Wichtigkeitspräferenzen zu abgefragten Merkmalen. Sie erlaubt es, die vom IFRS 12 geforderten Anhangangaben so auszuwählen, dass durch die Angaben der repräsentativen Gruppen von Befragten[490] verlässlich ermittelt werden kann, welches die für sie **wichtigste** und welches die für sie **unwichtigste Anhangangabe** ist.[491] So wird das Bedeutungsgewicht jeder Anhangangabe aus Sicht der Befragten ermittelt. Die Anhangangaben sind in die folgenden Anhang-Bereiche gegliedert:

Anhang-Bereich A: Anteile an Tochterunternehmen

Anhang-Bereich B: Anteile an nicht konsolidierten Tochterunternehmen

Worst Scaling in an analytical closed-form solution, S. 60-68.

489 Vgl. TEN BERGE, J., Generalized Approaches to the MAXDIFF Problem, S. 487-494.

490 Vgl. Abschnitt 325.

491 Vgl. LOUVIERE, J., U. A., Application of best-worst scaling, S. 292-303; MARLEY, A./LOUVIERE, J., Best, worst, and best-worst choices, S. 464-480.

Anhang-Bereich C: Anteile an gemeinschaftlichen Vereinbarungen und Anteile an assoziierten Unternehmen

Anhang-Bereich D: Anteile an nicht konsolidierten strukturierten Unternehmen

Anhang-Bereich E: Erhebliche Ermessensentscheidungen und Annahmen

Zu jedem Anhang-Bereich werden zwei Fragen gestellt. Mit der ersten Frage wird ermittelt, welches die für Kapitalmarktexperten **wichtigste** und **unwichtigste** Anhangangabe ist. Mit der zweiten – später gestellten und behandelten – Frage, werden **fehlende Angaben** im Anhang ermittelt. Zur Beantwortung der ersten Frage stehen je nach Anhang-Bereich sieben bis zehn Anhangangaben zur Auswahl (*Items*). Anhang-Bereich A enthält zehn Anhangangaben, Anhang-Bereich B sieben Anhangangaben, Anhang-Bereich C zehn Anhangangaben, Anhang-Bereich D neun Anhangangaben und Anhang-Bereich E acht Anhangangaben. Die nachfolgende Übersicht zeigt hierzu das Design bzgl. der programmierten MaxDiff-Fragen resp. der Fragen der Anhang-Bereiche A bis E:

Anhang-Bereich	A	B	C	D	E
Anhangangaben je Anhang-Bereich	10	7	10	9	8
Anhangangaben je Fragenset	5	5	5	5	5
Zahl der Fragensets	6	5	6	6	5

Übersicht 11: MaxDiff-Design der vorliegenden Untersuchung.

Die Anhangangaben je Fragenset und die Zahl der Fragensets lassen sich erläutern, indem beispielhaft die **beiden Fragen zur Anhang-Gruppe A** inkl. der Antwortmöglichkeiten im Folgenden dargestellt werden: Die wichtigste und unwichtigste Anhangangabe wird mit folgender **ersten Frage** ermittelt: „Welches ist die wichtigste und welches die unwichtigste Anhangangabe zu Anteilen an Tochterunternehmen?“ Zu dieser **Fragengruppe A existieren zehn Anhangangaben** (*Number of Items).* Der Befragte kann aber nicht alle zehn Anhangangaben des Anhang-Bereichs A gleichzeitig am Bildschirm sehen. Vielmehr werden ihm sechsmal (*Number of Sets per Respondent*) jeweils ein Fragenset aus nur fünf Anhangangaben (*Number of Items per Set*) der insgesamt zehn verfügbaren Anhangangaben gezeigt.[492] Pro Bildschirmseite werden dem Befragten nur jeweils fünf Anhangangaben gezeigt. Mehr als fünf Anhangangaben je Fragenset wären nicht sinnvoll, da jede Anhangangabe im Vergleich mit einer anderen Anhangangabe durch die Kapitalmarktexperten beurteilt werden soll.[493] Denn durch die Abwägung der wichtigsten und der unwichtigsten Anhangangabe innerhalb eines Fragensets von fünf Anhangangaben lässt sich eine *„middle importance for each individual"*[494] erfahren, da bei einer höheren Zahl von Anhangangaben je Set die Anhangangaben eine geringere Genauigkeit haben, da der Befragte zwischen mehr als fünf Anhangangaben entscheiden muss. Durch nur fünf Anhangangaben je Fragenset muss der befragte Kapitalmarktexperte die Anhangangaben gegeneinander abwägen, wodurch die relativen Wichtigkeiten der Anhangangaben aufgedeckt werden.[495] Zudem würden mehrere Anhangangaben je Set die Befragten überfordern und darüber hinaus die Reliabilität[496] der Befragungsergebnisse verschlechtern.[497]

Der Befragte sieht insgesamt jeweils sechs verschiedene Kombinationen (Fragensets) mit jeweils fünf aus zehn Anhangangaben.[498] Demnach sieht jeder Befragte im Anhang-Bereich A insgesamt 30 Anhangangaben *(Items)*,[499] da im Anhang-Bereich A jede der zehn Anhangangaben dreimal gezeigt wird. **Jede** der zehn **Anhangangaben** wird den befragten Kapitalmarktexperten **gleich häufig an unterschiedlicher Position je Bild-**

492 Anders formuliert, die fünf aus zehn *Items* werden sechsmal aus den gesamten zehn Anhangangaben (*Items*) in immer wieder neu variierter Zusammensetzung gemischt. Jede der zehn Anhangangaben wird den Befragten dreimal angezeigt. Vgl. auch LÜKEN, J./SCHIMMELPFENNIG, H., Maximum Difference Scaling, S. 40.

493 Vgl. DIPPOLD, K./FORSTHOFER, R./HUBER, M., Präferenzmessung mit MaxDiff, S. 70. Bei mehr als fünf Anhangangaben je Fragenset sind die *„gains in precision of the estimates are minimal"*. SAWTOOTH SOFTWARE INC., MaxDiff System, S. 11 f. Vgl. auch LEE, J./SOUTAR, G./LOUVIERE, J., Measuring Values Using Best-Worst Scaling, S. 1046-1048.

494 SAWTOOTH SOFTWARE INC., MaxDiff System, S. 11 f.; vgl. auch ORME, B./JOHNSON, R., Tools that work, S. 7-11; SCHLERETH, C./SCHULZ, F., Messung von Bedeutungsgewichten, S. 635.

495 Vgl. DIPPOLD, K./FORSTHOFER, R./HUBER, M., Präferenzmessung mit MaxDiff, S. 70.

496 Zur Prüfung der Qualität der Befragungsergebnisse vgl. Abschnitt 34. Zur Reliabilität vgl. Abschnitt 342.3.

497 Vgl. JOHNSON, R./ORME, B., How Many Questions Should You Ask in Choice-Based Conjoint Studies?, S. 3-8.

498 Vgl. MAIX MARKET RESEARCH & CONSULTING GMBH, Maximum Difference Scaling.

499 Dies bedeutet, dass die zehn Anhangangaben den Befragten jeweils dreimal gezeigt werden.

schirmseite gezeigt, damit alle Anhangangaben gleich häufig als wichtigste oder unwichtigste Anhangangabe bewertet werden können. Denn wenn bspw. die Anhangangabe A.1. sechsmal und Anhangangabe A.2. nur einmal in den sechs Fragensets gezeigt werden würde, kann die Anhangangabe A.1 häufiger durch die Kapitalmarktexperten bewertet werden, als die Anhangangabe A.2. Würden die Anhangangaben also nicht gleich häufig angezeigt werden, würde dieses Vorgehen zu Verzerrungen der Bewertung führen. Die nachfolgende Übersicht verdeutlicht graphisch die MaxDiff-Methode für Anhang-Bereich A:

6 Fragensets	Fragenset 1	Fragenset 2	Fragenset 3	Fragenset 4	Fragenset 5	Fragenset 6
In jedem der sechs Fragensets stehen fünf aus zehn Items zur Auswahl	A.8.	A.10.	A.5.	A.2.	A.3.	A.7.
	A.6.	A.5.	A.8.	A.10.	A.4.	A.3.
	A.1.	A.3.	A.7.	A.5.	A.2.	A.4.
	A.7.	A.4.	A.6.	A.1.	A.9.	A.9.
	A.2.	A.9.	A.10.	A.6.	A.1.	A.8.

10 Anhangangaben (Items) für Anhang-Bereich A: A.1. A.2. A.3. A.4. A.5. A.6. A.7. A.8. A.9. A.10.

Übersicht 12: MaxDiff-Methodik.

Für jedes Fragenset mit fünf Anhangangaben sind von den Befragten jeweils nur die wichtigste und die unwichtigste Anhangangabe anzugeben. Die nachfolgende Übersicht 13 verdeutlicht exemplarisch das erste Fragenset.[500] Durch die Wiederholung der Anhangangaben in unterschiedlichster Zusammensetzung und Reihenfolge kristallisiert sich letztlich eine Rangordnung der wichtigen und unwichtigen *Items* heraus.[501]

500 Die Screenshots des finalen Fragebogens finden sich im Anhang zu dieser Arbeit.

501 Vgl. Abschnitt 4. Vgl. auch LIPOVETSKY, S./CONKLIN, M., Best-Worst Scaling in analytical closed-form solution, S. 67; LEE, J./SOUTAR, G./LOUVIERE, J., Measuring Values Using Best-Worst Scaling, S. 1051.

Wichtigste Anhangangabe	Fragenset 1	Unwichtigste Anhangangabe
☐	A.8.	☒
☒	A.6.	☐
☐	A.1.	☐
☐	A.7.	☐
☐	A.2.	☐

Übersicht 13: Auswahl der wichtigsten und unwichtigsten Anhangangabe innerhalb eines Fragensets.

Mit der **zweiten Frage zum Anhang-Bereich A** werden die aus Sicht der Kapitalmarktexperten fehlenden Anhangangaben ermittelt. Die Frage lautet: „Sofern Ihnen wichtige Anhangangaben zu Anteilen an Tochterunternehmen bei den zuvor gestellten Fragen fehlen, bitten wir Sie, diese hier anzugeben. Falls Ihnen keine Angaben zu Tochterunternehmen fehlen, geben Sie bitte eine 0 an.“ Die befragten Kapitalmarkexperten können zu dieser Frage mit einem Freitext[502] antworten.

323. Situative Merkmale

Weder bei der mangelnden Adressatenkonkretisierung[503] noch bei der fehlenden Konkretisierung von Anhangangaben werden bei IFRS 12 in der derzeitigen Fassung **situative Eigenschaften von Unternehmen** berücksichtigt, um für Kapitalmarktexperten klare und angemessene Informationen zu geben, die entscheidungsnützlich sind. Denn in der vorliegenden empirischen Untersuchung ist davon auszugehen, dass die Befragten bei der Beantwortung des Fragebogens von ihrer speziellen **situativen Umwelt,** d. h. von Vorwissen oder ihren Erfahrungen, beeinflusst werden.[504] Dieser Mangel kann indes in der vorliegenden Untersuchung behoben werden, indem situative Merkmale berücksich-

502 Zum Umgang mit den Nachteilen der MaxDiff-Methode vgl. Abschnitt 322.42.

503 Vgl. Abschnitt 1.

504 Vgl. HELM, R./STEINER, M., Nutzung von Eigenschaftsarten, S. 16.

tigt werden. Je nach Situation und Erfahrungshorizont können und werden sich die Antworten der Befragten zu den wichtigsten und unwichtigsten Anhangangaben nach IFRS 12 unterscheiden, da die entsprechende Frage unterschiedliche Assoziationen hervorrufen kann. In den 1960er Jahren wurden in zahlreichen Studien die **Einflüsse der Umwelt auf Individuen und Organisationen** erforscht und auch nachgewiesen.[505] Dieser sog. **situative Ansatz** wurde zunächst für die Organisationslehre untersucht, doch auch schnell in anderen **betriebswirtschaftlichen Feldern,** wie u. a. dem **Rechnungswesen,** angewendet.[506] Der situative Ansatz wird in der Praxis und Wissenschaft stark diskutiert. Befürworter des situativen Ansatzes halten allgemein gehaltene betriebswirtschaftliche Aussagen für unrealistisch und fordern daher einen konkreten Situationsbezug.[507] Durch den situativen Ansatz können **unzulängliche, allgemeingültige Aussagen zugunsten von situationsadäquaten,** klar formulierten, praxisorientierten und wirklichkeitsbezogenen betriebswirtschaftlichen Problemen und Fragen vermieden werden.[508]

Auch in der hier vorliegenden Befragung ist die jeweilige Situation des Befragten wichtig. Daher ist die Anwendung des situativen Ansatzes sinnvoll, da die Erfahrungen und der Sachverstand der zu befragenden Kapitalmarktexperten variieren. Denn die Befragten werden erlangte Kenntnisse bei individuell erfahrenen Situationen unbewusst

---

505 Vgl. SCHULTE-ZURHAUSEN, M., Organisationsmanagement, S. 23-28; BURNS, T./STALKER, G., Management of Innovation, S. 403-405; KIESER, A./KUBICEK, H., Orga, S. 47-50; KIESER, A./WALGENBACH, P., Organisationspraxis, S. 43-46. Eine Übersicht situativer Modelle in der Organisationskultur bieten HILL, W./FEHLBAUM, R./ULRICH, P., Organisationslehre, S. 404.

506 Zur weiten Verbreitung des situativen Ansatzes in den Funktionsbereichen Organisation, Führungsforschung, Controlling, Produktion, Finanzierung und Personalwesen vgl. statt vieler STAEHLE, W., Situativer Ansatz in der Betriebswirtschaftslehre, S. 43 f. Auch aktuelle Dissertationen im Bereich der Betriebswirtschaft berücksichtigen den situativen Ansatz. Vgl. WITTENBERG, V., Controllingkonzeptionen für Unternehmen in der Gründungs- und Wachstumsphase, S. 75-128; ZIRENER, J., Sanierung in der Insolvenz, S. 289-326; BECKER, D., M&A-Transaktionen, S. 339-341. MACHARZINA beschäftigt sich in seiner Arbeit mit den Reaktionen und Einflüssen von Berichtsinformationen auf die Verhaltensweise von Berichtsempfängern in unterschiedlichen Situationen. Vgl. MACHARZINA, K., Behavioural Science into Accounting, S. 3-14; STAEHLE, W., Situativer Ansatz in der Betriebswirtschaftslehre, S. 43 f.

507 Vgl. KIESER, A., Situativer Ansatz, S. 169; STAEHLE, W., Situative Ansätze in der Managementlehre, S. 215 f.

508 Vgl. STAEHLE, W., Situativer Ansatz in der Betriebswirtschaftslehre, S. 36; WUNDERLICH, M., Qualitätsorientierte Organisationsstrukturen, S. 54-61.

einfließen lassen, die je zu beantwortender Frage verschieden sind. So kann es sein, dass Befragte bspw. bei der Frage „Welches ist die wichtigste und welches die unwichtigste Anhangangabe zu Anteilen an nicht konsolidierten strukturierten Unternehmen nach IFRS 12.24-12.31?" zwar unterschiedliche Antworten geben, diese aber durch unterschiedliche Einflüsse und Erfahrungen geprägt sind. Würden den Befragten zusätzlich zur Frage gleiche situative Szenarien[509] vorgelegt, könnten die Unterschiede, die sich nicht auf unterschiedliche situative Szenarien, sondern auf unterschiedliche Informationsbedürfnisse beziehen, besser extrahiert werden. Denn bspw. auch das berichtende Unternehmen, welches an nicht konsolidierten strukturierten Unternehmen beteiligt ist, kann sich in unterschiedlichen Situationen befinden. So können die Art und die Änderung des Risikos durch Anteile an einem strukturierten Unternehmen bspw. mit der Größe des bilanzierenden Unternehmens korrelieren: Bei einem sehr großen kapitalmarktorientierten Unternehmen kann das Risiko, welches durch die Verbindung zu einem strukturierten Unternehmen entsteht, für Investoren unwichtiger sein als bei einem kleinen Unternehmen, welches nur ein einziges für seine Größe aber sehr bedeutsames strukturiertes Unternehmen hält. Die **Antwort der Befragten** hängt demnach stark von der **jeweiligen Situation ab.**[510]

Für die empirische Untersuchung ist es wichtig einzuschätzen, welche Unternehmenssituation die Befragten bei den zu beurteilenden Anhangangaben vor Augen haben, da einige Angaben – abhängig von den jeweiligen Unternehmensmerkmalen – für Investoren unterschiedlich wichtig sind. Gilt es, den **situativen Ansatz in der Befragung zu berücksichtigen,** stellt sich die Frage, welche **situativen Szenarien und Einflüsse**, in denen sich das berichtende Unternehmen befindet, sinnvoll zu bestimmen sind. Ist ein Unternehmen bspw. in einer finanziellen Schieflage, sind Angaben zu den Risiken aus Anteilen an anderen Unternehmen stärker zu bewerten als bei finanzstarken Unternehmen. Auch können **finanzstarke Unternehmen** mit guten (Eigen-) Finanzierungsoptionen potentielle Verluste aus Anteilen an anderen Unternehmen bes-

---

509 Situative Szenarien und situative Merkmale werden in der vorliegenden Arbeit synonym verwendet.

510 Der situative Ansatz in der Organisationslehre wird auf die hier vorliegende Befragung übertragen. Vgl. STAEHLE, W., Situativer Ansatz in der Betriebswirtschaftslehre, S. 38; HELM, R./STEINER, M., Nutzung von Eigenschaftsarten, S. 16.

ser abfedern als **finanzschwache Unternehmen** mit limitierten Finanzierungsmöglichkeiten.[511]

Ein weiterer situativer Einfluss bei der Beantwortung des Fragebogens ist die Größe des Unternehmens. Die M&A-Aktivitäten wirken sich in großen und kleinen Unternehmen[512] unterschiedlich aus bzw. die Unternehmen haben – abhängig von ihrer Größe – unterschiedliche Gestaltungsspielräume. Einzelne Risiken können bspw. von **größeren Unternehmen** besser abgewehrt werden als in **kleineren Unternehmen**. Hauptgrund dafür ist das bei größeren (mittelständischen) Unternehmen zumeist besser ausgebaute Risikomanagement.[513] Gerade kleinere Unternehmen sehen laut PWC durch Risikomanagementsysteme großes Verbesserungspotential bei der Diversifikation und Vermeidung von künftigen Risiken.[514] Darüber hinaus weisen **junge dynamische Unternehmen**, wie Start-Ups oder kleine mittelständisch geprägte Unternehmen mit flachen Hierarchien, im Kontrast zu **etablierten, eher statischen Unternehmen**, bedingt durch ihr noch teilweise unbekanntes und anonymes Geschäftsmodell, ein höheres Risiko auf.[515] Zwischen dem Start-Up und potentiellen Investoren bestehen mehr Informationsasymmetrien. Auch ist keine Entwicklungshistorie durch nicht vorhandene Vergangenheitsdaten festzustellen.[516] Ferner sind Risikopositionen bei den situativen Merkmalen zu berücksichtigen: In ihrer **Risikopolitik avers ausgerichtete Unternehmen** sind tendenziell weniger geneigt M&A-Tätigkeiten zu verfolgen als **risikoreiche.**[517] Als wichtige Größe bei den situativen Szenarien ist der Internationalisierungsgrad von Unternehmen zu nennen. Je internationaler das Unternehmen aufgestellt ist, desto größer

511 Vgl. KPMG, M&A Yearbook, S. 14, zuletzt geprüft am 26.01.2015.

512 Die Größe des Unternehmens lässt sich an unterschiedlichen Kriterien, wie der Bilanzsumme oder der Mitarbeiterzahl, messen.

513 Vgl. BDI/PWC, Risikomanagement, S. 12 f., zuletzt geprüft am 19.01.2015. Dies belegt auch eine Studie zum Risikomanagement in großen Unternehmen. Vgl. PwC, Risk-Management-Benchmarking, S. 17-19, zuletzt geprüft am 19.01.2015.

514 Vgl. BDI/PWC, Risikomanagement, S. 8, zuletzt geprüft am 19.01.2015. Anzumerken ist hier indes, dass größere Unternehmen tendenziell größeren Risiken ausgesetzt sind als kleinere Unternehmen.

515 Vgl. NITZSCH, R. V./ROUETTE, C./STOTZ, O., Kapitalstrukturentscheidungen, S. 413.

516 Vgl. SCHULTE, R., Finanzierung junger Unternehmen, S. 476.

517 Vgl. KPMG, M&A Yearbook, S. 14, zuletzt geprüft am 26.01.2015.

ist die Wirkung auf die M&A-Aktivitäten und vice versa.[518] Doch ist hierbei zu beachten, dass die Wirkungsrichtung zwischen dem Internationalisierungsgrad und den M&A-Aktivitäten nicht eindeutig geklärt ist. Denn durch die zunehmende Internationalisierung steigt der Trend zu M&A-Aktivitäten. Durch die gegenseitige Wechselbeziehung zwischen Größe und Internationalisierung werden diese beiden Attribute als situatives Szenario zusammengefasst. Die nachfolgende Übersicht stellt die zuvor beschriebenen acht situativen Szenarien mit ihrer vermuteten Wirkung auf die M&A-Tätigkeit der zu analysierenden Unternehmen dar.

	Situative Merkmale	**Vermutete Wirkung auf die M&A-Aktivität**
(1)	Große, internationale Unternehmen	Positiv
(2)	Kleine, regionale Unternehmen	Negativ
(3)	Finanzstarke Unternehmen mit hoher Bonität	Positiv
(4)	Finanzschwache Unternehmen mit niedriger Bonität	Negativ
(5)	Junge, dynamische Unternehmen	Positiv
(6)	Etablierte, statische Unternehmen	Negativ
(7)	Unternehmen mit hoher Risikobereitschaft	Positiv
(8)	Unternehmen mit niedriger Risikobereitschaft	Negativ

Übersicht 14: Situative Merkmale und deren vermutete Wirkung auf M&A-Aktivitäten.[519]

In der vorliegenden Untersuchung wird neben den Anhang-Bereichen A bis E, der Anhang-Bereich F zu situativen Merkmalen aufgenommen. Die Befragten werden gebeten anzugeben, an welche situativen Merkmale von Unternehmen, die über Anteile an anderen Unternehmen berichten, sie bei der Beantwortung der Fragen zu den Anhang-Bereichen A bis E gedacht haben. Dazu können die in der vorhergehenden Übersicht

518 Vgl. MAX-PLANCK-INSTITUT FÜR GESELLSCHAFTSFORSCHUNG, Dimensionen der Internationalisierung, S. 14-20, zuletzt geprüft am 27.01.2015. Allerdings sind große Unternehmen oftmals auch international aufgestellt.

519 In Anlehnung an KPMG, M&A Yearbook, S. 14, zuletzt geprüft am 20.01.2015.

zusammengefassten acht situativen Merkmale durch die Kapitalmarktexperten ausgewählt werden.

Trotz vieler Vorteile wird auch Kritik am situativen Ansatz geübt. **Hauptkritikpunkt**[520] des situativen Ansatzes ist, dass **nicht alle wichtigen Situationsmerkmale erfasst** werden (können). Auch mit den hier vorgeschlagenen acht situativen Szenarien bzw. acht Fallgruppen zur Kategorisierung der Situation der berichtenden Unternehmen werden sicherlich nicht alle situativen Einflüsse abgedeckt. Doch sind zum einen acht spezielle situative (Umwelt-)Szenarien besser als keines der zuvor diskutierten situativen Szenarien und reichen zum anderen aus, um dem Anspruch der Allgemeingültigkeit für alle Situationen von Unternehmen entgegenzutreten.[521]

Zudem wird kritisiert, dass der **Informationsgehalt der empirisch gestützten Ergebnisse des situativen Ansatzes** gering ist. Dieses Argument kann leicht entkräftet werden, da zwar bereits empirisch bewiesen ist, dass bei finanzstarken Unternehmen mit einer sehr hohen Eigenkapitalquote und dadurch einem hohen Verlustpuffer, bspw. Risiken aus Verbindungen mit strukturierten Unternehmen weniger ins Risiko-Gewicht fallen.[522] Doch interessant ist mit Hilfe des situativen Ansatzes zu betrachten, welche unterschiedlichen Anhangangaben aus der Sicht von Kapitalmarktexperten bzgl. größerer Unternehmen im Vergleich zu kleineren Unternehmen erwartet werden.

Der Kritik an der **Theorielosigkeit** des situativen Ansatzes ist entgegen zu halten, dass gerade das situative Urteilsvermögen eines Befragten keiner Theorie folgen muss. Vielmehr wird die individuelle Erfahrung von Befragten in bestimmten Situationen

---

520 Ausführlich zur Kritik am situativen Ansatz vgl. KIESER, A., Situativer Ansatz, S. 183-198; KIESER, A./KUBICEK, H., Orga, S. 410-448; PICOT, A., Ökonomische Organisationstheorien, S. 156-159.

521 Darüber hinaus handelt es sich hierbei lediglich um eine endogene Kritik, die zwar weiter erforscht und verfeinert werden kann, indes liegt keine exogene Kritik vor, die den situativen Ansatz grds. in Frage stellt. Vgl. KIESER, A., Situativer Ansatz, S. 183.

522 Je höher die Eigenkapitalquote eines Unternehmens, desto geringer ist die Gefahr einer Insolvenz. Ausführlich zur Eigenkapitalquote und zur Analyse dieser vgl. BAETGE, J./KIRSCH, H.-J./THIELE, S., Bilanzanalyse, S. 228 f. Zur Eigenkapitalquote als Indikator für die Sicherheit des Unternehmens vgl. BAETGE, J., Rating von Unternehmen, S. 6.

berücksichtigt.[523] Auch die individuellen Erfahrungen von Kapitalmarktexperten im Hinblick auf IFRS 12 wären sinnvoll. Denn die Adressaten von IFRS 12 erhalten bislang – ohne Berücksichtigung von situativen Merkmalen – mit unzulänglich allgemeingültigen Anhangpflichtangaben auch nur allgemeine Informationen über die Anteile an anderen Unternehmen. Durch differenziertere und konkrete Gestaltungsempfehlungen könnten Anhangersteller die Adressaten des IFRS-Konzernanhangs entscheidungsnützlich informieren.[524]

324. Inhaltlicher Aufbau des Fragebogens

Die Kernfrage der Arbeit ist, welche **Anhangangaben gemäß IFRS 12** für Kapitalmarktexperten in acht typischen Situationen **wichtig oder unwichtig** sind. Zur Beantwortung dieser Fragen war ein Online-Fragebogen zu entwickeln, der wie folgt strukturiert ist:

[523] Zu einer ähnlichen Auffassung gelangt auch BECKER. Er betrachtet den Zusammenhang zwischen Ressourcen-Fit und M&A-Transaktionen mittels situativer Faktoren. Vgl. BECKER, D., M&A-Transaktionen.

[524] Vgl. STAEHLE, W., Situativer Ansatz in der Betriebswirtschaftslehre, S. 41.

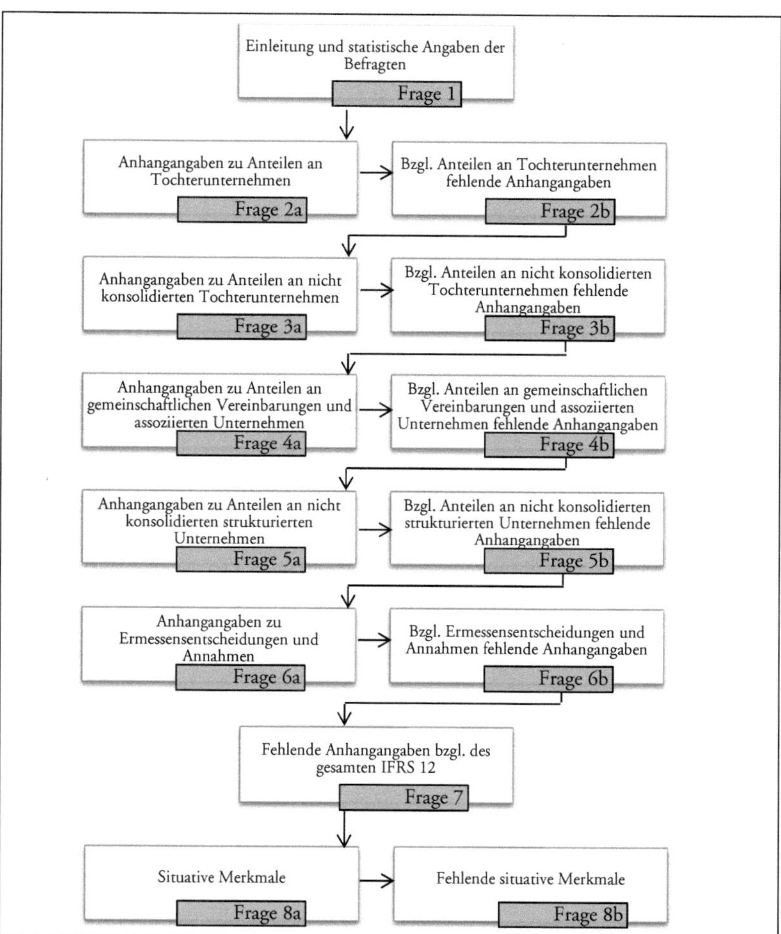

Übersicht 15: Struktur des Fragebogens.

In Frage 1 werden die Befragten gebeten, Angaben zum Beruf und zu ihrem aktuellen Tätigkeitsfeld zu machen. Durch die Ermittlung von demographischen Variablen in Frage 1 lassen sich zum einen die Antworten der Teilnehmer statistisch miteinander vergleichen und analysieren. Zum anderen vermittelt die Angabe persönlicher Daten dem Befragten ausdrücklich die Seriosität der Befragung.[525] Die Frage ist als offene Frage

525 Vgl. THIELSCH, M./WELTZIN, S., Online-Befragungen in der Praxis, S. 72.

und nicht im MaxDiff-Format gestellt, da bei dieser Frage nicht mehrere *Items* bewertet werden können.

Die **Fragen 2a, 3a, 4a, 5a und 6a** bilden den Kern der Arbeit und sind im MaxDiff-Format gestaltet. Sie sollen die Informationsbedürfnisse von Kapitalmarktexperten zu den fünf Anhang-Bereichen gemäß IFRS 12 identifizieren. Die Befragten können jeweils die aus ihrer Sicht wichtigste und unwichtigste Anhangangabe[526] in der Online-Umfrage markieren. Hierzu werden jeweils mehrere Fragen zu den fünf Anhang-Bereichen des IFRS 12 gestellt:

2a) Welches ist die wichtigste und welches die unwichtigste Anhangangabe zu **Anteilen an Tochterunternehmen** (Anhang-Bereich A) nach IFRS 12.10-12.19?

3a) Welches ist die wichtigste und welches die unwichtigste Anhangangabe zu **Anteilen an nicht konsolidierten Tochterunternehmen** durch Investmentgesellschaften (Anhang-Bereich B) nach IFRS 12.19A-12.19G?

4a) Welches ist die wichtigste und welches die unwichtigste Anhangangabe zu Anteilen an **gemeinschaftlichen Vereinbarungen** und **assoziierten Unternehmen** (Anhang-Bereich C) nach IFRS 12.20-12.23?

5a) Welches ist die wichtigste und welches die unwichtigste Anhangangabe zu **Anteilen an nicht konsolidierten strukturierten Unternehmen** (Anhang-Bereich D) nach IFRS 12.24-12.31?

6a) Welches ist die wichtigste und welches die unwichtigste **Anhangangabe zu erheblichen Ermessensspielräumen und Annahmen** (Anhang-Bereich E) nach IFRS 12.7-12.9B?

Durch die jeweils mehreren Fragen zu den Anhang-Bereichen A-E im MaxDiff-Format lässt sich ein eindeutiges Ergebnis bzgl. der aus Sicht der Kapitalmarktexperten als wichtige und als unwichtige ermittelte Anhangangaben zeigen.[527] Zusätzlich zu den oben

526 In der Kategorie „*Design Settings*" der *Sawtooth Software* werden die *Number of Items*, die Antwortmöglichkeiten, auch *Attributes* genannt.

527 Vgl. LIPOVETSKY, S./CONKLIN, M., Best-Worst Scaling in an analytical closed-form solution, S. 60-68.

dargestellten Fragen 2a, 3a, 4a, 5a und 6a wird den Kapitalmarktexperten die Möglichkeit gegeben, aus ihrer Sicht fehlenden Anhangangaben bzgl. des IFRS 12 zu ergänzen.[528] Die Kapitalmarktexperten können mit einem frei formulierten Text[529] antworten.[530] Die folgenden Fragen 2b, 3b, 4b, 5b und 6b lauten:[531]

2b) Sofern Ihnen wichtige Anhangangaben zu **Anteilen an Tochterunternehmen** (Anhang-Bereich A) bei den zuvor gestellten Fragen fehlen, bitten wir Sie, diese hier anzugeben. Falls Ihnen keine Angaben zu Tochterunternehmen fehlen, geben Sie bitte eine 0 an.

3b) Sofern Ihnen wichtige Anhangangaben zu **Anteilen an nicht konsolidierten Tochterunternehmen** (Anhang-Bereich B) bei den zuvor gestellten Fragen fehlen, bitten wir Sie, diese hier anzugeben. Falls Ihnen keine Angaben zu nicht konsolidierten Tochterunternehmen fehlen, geben Sie bitte eine 0 an.

4b) Sofern Ihnen wichtige Anhangangaben zu **Anteilen an gemeinschaftlichen Unternehmen und assoziierten Unternehmen** (Anhang-Bereich C) bei den zuvor gestellten Fragen fehlen, bitten wir Sie, diese hier anzugeben. Falls Ihnen keine Angaben zu gemeinschaftlichen Unternehmen und assoziierten Unternehmen fehlen, geben Sie bitte eine 0 an.[532]

---

528 Um für eine große Zahl von Personen statistisch zuverlässige Aussagen treffen zu können, ist ein teilstandardisierter Fragebogen, der für alle Befragten identisch ist, und durch den interindividuelle Unterschiede klar identifiziert werden können, sinnvoll. Vgl. PORST, R., Fragebogenarbeitshandbuch, S. 69-74. Ein teilstandardisierter Fragebogen besteht aus offenen und geschlossenen Fragen. Die geschlossenen Fragen sind einheitlich formuliert und die Befragten können zwischen vorgegebenen Antworten auswählen. Bei den offenen Fragen können sie hingegen frei antworten. Vgl. KIRCHHOFF, S., U. A., Datenbasis und Konstruktion des Fragebogens, S. 19-27; MUMMENDEY, H./GRAU, I., Fragebogen-Methode, S. 45.

529 Mit den Fragen in Form von sog. *open-ended questions*, lässt sich sicherstellen, dass den Befragten keine Angaben fehlen. Zu den *open- and closed-ended questions* vgl. DILLMAN, D./SMYTH, J./CHRISTIAN, L., mixed-mode surveys, S. 107-118; SCHAEFFER, N./PRESSER, S., Science of Asking Questions, S. 73 f.

530 Vgl. auch Abschnitt 322.42 "Limitationen der MaxDiff-Methode".

531 Hintergrund dieser offenen Fragen 2b, 3b, 4b, 5b und 6b ist, dass Wissenschaft und Praxis den IFRS 12 als einen komplexen, überladenen und schwierig anzuwendenden Standard erklären. Ausführlich zur Würdigung von IFRS 12 vgl. Abschnitt 24. Doch möglicherweise ist die hohe Zahl von Anhangangaben für das Verständnis der Anteile an anderen Unternehmen durch die Adressaten nötig, um den komplexen Sachverhalt „Anteile an anderen Unternehmen“ zu durchdringen. Daher wird die Forschungsfrage, IFRS 12 ist mit (zu) vielen Anhangangaben überfrachtet, mit Gegenhypothesen zu den Fragen 2a bis 6a geprüft.

532 Nach Frage 4b wird ein Fortschrittszähler in die Befragung eingebaut. Zwar zeigt ein Balken-

5b) Sofern Ihnen wichtige Anhangangaben zu **Anteilen an nicht konsolidierten strukturierten Unternehmen** (Anhang-Bereich D) bei den zuvor gestellten Fragen fehlen, bitten wir Sie, diese hier anzugeben. Falls Ihnen keine Angaben zu nicht konsolidierten Unternehmen fehlen, geben Sie bitte eine 0 an.

6b) Sofern Ihnen wichtige **Anhangangaben zu erheblichen Ermessensspielräumen und Annahmen** (Anhang-Bereich E) bei den zuvor gestellten Fragen fehlen, bitten wir Sie, diese hier anzugeben. Falls Ihnen keine Angaben zu erheblichen Ermessensspielräumen und Annahmen fehlen, geben Sie bitte eine 0 an.

Mit **Frage** 7 „Welche Anhangangaben fehlen Ihnen zu den Konzernrechnungslegungsstandards insgesamt bzw. welche Anhangangaben fänden Sie über die aktuell bestehenden Angaben nach IFRS 12 hinaus wünschenswert?" wird nochmals auf **fehlende Anhangangaben** eingegangen. Bei dieser Frage wird nicht auf fehlende Anhangangaben einzelner Bereiche oder Themenkomplexe, wie bspw. Anteile an assoziierten Unternehmen, eingegangen. Vielmehr wird den Befragten die Möglichkeit gegeben die Anforderungen des gesamten IFRS 12 zu bewerten.

In **Frage 8a** werden die Befragten aufgefordert anzugeben, welche situativen Szenarien[533] sie bei der Beantwortung der Fragen zugrunde gelegt haben (Anhang-Bereich F).[534] Da sich die situativen Szenarien zum Teil gegenseitig beeinflussen, ergänzen oder überschneiden, ist eine Frage nach dem wichtigsten und dem unwichtigsten situativen Szenario nicht zielführend. Daher wird bei dieser Fragestellung auf sog. „Select-Fragen" mit Ankreuz-Option zurückgegriffen.[535] Der Befragte kann keine, eine, mehrere oder alle acht möglichen Antworten anklicken. Um zu prüfen, ob die Befragten an zusätzliche oder andere situative Eigenschaften bei der Beantwortung des Fragebogens gedacht haben, wird die folgende offene Frage 8b zum situativen Ansatz aufgenommen: „Sofern

diagramm während der gesamten Bearbeitungsdauer den Bearbeitungsfortschritt an, doch gerade bei längeren Fragebögen ist ein Hinweis, dass die Befragung zur Hälfte beantwortet ist, eine Motivation für die Teilnehmer. Vgl. MAURER, M./JANDURA, O., Masse statt Klasse, S. 68.

533 Ausführlich zum situativen Ansatz in der vorliegenden Untersuchung vgl. Abschnitt 323.

534 Die Szenarien sagen indes nichts über die Höhe der Eintrittswahrscheinlichkeit des situativen Merkmals aus.

535 Vgl. auch Abschnitt 322.42 "Limitationen der MaxDiff-Methode".

Ihnen wichtige situative Eigenschaften von Unternehmen, die über Anteile an anderen Unternehmen berichten, bei den zuvor gestellten Fragen fehlen, bitten wir Sie, diese hier anzugeben. Falls Ihnen keine Angaben zu situativen Eigenschaften von Unternehmen fehlen, geben Sie bitte eine 0 an.“ Im letzten Template[536] des Fragebogens haben die Befragten die Möglichkeit, ihre E-Mail-Adresse anzugeben, um sich die **Ergebnisse der Befragung** zuschicken zu lassen.[537]

325. Auswahl der Befragungsteilnehmer

Nach Klärung des Ziels der empirischen Untersuchung, nämlich die **Informationsbedürfnisse von Kapitalmarktexperten** bzgl. der Berichterstattung über Anhangangaben nach IFRS 12 zu ermitteln, ist festzulegen, wer zu den Kapitalmarktexperten in der vorliegenden Untersuchung zählen soll:[538]

- institutionelle Anleger,
- Finanzanalysten und
- Fondsmanager.

Durch die Befragung dieser Kapitalmarktexperten lässt sich sicherstellen, dass nur diejenigen befragt werden, die IFRS-Konzernabschlüsse inkl. der IFRS-Konzernanhänge regelmäßig für ihre Analysen professionell nutzen, lesen und auswerten. Die drei genannten Gruppen von **Kapitalmarktexperten**, institutionelle Anleger, Finanzanalysten und Fondsmanager, haben allesamt das gleiche **Ziel**: sie wollen Investitionen in Unternehmen bzw. Unternehmensanteile mit hohen Ertragschancen realisieren und analysieren dazu die entsprechenden Unternehmen. Daher werden die Informationsbe-

[536] Die einzelnen Fragen nehmen nur je die Hälfte des Bildschirms bei der Online-Befragung in Anspruch, so dass der Befragte nicht scrollen muss, sondern nach der Beantwortung die nächste Bildschirmseite angezeigt wird. Dies erleichtert die Beantwortung der Fragen. Vgl. WELKER, M./WERNER, A./SCHOLZ, J., Online-Research, S. 50 f.; HOLLAUS, M., Einsatz von Online-Befragungen, S. 82 f.

[537] Die Umfrage kann unter nachfolgendem Link aufgerufen werden: http://mcm-web.uni-muenster.de/sawtooth/websites/TB/login.html. Der Fragebogen ist aber auch im Anhang dieser Arbeit zu finden.

[538] Vgl. hierzu auch Abschnitt 1.

dürfnisse dieser Kapitalmarktexperten im Folgenden gemeinsam analysiert.[539] Als **Repräsentanten der Kapitalmarktexperten** kommen dabei Personen in Frage, die die Anforderungen an Kapitalmarktexperten erfüllen, also das IFRS-Accounting Fach-, Fakten- und Branchenwissen besitzen.[540]

Um die Informationsbedürfnisse einer möglichst großen Zahl von Kapitalmarktexperten ermitteln zu können, bietet es sich an, auf diejenigen zurückzugreifen, die sich in Verbänden organisieren. Ein bedeutendes **Netzwerk** für **institutionelle Investoren** ist der BUNDESVERBAND DEUTSCHER KAPITALBETEILIGUNGSGESELLSCHAFTEN (BVK). Der BVK wird als „Stimme und Gesicht der Beteiligungsbranche in Deutschland"[541] gesehen und besteht aus 187 Mitgliedern.[542] Die Kapitalverwaltungsgesellschaften[543] und Fonds haben sich ebenfalls zu einem Verband zusammengeschlossenen, dem BUNDESVERBAND INVESTMENT UND ASSET MANAGEMENT E.V. (BVI). Der Verband ist die **Interessenvertretung** der Kapitalverwaltungsgesellschaften und bindet 82 Mitglieder.[544] Mittels des BVK und des BVI-Mailverteilers können somit 267 Befragungsteilnehmer angeschrieben werden. Da zwei institutionelle Investoren in beiden genannten Verbänden engagiert sind, wird die Befragungsauswahl um diese Teilnehmer reduziert.[545]

---

539 Ähnlich hierzu BRÜGGEMANN, B., Berichterstattung im IFRS-Anhang, S. 46; HIPPEL, B., Konzernlagebericht und Kapitalmarkt, S. 61.

540 Aufgrund ihres Berufes und ihrer erworbenen Qualifikation werden die Kapitalmarktexperten als IFRS-Experten angesehen. Indes kann nicht abschließend sichergestellt werden, wie gut die IFRS-Kenntnisse der zu befragenden Kapitalmarktexperten sind.

541 http://www.bvkap.de/bvk/der-bvk, zuletzt geprüft am 01.02.2015.

542 Zum 31.12.2014 waren 187 Beteiligungsgesellschaften und institutionelle Investoren im Mitgliederverzeichnis des BVK erfasst. Nähere Informationen zum BVK sind auf der Homepage des Verbandes unter http://www.bvkap.de/bvk/der-bvk sowie unter BVK, BVK-Statistik, S. 4, zu finden.

543 Nach § 17 Kapitalanlagegesetzbuch (KAGB) ist der Geschäftsbetrieb von Kapitalverwaltungsgesellschaften darauf ausgelegt, Investmentvermögen zu verwalten. Vgl. § 17 Abs. 1 KAGB.

544 Zum 31.12.2014 waren 82 Investoren im Mitgliederverzeichnis des BVI erfasst. Weiterführende Informationen bietet der BVI auf seiner Homepage unter http://www.bvi.de/bvi/wir-ueber-uns, zuletzt geprüft am 01.02.2015.

545 Die BNP Paribas Real Estate Investment Management Germany GmbH und die Credit Suisse werden jeweils im BVK und im BVI als Mitglieder geführt.

Ein weiterer Verband für Kapitalmarktexperten, die sich im deutschen Kapitalmarkt organisieren, ist die DVFA, der Berufsverband der sog. Investment Professionals.[546] Die Arbeit der DVFA wird durch sieben Kommissionen bzw. Gremien unterstützt.[547] Zwei Kommissionen sind für die Auswahl von Kapitalmarktexperten für die vorliegende Untersuchung besonders relevant: die Mitglieder der **DVFA-Kommission Asset Management** und die der **DVFA-Kommission Rating Standards.**[548] Zur erst genannten Kommission zählen zehn und zur zweiten Kommission 26 Mitglieder, die für die Befragung angeschrieben werden. Zusätzlich werden im **Business Karriere-Netzwerk Xing** Kapitalmarktexperten angeschrieben, die sich in zwei großen Gruppen vereinigen. Die Gruppe „**Institutionelle Anleger**" umfasst 788 und die Gruppe „**Business Analyst**" 215 Mitglieder. Zudem werden **ehemalige Mitarbeiter des Forschungsteams Baetge** und des **Instituts für Rechnungslegung und Wirtschaftsprüfung** (IRW) der Westfälischen Wilhelms-Universität angeschrieben. Bei den ehemaligen Mitarbeitern handelt es sich um solche Mitarbeiter, die sich aufgrund ihrer aktuellen und vergangenen beruflichen Tätigkeiten durch besondere Fachkunde in der internationalen Rechnungslegung und der Analyse von Unternehmensdaten auszeichnen. Hierbei fallen 17 ehemalige Mitarbeiter in die Auswahl der Befragungsteilnehmer.[549] Insgesamt können mittels dieser Auswahl **1325** Befragungsteilnehmer angeschrieben werden, die die Anforderungen als Kapitalmarktexperten erfüllen.[550] Die nachfolgende Übersicht fasst die Auswahl der Befragungsteilnehmer zusammen.[551]

---

546 Vgl. DVFA, Jahresbericht 2014, S. 5, 14, 23, 27, 31 und 37. Vgl. auch http://www.dvfa.de/konferenzen-foren/fuer-investment-professionals, zuletzt geprüft am 14.04.2015.

547 Vgl. DVFA, Jahresbericht 2014, S. 46 f. Vgl auch http://www.dvfa.de/verband/kommissionen/, zuletzt geprüft am 14.04.2015.

548 Vgl. hierzu die Homepage http://www.dvfa.de/verband/kommissionen/rating/, zuletzt geprüft am 14.04.2015.

549 Dies entspricht einem Anteil von 1 % an der gesamten Befragung. Bzgl. der Repräsentativität der Stichprobe führt die Auswahl der ehemaligen Mitarbeiter womöglich zu einer verzerrten Stichprobe. Vgl. ausführlich Abschnitt 342.

550 Zwar ist bekannt, welche Beträge institutionelle Investoren in Fonds investieren, doch ist keine konkrete Grundgesamtheit von Kapitalmarktexperten in Deutschland eruierbar. Vgl. BRÜGGEMANN, B., Berichterstattung im IFRS-Anhang, S. 49. Hingegen bekannt ist, dass die Eigentümerstruktur von Unternehmen, die über M&A-Transaktionen berichten, von institutionellen Investoren dominiert wird. Vgl. ZUGEHÖR, R., Mitbestimmt ins

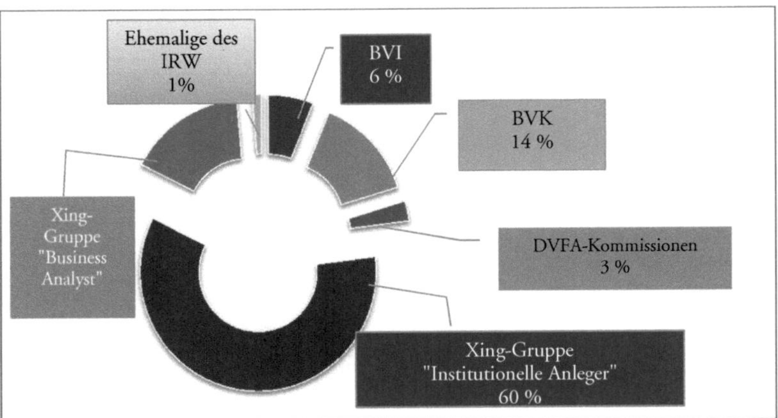

Übersicht 16: Auswahl der Befragungsteilnehmer.

Die Informationsbedürfnisse von Kapitalmarktexperten werden bzgl. IFRS 12 nicht länderübergreifend, sondern nur bei **deutschen Kapitalmarktexperten** durchgeführt. Dies birgt das Problem, dass die Ergebnisse sich nur auf Deutschland und nicht auf weitere Länder beziehen, die die IFRS-Rechnungslegung anwenden. Bei der Fokussierung auf Deutschland überwiegen indes die Vorteile, dass die Kapitalmarktverhältnisse, das

Kapitalmarktzeitalter, S. 38 f.; AGGARWAL, R./KLAPPER, L./WYSOCKI, P., Preferences of foreign institutional investors, S. 2919-2946; FERREIRA, M./MATOS, P., The role of institutional investors around the world, S. 499-533; DAHLQUIST, M./ROBERTSSON, M., Institutional investors and firm characteristics, S. 413-440. Die DEUTSCHE BUNDESBANK sieht den Hauptgrund in der genannten Verteilung darin, dass die Eigentümerstruktur von der Größe des Unternehmens abhängt. Vgl. DEUTSCHE BUNDESBANK, Monatsbericht September 2014, S. 23 f.; dazu auch BALTZER, M./STOLPER, O./WALTER, A., Evidence from individual investors' international asset allocation, S. 2823-2835. Je größer das Unternehmen, desto mehr institutionelle Anleger halten Anteile an diesem Unternehmen. Dies wird durch die Auswertung der Aktionärsstrukturanalyse der DAX-30-Unternehmen unterstützt. Beispielsweise gibt die E.ON SE in ihren beiden zuletzt veröffentlichten Geschäftsberichten an, dass etwa 72 % ihrer Aktien von institutionellen Investoren gehalten werden. Vgl. E.ON SE, Geschäftsbericht 2013, S. 11; E.ON SE, Geschäftsbericht 2014, S. 11. Sogar 86 % der ausgegebenen Aktien der RWE AG gehören institutionellen Anlegern. Vgl. RWE AG, Geschäftsbericht 2013, S. 26 f.; RWE AG, Geschäftsbericht 2014, S. 12 f. Große kapitalmarktorientierte Unternehmen, die die Rechnungslegungsvorschriften nach IFRS und somit IFRS 12 anwenden, stehen im Fokus von institutionellen Anlegern.

551 In früheren Studien wurden auch Wirtschaftsprüfer als Advokaten des Kapitalmarkts befragt. Da Wirtschaftsprüfer indes nicht auf extern verfügbare Jahresabschlüsse und deren inkludierte Anhänge angewiesen sind, da sie über weitaus mehr interne Informationen durch ihr Prüfungsmandat verfügen, werden Wirtschaftsprüfer als eigenständige Gruppe neben den Kapitalmarktexperten nicht befragt. Indes kann nicht ausgeschlossen werden, dass befragte Kapitalmarktexperten auch gleichzeitig dem Berufsstand der Wirtschaftsprüfer angehören.

Rechtssystem und das institutionelle Umfeld der zu befragenden Kapitalmarktexperten gleich sind.[552]

326. Pretest der Befragung

Um Fehler, wie unklare und missverständliche Fragen des Fragebogens zu identifizieren sowie zu prüfen, ob die Methodik der Befragung zielführend ist, wird ein Pretest durchgeführt.[553] Durch den Pretest ist zu prüfen, ob die Darstellung der Fragen auf den Bildschirmen unterschiedlicher Computer gleich dargestellt wird. Es muss Durchführungsobjektivität[554] gewährleistet werden. Der Pretest soll eine hohe Qualität der Befragungsergebnisse sichern.[555] Um die zuvor genannten Anforderungen zu prüfen, wurde eine entsprechende E-Mail mit dem Link zum Fragebogen an die Mitarbeiter des Forschungsteams Baetge und des Instituts für Rechnungslegung und Wirtschaftsprüfung der Westfälischen Wilhelms-Universität mit der Bitte um Beantwortung des Fragebogens gesandt.[556] Insgesamt wurden 14 Personen[557] beim Pretest befragt.[558] Anregungen

552 Vgl. BALLWIESER, W., Wirkung einer Rechnungslegung nach IFRS, S. 15 f.; Zu ähnlichen Studien, die sich aus den oben genannten Gründen ebenfalls nur auf Deutschland beziehen vgl. ERNSTBERGER, J., The value relevance of comprehensive: empirical evidence from Germany, S. 14; ZÜLCH, H./SALEWSKI, M., Pensionsverpflichtungen deutscher Unternehmen nach IFRS, S. 12.

553 Pretest und Vortest werden synonym verwendet. Zur hohen Bedeutung von Pretests in der empirischen Forschung vgl. HUNT, S./SPARKMAN JR., R./WILCOX, J., Pretest in Survey Research, S. 269-273; CAMERON, T./JAMES, M., An Alternative Pre-Test-Market, S. 389-395; GRÄF, L., Optimierung von WWW-Umfragen, S. 159-178; PRÜFER, P./REXROTH, M., Zwei-Phasen-Pretesting, S. 203-219; SCHAEFFER, N./PRESSER, S., Science of Asking Questions, S. 81-83; BIRNBAUM, M., Data collection via the internet, S. 822-824; PORST, R., Fragebogenarbeitshandbuch, S. 185 f.

554 Diese Durchführungsobjektivität wird bei internetbasierten Befragungen durch eine plattformunabhängige Programmierung des Fragebogens geschaffen. Vgl. HOLLAUS, M., Einsatz von Online-Befragungen, S. 44 f.

555 Vgl. THIELSCH, M./WELTZIN, S., Online-Befragungen in der Praxis, S. 81.

556 Die Befragten des Pretests sind nicht gleichzeitig Befragte der Hauptbefragung, weisen aber aufgrund ihrer fachlichen Ausbildung ähnliche Merkmale auf.

557 THIELSCH/WELTZIN nennen „ein paar Personen" als lohnenswert für den Vortest. THIELSCH, M./WELTZIN, S., Online-Befragungen in der Praxis, S. 73. Nach FERBER gelten Pretests ab einer Stichprobenzahl von 12 Personen als zufriedenstellend. Vgl. FERBER, R./VERDOORN, P., Research Methods.

558 Die Rücklaufquote betrug 78,6 %. Indes ist diese hohe Rücklaufquote kein Indiz für eine ähnliche Rücklaufquote in der finalen Befragung, denn aufgrund der persönlichen Bekanntheit sowie kollegialen Verbundenheit ist die Rücklaufquote des Pretests sicherlich höher.

und Vorschläge der Befragten des Pretests wurden berücksichtigt und in der finalen Version des Fragebogens umgesetzt.

33 Rücklaufcharakteristika der Befragung

Die Befragung zur Berichterstattung über Anteile an anderen Unternehmen wurde von April bis Juni 2015 durchgeführt. Der Link zur Umfrage wurde in einer E-Mail an die 1325 ausgewählten Befragungsteilnehmer[559] elektronisch versandt. Da die Befragten persönlich angemailt wurden, variieren das Versanddatum der Bögen und auch die damit verbundene Deadline für die Befragung. Die Teilnehmer hatten im Durchschnitt 10 Tage Zeit, auf die Fragen zu antworten.[560]

Durch Erinnerungsschreiben, sog. *reminder*, wurde die Rücklaufquote erhöht. Indes zeigte sich mit der Zahl der Erinnerungsschreiben ein abnehmender Grenznutzen.[561] Drei Tage vor Ablauf der Beantwortungsfrist wurde ein *reminder* versandt, der auch die Rücklaufquote in der vorliegenden Untersuchung um 54 % erhöhen konnte. Nach einem *reminder* und einer telefonischen Nachfassaktion haben die befragten Kapitalmarktexperten den Link zur **Umfrage** insgesamt **112 mal (8,5 %) aufgerufen.**[562] Allerdings wurden nicht alle 112 Fragebögen vollständig ausgefüllt. 35 Teilnehmer brachen den Fragebogen ohne Beantwortung einer Frage ab.[563] Von den restlichen 77 sind

---

559 Zur Auswahl der Befragungsteilnehmer vgl. Abschnitt 325.

560 Insgesamt 199 durch HAMILTON ausgewertete Fragebögen zeigen, dass 97 % aller Antworten in den ersten zwei Wochen nach Versand des Online-Fragebogens eintreffen. Vgl. HAMILTON, M. B., Online Survey Response, S. 1-6. Aufgrund der Osterfeiertage im April 2015 wurde den Befragten in der hier vorliegenden Untersuchung 2,5 Wochen für die Beantwortung des Fragebogens eingeräumt.

561 Der abnehmende Grenznutzen zeigt sich ab zwei *remindern*. Vgl. dazu auch KITTLESON, M., Follow-up of E-Mail Surveys, S. 193-196; BATINIC, B./MOSER, K., Determinanten der Rücklaufquote, S. 69; THIELSCH, M./WELTZIN, S., Online-Befragungen in der Praxis, S. 82; COOK, C./HEATH, F./THOMPSON R. L., Meta-Analysis of Response Rates in Web-Based Surveys, S. 821-836.

562 Sog. α-Selektionsrate bzgl. des Werbeerfolgs. Vgl. HOLLAUS, M., Einsatz von Online-Befragungen, S. 62.

563 Sog. β-Selektionsrate bzgl. des Motivationserfolgs. Vgl. HOLLAUS, M., Einsatz von Online-Befragungen, S. 62. Ausführlich zum Abbruch der Fragen in der vorliegenden Untersuchung vgl. Übersicht 18. Die hohen Abbruchquoten sind in Online-Befragungen nicht ungewöhnlich. Vgl. BIRNBAUM, M., Data collection via the internet, S. 816-818. HIPPEL weist in seiner Unter-

41 Fragebögen vollständig[564] und **36 unvollständig** auswertbar. Unvollständig auswertbar bedeutet, dass nicht alle Fragen durch die Kapitalmarktexperten vollständig bis zur letzten Frage ausgefüllt wurden, so dass sich bezogen auf die einzelnen Anhang-Bereiche folgendes Bild für den **unbereinigten Rücklauf**[565] von 1325 angeschriebenen Kapitalmarktexperten ergibt:[566]

Fragen zum Anhang-Bereich	Absolute Zahl der antwortenden Kapitalmarktexperten	In % der 1325 angeschriebenen Kapitalmarktexperten
A: Tochterunternehmen	60	4,5 %
B: Nicht konsolidierte Tochterunternehmen	43	3,2 %
C: Gemeinschaftliche Vereinbarungen und assoziierte Unternehmen	42	3,2 %
D: Nicht konsolidierte strukturierte Unternehmen	41	3,1 %
E: Ermessensentscheidungen und Annahmen	41	3,1 %
F: Situative Merkmale	41	3,1 %

Übersicht 17: Unbereinigte Rücklaufquote bzgl. einzelner Anhang-Bereiche.

Die Rücklaufquote für die einzelnen Anhang-Bereiche ist unterschiedlich hoch. Dies liegt daran, dass die Teilnehmer die Online-Umfrage nicht bis zur letzten Frage vollständig ausgefüllt haben. So haben noch 60 Kapitalmarktexperten die Frage zu Anhang-Bereich A, 43 zu Anhang-Bereich B, 42 zu Anhang-Bereich C und letztlich 41 Kapitalmarktexperten die Frage zu den Anhang-Bereichen D-F vollständig beantwortet. Wie

suchung sogar 130 unvollständig ausgefüllte Fragebögen im Verhältnis zu 42 vollständig ausgefüllten Bögen aus. Vgl. HIPPEL, B., Konzernlagebericht und Kapitalmarkt, S. 72.

564 Sog. γ-Selektionsrate bzgl. des Gestaltungserfolgs. Vgl. HOLLAUS, M., Einsatz von Online-Befragungen, S. 62.

565 Zur bereinigten Rücklaufquote vgl. Übersicht 19.

566 Die Rücklaufquote(n) sind nicht repräsentativ. Ausführlich hierzu vgl. Abschnitt 34.

die vorherige Übersicht zeigt, brachen knapp ein Drittel der Teilnehmer die Befragung bereits ohne Beantwortung der ersten Frage ab. Da indes in der Einladungs-E-Mail der Zeitaufwand[567] genannt war, ist es unwahrscheinlich, dass die Befragten aufgrund des Umfangs des Fragebogens die Befragung abbrachen, sondern eher aufgrund von mangelndem Interesse, technischen Problemen oder Nicht-Erreichbarkeit.[568] In der folgenden Übersicht ist daher angegeben, **wann die Befragten den Fragebogen abbrachen:**

Abbruch des Fragebogens bei der Frage zum	Zahl der Personen	In % der 112 antwortenden Teilnehmer
Beruf	35	31,2 %
Anhang-Bereich A: Tochterunternehmen	28	25,0 %
Anhang-Bereich B: Nicht konsolidierte Tochterunternehmen durch Investmentgesellschaften	6	5,4 %
Anhang-Bereich C: Gemeinschaftliche Vereinbarungen und assoziierte Unternehmen	2	1,8 %

Übersicht 18: Zeitpunkt des Befragungsabbruchs.

Die meisten Befragten brachen den Fragebogen sehr früh bei der Frage zum Tätigkeitsfeld/Beruf bzw. zum Anhang-Bereich A: Anteile an Tochterunternehmen ab.[569] Da die Frage zum Anhang-Bereich sechsmal[570] mit unterschiedlicher Zusammensetzung des Fragensets gestellt wurde, kann geprüft werden, bei welchem Fragenset die Frage abge-

[567] Die in der Einladungs-E-Mail vorgegebene Zeitangabe stimmt mit der tatsächlich benötigten Zeit der Befragten überein, da die Uhrzeit bei Aufruf der ersten und der letzten Bildschirmseite des Fragebogens eingesehen werden kann.

[568] Vgl. auch LEOPOLD, H., Rücklauf bei Online Befragungen, S. 68 f. i. V. m. S. 108.

[569] In der Literatur wird dieses Ergebnis als erwartungsgemäß bezeichnet. Vgl. LEOPOLD, H., Rücklauf bei Online Befragungen, S. 68.

[570] Zur Methodik der MaxDiff-Analyse bzw. warum die Fragensets zum Anhang-Bereich A sechsmal wiederholt werden vgl. Abschnitt 322.4.

brochen wurde. 17 von 28 Befragten brachen die Befragung bereits bei dem ersten Fragenset zum Anhang-Bereich A ab.

Die nicht berücksichtigten unvollständigen Fragebögen vermindern den Rücklauf erheblich. Doch wird der Ungleichgewichtung der Antworten durch den Ausschluss fehlender Antworten[571] entgegengewirkt.[572] Denn bei Berücksichtigung der unvollständig ausgefüllten Bögen würde eine Verzerrung der Ergebnisse entstehen.[573] Ohne Berücksichtigung der unvollständig ausgefüllten Fragebögen ergibt sich demnach folgendes Bild der Rücklaufquote:[574]

Anhang-Bereich	A	B	C	D	E
Zahl der auswertbaren vollständigen Fragebögen je Anhang-Bereich	41	41	41	41	41
Zahl der Fragensets je Anhang-Bereich	6	5	6	6	5
Zahl der insgesamt als wichtig bewerteten Anhangangaben je Anhang-Bereich	246	205	246	246	205
Zahl der insgesamt als unwichtig bewerteten Anhangangaben je Anhang-Bereich	246	205	246	246	205

Übersicht 19: Bereinigte Rücklaufquote bzgl. einzelner Anhang-Bereiche.

571 Neben dem Ausschluss nur fehlender Antworten besteht auch die Möglichkeit, fehlende Antworten durch Durchschnittswerte zu ersetzen. Vgl. BACKHAUS, K., U. A., Multivariate Analysemethoden, S. 378. Aufgrund der Verzerrung der Ergebnisse wird hiervon in der vorliegenden Untersuchung indes abgesehen.

572 Die Möglichkeit unvollständig beantwortete Fragebögen zu berücksichtigen, ist allerdings in der Forschung denkbar. Vgl. BACKHAUS, K., U. A., Multivariate Analysemethoden, S. 378-382.

573 Vgl. BACKHAUS, K., U. A., Multivariate Analysemethoden, S. 378. Auffallend ist indes, dass die Auswertung bzgl. des Anhang-Bereichs A der 41 vollständig ausgefüllten Fragebögen ggü. den 36 unvollständigen, nur teilweise ausgefüllten Bögen, eine fast identische Rangordnung bzgl. der *Items* aufweisen. Dies heißt, dass die Teilnehmer sowohl mit vollständig als auch mit unvollständig ausgefüllten Fragebögen bzgl. der wichtigen und unwichtigen Anhangangaben ähnliche Tendenzen aufweisen.

574 Vgl. SCHONLAU, M./FRICKER, R./ELLIOTT, M., Conducting Research Surveys, S. 20-24; GUSY, B./MARCUS, K., Online-Befragungen, S. 10; LEOPOLD, H., Rücklauf bei Online Befragungen, S. 68.

Die Zahl der insgesamt als wichtig bewerteten Anhangangaben je Anhang-Bereich und auch die Zahl der insgesamt als unwichtig bewerteten Anhangangaben je Anhang-Bereich ergeben sich aus der Multiplikation der Zahl der antwortenden Personen mit der Zahl der Wiederholung des jeweiligen Fragensets. 41 Kapitalmarktexperten haben die Fragen zum Anhang-Bereich A vollständig ausgefüllt. Die Frage zu den wichtigsten und den unwichtigsten Anhangangaben zu Anteilen an Tochterunternehmen bietet zehn Anhangangaben. Da die Frage zu der Anhangangabe bzgl. der wichtigsten und unwichtigsten Anteile an Tochterunternehmen sechsmal gestellt wurde, haben die 41 Befragten sechsmal, also insgesamt 246 mal, eine aus Ihrer Sicht wichtigste Anhangangabe zu Anhang-Bereich A angeklickt. Vice versa wurden ebenso 246 mal die aus Sicht von Kapitalmarktexperten unwichtigste Antwort angeklickt. Zwar ist klar, dass insgesamt nur 41 Befragungsteilnehmer den Fragebogen ausgefüllt haben und die 246 Bewertungen, die in der MaxDiff-Studie durch die Kapitalmarktexperten abgegeben wurden, nicht als 246 Befragte interpretiert werden. Doch durch die mehrfache Bewertung der gezeigten Anhangangaben in den Fragensets durch die Kapitalmarktexperten wird stärker deutlich, welche Anhangangaben als besonders wichtig oder besonders unwichtig ermittelt wurden, da einige Befragte auch mehrfach die gleiche Anhangangabe als wichtig beurteilten. Um daher klarere Trendaussagen zu erhalten, werden die 246 insgesamt bewerteten Anhangangaben für die deutlichere Darstellung der Ergebnisse zugrunde gelegt.

34 Qualität der Befragungsergebnisse

341. Vorbemerkungen

Bei einer Befragung stellt sich stets die Frage „*How good was this result?*“[575] Die Qualität der Online-Befragung wird mittels nachfolgender im Schrifttum und der Praxis aner-

[575] SAWTOOTH SOFTWARE INC., Estimation in MaxDiff Experiments, S. 1.

kannter Kriterien untersucht:[576] Datenqualität der Befragungsergebnisse sowie die Repräsentativität der Stichprobe.

342. Prüfung der Datenqualität

342.1 Objektivität

Der Anspruch an eine wissenschaftliche Befragung legt generell (Güte-)Kriterien, wie **objektive, valide** und **reliable** (zuverlässige) Daten zugrunde.[577] **Objektiv** sind Daten, wenn sie willkürfrei und intersubjektiv nachprüfbar[578] sind sowie die Befragungsergebnisse nicht von der die Befragung veranlassenden Person abhängig sind.[579] Dies bedeutet, dass zwei Forscher bei perfekter Objektivität die gleichen Befragungsergebnisse erzielen.[580] Vor dem Hintergrund einer Online-Befragung, bei der der Forscher nicht persönlich in Erscheinung tritt, ist das Risiko von nicht objektiven Daten gering. Neben dem subjektiven Einfluss des Fragenstellers gelten allerdings auch **Darstellungseffekte als Objektivitätshürde.**[581] Mittels des Pretests konnte sichergestellt werden, dass die Darstellungsweise des elektronischen Fragebogens bei keinem der sog. Vortester, also bei unterschiedlichen Computern mit unterschiedlichen Browsern, zu Verzerrungen oder Verschiebungen der Darstellungsform geführt hat.[582] Ferner konnte durch den Pretest gezeigt werden, dass die Fragen und Ausfüllanweisungen für die Teilnehmer verständ-

---

576 Zu den Kriterien zur Beurteilung von Befragungen vgl. MAURER, M./JANDURA, O., Masse statt Klasse, S. 61-73; WELKER, M./WERNER, A./SCHOLZ, J., Online-Research, S. 24-26.

577 Vgl. HOLLAUS, M., Einsatz von Online-Befragungen, S. 44; KUTSCH, H., Repräsentativität in der Online-Forschung, S. 110-126; BATINIC, B., Datenqualität bei internetbasierten Befragungen, S. 144 f. Ähnliche Kriterien nennt HEYDE. Vgl. HEYDE, C. V. D., Stichprobentheorie, S. 27-33.

578 Vgl. BAETGE, J., Objektivierung des Jahreserfolges, S. 16 f.; POPPER, K., Logik der Forschung, S. 18 f.

579 Vgl. HOLLAUS, M., Einsatz von Online-Befragungen, S. 44.

580 Zu einem modifizierten Beispiel vgl. WELKER, M./WERNER, A./SCHOLZ, J., Online-Research, S. 25.

581 Vgl. WELKER, M./WERNER, A./SCHOLZ, J., Online-Research, S. 25. Denn durch unterschiedliche Darstellungseffekte, also die unterschiedliche Darstellungsform von Fragen auf unterschiedlichen Computern, können Verzerrungen in den Befragungsergebnissen entstehen.

582 Vgl. HOLLAUS, M., Einsatz von Online-Befragungen, S. 44. Zum Pretest vgl. Abschnitt 326.

lich und nutzerfreundlich waren.[583] Die Objektivität der Daten in der vorliegenden Untersuchung ist demzufolge gegeben.

342.2 Validität

Mit dem zweiten Gütekriterium lässt sich ermitteln, ob die Daten **valide, also gültig** sind. Die Validität „ist das Ausmaß, mit dem Messinstrument das misst, was es messen soll."[584] Mit der Validität wird die Güte der Anpassung, also wie gut die vorliegende MaxDiff-Studie die Antworten der Befragten messen kann, beschrieben.[585] Die Güte der Anpassung des MaxDiff-Modells kann mit Hilfe statistischer Tests beurteilt werden. Die Validität eines Tests gibt an, wie gut der Test einer MaxDiff-Studie geeignet ist „genau das zu messen, was er zu messen vorgibt."[586] Wenn die Ergebnisse der MaxDiff-Studie nicht von Zufällen bei der Befragung abhängen, sondern immer wieder die gleiche Bewertung der Anhangangaben durch die Kapitalmarktexperten gemessen werden kann, sind die Daten valide.[587] Wie gut passt (*fit*) also das MaxDiff-Modell zu den beobachtbaren Daten? Um die Modellgüte zu testen, können zwei Arten von ***Fit-Indizes*** genutzt werden:[588] Erstens ein ***Goodness-of-Fit-Index*** und zweitens ein *Badness-of-Fit-Index*.[589] Der erste Index prüft, wie gut das genutzte Modell die beobachtbaren Daten beschreibt. Große Werte zeigen dabei eine gute Modellanpassungsgüte an.[590] Der *Badness-of-Fit-Index* hingegen gibt an, wie schlecht das genutzte Modell die beobachtbaren Daten be-

583 Vgl. hierzu THIELSCH, M./WELTZIN, S., Online-Befragungen in der Praxis, S. 81.

584 WELKER, M./WERNER, A./SCHOLZ, J., Online-Research, S. 25.

585 Vgl. WELKER, M./WERNER, A./SCHOLZ, J., Online-Research, S. 25 f.; HOLLAUS, M., Einsatz von Online-Befragungen, S. 46 f. Im Handbuch des SSI Web der SAWTOOTH SOFTWARE INC. wird die *fit-statistic* als *„internal consistency for each respondent"* beschrieben. SAWTOOTH SOFTWARE INC., Handbuch SSI Web, Kategorie *fit statistic and Identifying Random Responders.*

586 BORTZ, J./DÖRING, N., Forschungsmethoden, S. 44.

587 Vgl. WENDLER, T., Lineare Strukturgleichungsmodelle, S. 148 f.; CHRISTENSEN, B., U. A., Gütemaße der Logistischen Regression, S. 209-211.

588 Vgl. KLINE, R., Structural equation modeling, S. 193-198.

589 Neben den *Fit-Indizes* hat sich auch der Chi-Quadrat-Wert etabliert. Da dieser jedoch hochsensibel ist und stark vom Stichprobenumfang abhängt, wird dieser in der hier vorliegenden Untersuchung nicht berücksichtigt. Ausführlich zu den Nachteilen des Chi-Quadrat-Tests vgl. Bühner, M./Küchenhoff, H., Modelltest, S. 7; KLINE, R., Structural equation modeling, S. 199-203; WENDLER, T., Lineare Strukturgleichungsmodelle, S. 148.

590 Vgl. SCHILKE, O., Modellmessung und Modellanpassungsgüte, S. 153 f.

schreibt. Anders als beim *Goodness-of-Fit-Index* zeigt ein kleiner Wert eine gute Anpassungsgüte des Modells.[591] In der hier vorliegenden Untersuchung soll mittels des *Goodness-of-Fit-Index* gezeigt werden, wie gut die Anpassungsgüte ist.

Die sog. ***fit-statistic (root likelihood)***[592] ist ein *Goodness-of-Fit-Index*, der die **Anpassungsgüte**, also die Qualität des MaxDiff-Modells, testet.[593] Sie ist ein Indikator dafür, wie gut das MaxDiff-Modell die Zahl von Beobachtungen erklären kann.[594] Der *Fit-Index* ist auf den Wertbereich [0,1] normiert.[595] Je höher der Wert der *fit-statistic*, desto besser zeigen die Werte einen guten approximativen *Modell-Fit*[596] an, d. h. der Wert 1 zeigt den bestmöglichen Wert und 0 den minimal möglichen Wert der Anpassungsgüte, wobei der Wert 1 in praxi keinen realistischen Wert darstellt.[597]

Es existieren keine konkreten Empfehlungen, wie hoch bei fünf Anhangangaben je Frageset die Werte der *fit-statistic* sein müssen. Gemäß der SAWTOOTH SOFTWARE INC. sollten die Werte – sofern von einer zwar nicht guten, aber dennoch vorhandenen Güte des Modells auszugehen ist – zwischen 0,227 und 0,247 liegen.[598] Die Anpassungsgüte in der vorliegenden Untersuchung variiert je Anhang-Bereich und liegt in allen Anhang-Bereichen deutlich über den vorgegebenen *minimum fit-statistic*-Werten, wie die folgende Übersicht detailliert zeigt:[599]

591 Vgl. KLINE, R., Structural equation modeling, S. 193-198.

592 Die Begriffe *fit-statistic, root likelihood* und *measure of fit* werden synonym verwendet.

593 Vgl. SAWTOOTH SOFTWARE INC., CBC/HB System, S. 11-15; SAWTOOTH SOFTWARE INC., Estimation in MaxDiff Experiments, S. 2.

594 Vgl. SAWTOOTH SOFTWARE INC., Root likelihood, S. 23; SAWTOOTH SOFTWARE INC., CBC/HB System, S. 14.

595 Vgl. SAWTOOTH SOFTWARE INC., Root likelihood, S. 23.

596 Vgl. HOMBURG, C./BAUMGARTNER, H., Beurteilung von Kausalmodellen, S. 172; BÜHNER, M./KÜCHENHOFF, H., Modelltest, S. 7.

597 Dass auch der Wert 0 in der Praxis keine tatsächliche Untergrenze darstellt, zeigen die Empfehlungen bzgl. der Minimum-Anpassungsgüte der SAWTOOTH SOFTWARE INC.

598 Vgl. SAWTOOTH SOFTWARE INC., Handbuch SSI Web, Kategorie *fit statistic and Identifying Random Responders.*

599 Die *fit-statistic*-Werte werden bei Programmierungen stets mit ausgegeben. So auch im hier vorliegenden Fall der MaxDiff-Modellierung.

Frage zum Anhang-Bereich	*Fit-statistic*
A: Tochterunternehmen	0,441
B: Nicht konsolidierte Tochterunternehmen	0,426
C: Gemeinschaftliche Vereinbarungen und assoziierte Unternehmen	0,475
D: Nicht konsolidierte strukturierte Unternehmen	0,470
E: Ermessensentscheidungen und Annahmen	0,459

Übersicht 20: Fit-statistic einzelner Anhang-Bereiche.

Die *fit-statistic*-Werte der einzelnen Anhang-Bereiche in der vorliegenden Untersuchung liegen über dem geforderten *fit-statistic*-Wert von 0,2 nah beieinander in einer Bandbreite von 0,426 bis 0,475. Sie sind für alle Anhang-Bereiche zufriedenstellend.[600] Die – wenn auch nur unwesentlichen – Unterschiede der Anpassungsgüte der einzelnen Anhang-Bereiche resultieren daraus, dass je Anhang-Bereich unterschiedlich viele Anhangangaben abgefragt werden[601] und die Fragensets zu den Anhang-Bereichen unterschiedlich häufig wiederholt werden.[602]

342.3 Reliabilität

Bei Befragungen ist es zudem wichtig zu ermitteln, ob die Untersuchungsstichprobe zuverlässig und unverzerrt ist und somit die **Daten reliabel** sind.[603] Reliable Daten sind

600 Vgl. SAWTOOTH SOFTWARE INC., Estimation in MaxDiff Experiments, S. 7. Zu den Empfehlungen zur Anwendung der Sawtooth Software zählt, dass den Befragten nicht mehr als fünf *Items* pro Fragenset gezeigt werden sollen. Zudem soll jedes Item mindestens dreimal als Antwortmöglichkeit zur Auswahl stehen. Diese Empfehlungen wurden u. a. in der vorliegenden Programmierung des Fragebogens umgesetzt und führen daher – wie die *fit-statistic* zeigt – zu befriedigenden Ergebnissen bzgl. der Anpassungsgüte. Vgl. SAWTOOTH SOFTWARE INC., Estimation in MaxDiff Experiments, S. 3-6.

601 Vgl. zur MaxDiff-Methodik Abschnitt 322.4.

602 Vgl. SAWTOOTH SOFTWARE INC., Estimation in MaxDiff Experiments, S. 3-7. Die *fit-statistic* sinkt mit zunehmender Zahl von *Items*. Studien mit insgesamt nur 10 *Items* weisen bspw. eine signifikant höhere Anpassungsgüte auf als die hier vorliegende Studie mit insgesamt 44 *Items*. Vgl. SAWTOOTH SOFTWARE INC., MaxDiff with Many Items, S. 1-3.

603 Vgl. BUTTLER, G./CHRISTIAN, B., Repräsentativität von Online-Umfragen, S. 207; WELKER, M./WERNER, A./SCHOLZ, J., Online-Research, S. 26; KROMREY, H./STRÜBING, J., Standardisierte Datenerhebung und Datenauswertung, S. 239-242; HOLLAUS, M., Einsatz von Online-

frei von Zufallsfehlern in der Messung, d. h. die Ergebnisse sind auch bei wiederholten Befragungen gleich.[604] Um die Reliabilität bei Online-Befragungen zu testen, sollte am besten ein Paralleltest genutzt werden.[605] Dabei wird ein zweiter Test mit allen Befragten durchgeführt, um zu prüfen, ob die gemessenen Daten reproduzierbar sind. Wenn die Daten reproduzierbar sind, liegt eine hohe Reliabilität vor.[606] Aufgrund des ohnehin niedrigen Rücklaufs und der zeitlich hohen Belastung der befragten Kapitalmarktexperten wurde der Fragebogen nicht nochmals versandt. Das **Bestehen der Reliabilität** kann demnach **nicht vollständig geklärt** werden, wenngleich davon auszugehen ist, dass die Fragebögen aufgrund des Gedächtnisses der Befragten gleich bzw. ähnlich ausgefüllt werden würden.

Zusammenfassend kann festgehalten werden, dass die Daten der vorliegenden Untersuchung objektiv, valide und zumindest niedrig reliabel sind. Neben diesen Gütekriterien müssen zudem mögliche Verzerrungen, die vor allem bei Online-Befragungen auftreten und die Qualität der Daten negativ beeinflussen, untersucht werden.

342.4 Verzerrungen bei Online-Befragungen

Um Verzerrungen in den Daten zu vermeiden lassen sich neben den grundlegenden Gütekriterien von Daten **vier Probleme bei Online-Befragungen** identifizieren:[607]

- Mehrfacheinsendungen *(multiple submissions)*,
- Unterdeckung *(undercoverage)*,
- Selbstselektion *(self-selection)* und
- Keine Antwort *(non-response)*.

Befragungen, S. 45.

604 Zur Reproduzierbarkeit der Messung vgl. WELKER, M./WERNER, A./SCHOLZ, J., Online-Research, S. 26; GÖRITZ, A./MOSER, K., Repräsentativität, S. 159. Befragungsergebnisse sind zudem unverzerrt, wenn sich kein Unterschied zwischen Früh- und Spätantwortenden, wie in der hier vorliegenden Untersuchung, erkennen lässt.

605 Vgl. HOLLAUS, M., Einsatz von Online-Befragungen, S. 45.

606 Vgl. HOLLAUS, M., Einsatz von Online-Befragungen, S. 46 f.

607 Vgl. KUTSCH, H., Repräsentativität in der Online-Forschung, S. 110-126.

Multiple submissions nennt sich das Problem, wenn ein Teilnehmer den Fragebogen mehr als einmal ausfüllt.[608] Das *multiple submissions*-Problem wird in der vorliegenden Befragung geprüft, indem kontrolliert wird, ob die *Internet protocol* (IP)-Adresse der antwortenden Teilnehmer nur einmal genutzt wurde. Von keinem der 41 Befragten wiederholte sich die IP-Adresse in der vorliegenden Untersuchung. Zwar kann eine IP-Adresse keine Person identifizieren,[609] doch besteht bei unterschiedlichen IP-Adressen die Vermutung, dass die Antworten von unterschiedlichen Computern und damit auch unterschiedlichen Teilnehmern gegeben wurden. Indes kann nicht eindeutig geprüft werden, ob jeder Teilnehmer der Befragung auch nur einmal den Fragebogen ausgefüllt hat. Da die Beantwortung des Fragebogens zeitaufwändig ist, ist allerdings davon auszugehen, dass jeder Teilnehmer diesen nur einmal ausgefüllt hat.[610] Da indes nur vermutet werden kann, dass keine Mehrfacheinsendungen erfolgten, kann letztlich auch nur vermutet werden, dass das Risiko der *multiple submissions* gering ist. Eine hinreichend sichere Aussage über die Mehrfacheinsendungen kann aber nicht getroffen werden.

Ferner könnte das Problem bestehen, dass nicht alle Befragten über einen Internetanschluss verfügen, der als Voraussetzung für die Online-Befragung gilt.[611] Das Problem, dass Befragte aufgrund von bestimmten Voraussetzungen, wie einen Internetzugang, nicht in die Stichprobe aufgenommen werden können, wird als ***undercoverage*** bezeichnet.[612] Aufgrund des mittlerweile zur Standard-Büroausstattung gehörenden Internetzugangs sowie der Verfügbarkeit aller E-Mail-Adressen der Kapitalmarktexperten in der vorliegenden Untersuchung ist davon auszugehen, dass dies kein Problem darstellt und zu einer eingeschränkten Stichprobe führt.

---

608 Stammen bspw. 41 Antworten in der vorliegenden Untersuchung von nur einer Person, so sind die Daten sehr subjektiv geprägt und gefährden die Repräsentativität der Daten. Vgl. BIRNBAUM, M., data collection via the internet, S. 816; SASSENBERG, K./KREUTZ, S., Online-Research und Anonymität, S. 72 f.

609 Die Identität von Teilnehmern einer Online-Umfrage kann nie einwandfrei geklärt werden. Vgl. THIELSCH, M./WELTZIN, S., Online-Befragungen in der Praxis, S. 76 f.

610 Vgl. BIRNBAUM, M., Data collection via the internet, S. 816.

611 Vgl. BLASIUS, J./BRANDT, M., Repräsentativität in Online-Befragungen, S. 163 f.

612 Vgl. KUTSCH, H., Repräsentativität in der Online-Forschung, S. 110-117; GROVES, R., U. A., Survey methodology, S. 72-76.

Neben der Gefahr, dass ein Teilnehmer mehrere Fragebögen ausfüllt, besteht noch eine weitere ähnlich latente Gefahr: die ***self-selection*** (**Selbstselektion**). Dies bedeutet, dass Personen unberechtigt an der Befragung teilnehmen, obschon sie nicht zum ausgewählten Kreis der Kapitalmarktexperten zählen.[613] Sie haben von dem Fragebogen bspw. über Dritte Kenntnis erlangt und gehören somit nicht zur ausgewählten Stichprobe der Grundgesamtheit.[614] Zwar kann dieses Problem mittels des Link-Versands an den Berechtigten minimiert, wenngleich **nicht ausgeschlossen** werden, da der Link weitergeleitet werden kann.[615] Doch auch falls der Link von ausgewählten Kapitalmarktexperten weitergeleitet wird, ist davon auszugehen, dass ihn fachfremde Personen nicht ausfüllen, sondern wiederum nur jene, die auch Interesse an der Befragung und den aus der Befragung resultierenden Ergebnissen haben.

Als **non-response** wird ein weiteres Problem benannt: Befragte antworten (absichtlich) nicht auf den Fragebogen.[616] Dieses Problem ist in der vorliegenden Befragung sehr groß. Zwar ist im Vorfeld bestmöglich zu versuchen, den Fragebogen übersichtlich und ansprechend zu gestalten,[617] um möglichst viele Teilnehmer zur Befragung zur motivieren, doch letztlich liegt die Entscheidung zur Antwort bei den Befragten, so dass diese Gefahr kaum gebannt werden kann. Auffallend ist, dass einige für die Stichprobe ausgewählte Kapitalmarktexperten auf die Bitte um Beantwortung des Fragebogens antworten, dass sie sich bei ihrer bisherigen Arbeit entweder wenig mit den IFRS oder mit Anteilen an anderen Unternehmen beschäftigt hätten und so auf die Teilnahme

---

613 Beispielsweise nimmt nicht der angeschriebene Kapitalmarktexperte an der Befragung teil, sondern ein geringer qualifizierter Mitarbeiter („Praktikanten-Problem“).

614 Vgl. BANDILLA, W., WWW-Umfragen, S. 12-14; KUTSCH, H., Repräsentativität in der Online-Forschung, S. 117.

615 Ferner besteht die Gefahr, dass ein Kapitalmarktexperte nicht in den für die Befragung ausgewählten Netzwerken zuzuordnen ist. Diese Kapitalmarktexperten werden bei der Befragung nicht berücksichtigt.

616 Vgl. GROVES, R., U. A., Survey methodology, S. 182-185; KUTSCH, H., Repräsentativität in der Online-Forschung, S. 119-124; BIRNBAUM, M., Data collection via the internet, S. 821 f.

617 Vgl. Vorgaben und Empfehlungen für hohe Rückläufe von Online-Befragungen z. B. bei ADM ARBEITSKREIS DEUTSCHER MARKT- UND SOZIALFORSCHUNGSINSTITUTE E.V., Checklist for Online Surveys, S. 1-4; HEYDE, C. V. D., Stichprobentheorie, S. 23-33; GÖRITZ, A./MOSER, K., Repräsentativität, S. 157; GROVES, R., U. A., Survey methodology, S. 189-191; PORTER, S./WHITCOMB, M., Web Survey viewing and Response, S. 380-387; THIELSCH, M./WELTZIN, S., Online-Befragungen in der Praxis, S. 83 f.; PORST, R., Fragebogenarbeitshandbuch, vor allem S. 165-184.

verzichten wollen, um die Befragungsergebnisse nicht zu verfälschen. Dies dokumentiert für einige Befragte weder mangelnde Zeit noch mangelndes Interesse, sondern mögliches Unvermögen. Mögliches Unvermögen kann indes nicht objektiv beurteilt werden. Womöglich handelt es sich bei den Befragten auch um Selbstunterschätzung, da sie alle zum Kreis der Kapitalmarktexperten zählen und aufgrund ihres Berufes und ihrer Ausbildung fachlich geeignet sind an der Befragung teilzunehmen.[618]

343. Fazit zur Qualität der Befragungsergebnisse

Ein großes Problem birgt in der vorliegenden Untersuchung die oben definierte *non-response-rate.*[619] Denn bei einer Rücklaufquote von weniger als 5 % kann die Stichprobe nicht die Grundgesamtheit repräsentieren.[620] Eine repräsentative Stichprobe heißt „Konvergenz zwischen theoretisch definierter Gesamtheit und tatsächlich durch die Stichprobe repräsentierte Gesamtheit".[621] Die erhobenen Daten bzw. Antworten sollen eine unverzerrte, repräsentative Stichprobe der Grundgesamtheit darstellen, d. h. die Befragungsergebnisse der 41 verwendbaren Antworten sollen auf die Grundgesamtheit der Kapitalmarktexperten übertragbar und demzufolge generalisierbar sein.[622] Wenn die gezogene Stichprobe[623] den Schluss auf die Grundgesamtheit nicht zulässt, ist keine Re-

---

618 Anzumerken ist, dass das fachliche Wissen der Kapitalmarktexperten nicht separat geprüft wurde.

619 Die meisten Online-Befragungen sind nach MAURER/JANDURA nicht repräsentativ. Vgl. MAURER, M./JANDURA, O., Masse statt Klasse, S. 66-71; HAUPTMANNS, P., Befragungen mit Hilfe des Internets, S. 36 f.

620 Die meisten Online-Befragungen sind nach MAURER/JANDURA weder repräsentativ noch genügen sie den wissenschaftlichen, grundlegenden Ansprüchen an eine Fragebogengestaltung. Vgl. MAURER, M./JANDURA, O., Masse statt Klasse, S. 66-71; HAUPTMANNS, P., Befragungen mit Hilfe des Internets, S. 36 f. Obwohl Studien teilweise bestätigen, dass die Rücklaufquote von 41 Teilnehmern als repräsentativ gewertet werden könnte. Vgl. BATINIC, B./MOSER, K., Determinanten der Rücklaufquote, S. 64-74; COOK, C./HEATH, F./THOMPSON R. L., Meta-Analysis of Response Rates in Web-Based Surveys, S. 821-836; ZIMMERMANN, M./GADEIB, A./LÜRKEN, A., Marktforschung Online, S. 38-43.

621 KROMREY, H./STRÜBING, J., Standardisierte Datenerhebung und Datenauswertung, S. 262; HEDDERICH, J./SACHS, L., Angewandte Statistik, S. 293; BRÜGGEMANN, B., Berichterstattung im IFRS-Anhang, S. 58; MOSLER, K./SCHMID, F., Wahrscheinlichkeitsrechnung, S. 217.

622 Vgl. GÖRITZ, A./MOSER, K., Repräsentativität, S. 156. Verallgemeinerungsfähige Daten werden oftmals mit repräsentativen Daten und zuverlässigen Daten gleichgesetzt. Vgl. BUTTLER, G./CHRISTIAN, B., Repräsentativität von Online-Umfragen, S. 207.

623 Bei der Stichprobenziehung lassen sich zwei Wege der Stichprobenziehung von Teilnehmern

präsentativität gegeben.[624] Damit die Befragung einen Ausschnitt der Realität wiederspiegelt, müsste die Studie mindestens von 385 Kapitalmarktexperten ausgefüllt worden sein.[625] Da lediglich 41 Kapitalmarktexperten an der vorliegenden Befragung teilgenommen[626] haben, ist der Rückschluss des **vorliegenden Stichprobenergebnisses** auf die Befragungsgesamtheit **nicht repräsentativ.**[627] Daher gelten die nachfolgenden Ergebnisse lediglich als **Tendenz- und Trendaussagen.**[628]

Denn letztlich kann nur im Fall einer Befragung der vollen Grundgesamtheit auch von einer vollständigen Repräsentativität der Befragungsergebnisse gesprochen werden.[629] Statt sich auf die Repräsentativität als nur ein Qualitätsmerkmal von Befragungsstudien zu konzentrieren, wird in Wissenschaft und Praxis vielmehr **Selektivität statt Repräsentativität** gefordert.[630] Selektivität bedeutet im vorliegenden Zusammenhang, dass zwar nicht gewährleistet wird, Informationsbedürfnisse von allen Kapitalmarktexperten in

für die Online-Befragung unterschieden. Bei der aktiven Stichprobenziehung werden Teilnehmer durch aktive Rekrutierung in Form von E-Mail-Adresslisten oder E-Mailinglisten befragt. Vgl. die E-Mail-Adresslisten für die Mitglieder des BVK, des BVI, der DVFA-Kommission und der Ehemaligen des IRW. Vgl. ausführlich Abschnitt 325. Die passive Rekrutierung in Online-Umfragen kann durch Hinweise auf einer Website, in Foren oder Newsgroups veröffentlicht werden. Zur passiven Datenerhebung zählt die Bitte zur Teilnahme im Xing-Netzwerk. Zur Rekrutierung von Teilnehmern über das Internet vgl. BIRNBAUM, M., Data collection via the internet, S. 818. In der Praxis, wie auch in der hier vorliegenden Befragung, werden aktive und passive Auswahlmethoden miteinander verbunden. Vgl. THIELSCH, M./WELTZIN, S., Online-Befragungen in der Praxis, S. 74 f.; MAURER, M./JANDURA, O., Masse statt Klasse, S. 64-67.

624 Vgl. BUTTLER, G./CHRISTIAN, B., Repräsentativität von Online-Umfragen, S. 206; GÖRITZ, A./MOSER, K., Repräsentativität, S. 156-161. Zum sog. Repräsentationsschluss vgl. KROMREY, H./STRÜBING, J., Standardisierte Datenerhebung und Datenauswertung, S. 261-263; HOLLAUS, M., Einsatz von Online-Befragungen, S. 38 f.; HEYDE, C. V. D., Stichprobentheorie, S. 27 f.; BAETGE, J., Objektivierung des Jahreserfolges, S. 59.

625 Zum minimalen Stichprobenumfang vgl. Bundesministerium des Innern/Bundesverwaltungsamt, Handbuch für Organisationsuntersuchungen, Abschnitt 5.1.4.4 Ermittlung des Stichprobenumfangs.

626 Zur geringen Rücklaufquote (non-response) von fast 96 % vgl. Abschnitt 33.

627 Vgl. BAETGE, J., Objektivierung des Jahreserfolges, S. 56 f.; BORTZ, J./SCHUSTER, C., Statistik, S. 79-85.

628 Vgl. THIELSCH, M./WELTZIN, S., Online-Befragungen in der Praxis, S. 80.

629 Vgl. GÖRITZ, A./MOSER, K., Repräsentativität, S. 161.

630 Vgl. BUTTLER, G./CHRISTIAN, B., Repräsentativität von Online-Umfragen, S. 215 f.; GÖRITZ, A./MOSER, K., Repräsentativität S. 161; THIELSCH, M./WELTZIN, S., Online-Befragungen in der Praxis, S. 80 f.

Deutschland zu ermitteln, doch wird zumindest der Wissensstand bzgl. der Informationsbedürfnisse von Kapitalmarktexperten bzgl. der Berichterstattung gemäß IFRS 12 erheblich verbessert.

4 Informationsbedürfnisse von Kapitalmarktexperten bezüglich IFRS 12

41 Vorbemerkungen

Mit der vorliegenden empirischen Analyse werden die Informationsbedürfnisse von Kapitalmarktexperten bzgl. der Anhangangaben nach IFRS 12 ermittelt. Die **Auswertung** der Befragungsergebnisse je **Anhang-Bereich A bis E** folgt einem **dreistufigen Aufbau:** Erstens werden nur die **wichtigen**[631] und zweitens nur die **unwichtigen**[632] Anhangangaben je Anhang-Bereich A bis E beschrieben und analysiert. In einem dritten Schritt wird ausgewertet, welche Anhangangaben aus Sicht der Kapitalmarktexperten in den einzelnen Anhang-Bereichen **fehlen.**[633] Für Anhang-Bereich A werden bspw. die wichtigsten Anhangangaben zu Anteilen an Tochterunternehmen in Abschnitt 421., die unwichtigsten Anhangangaben zu Anteilen an Tochterunternehmen in Abschnitt 422. und die aus Sicht der Kapitalmarktexperten fehlenden Anhangangaben in Abschnitt 423. dargestellt. Nachdem dieses Vorgehen für die Anhang-Bereiche A-E durchgeführt wurde, werden die Antworten der Befragten bzgl. des **Anhang-Bereichs F** zu den situativen Merkmalen ausgewertet und angegeben, welche Anhangangaben im gesamten IFRS 12 fehlen.[634] Der Abschnitt schließt mit den aus den Befragungsergebnissen resultierenden Empfehlungen zur Strukturierung und Entschlackung von Anhangangaben.

---

631 Hiermit sind die Abschnitte 421., 431., 441., 451. und 461. gemeint.

632 In den Abschnitten 422., 432., 442., 452. und 462. werden die unwichtigen Anhangangaben je Anhang-Bereich beschrieben.

633 Diese Auswertung findet sich in den Abschnitten 423., 433., 443., 453. und 463.

634 Vgl. zum inhaltlichen Aufbau des Fragebogens Abschnitt 324.

42 Anhang-Bereich A: Anteile an Tochterunternehmen

421. Wichtige Anhangangaben zu Anteilen an Tochterunternehmen

Mittels der MaxDiff-Analyse wird ermittelt, welche Anhangangaben zu Anteilen an Tochterunternehmen die Befragten als wichtig beurteilen. Die Übersicht 21 zeigt die Rangfolge der aus Sicht der Kapitalmarktexperten **wichtigsten Anhangangaben.**

Die 246 Antworten[635] auf die Frage „Welches ist die **wichtigste** Anhangangabe zu **Anteilen an Tochterunternehmen?**" verteilen sich auf 10 Anhangangaben. Der Anhangangabe A.8. über **etwaige Gewinne** oder **Verluste** zum Zeitpunkt des Verlusts der Beherrschung über ein Tochterunternehmen während der Berichtsperiode sowie die Abschlussposten, in denen diese **Gewinne** oder **Verluste** erfasst werden[636] wurde dabei die höchste Wichtigkeit im Anhang-Bereich A beigemessen.[637] Gewinne und Verluste spiegeln die Ertragssituation eines Unternehmens wider und deren Anteil bzw. Höhe durch einen Verlust der Beherrschung ist eine nachhaltige Information. Die Anhangangaben zu Gewinnen und Verlusten zeigen, zusammen mit der GuV, ein detailliertes Bild der Ertragslage.[638] Angaben zur Ertragslage scheinen für Kapitalmarktexperten eine wichtige Quelle zu sein, um den Wert eines Unternehmens ermitteln zu können.[639] Die relativ hohe Bedeutung der Anhangangabe A.8. macht deutlich, dass die GuV nicht isoliert von den Anhangangaben betrachtet werden kann.[640]

---

635 Die 41 Kapitalmarktexperten haben im Rahmen der MaxDiff-Abfrage sechsmal die aus ihrer Sicht wichtigste Anhangangabe bzgl. des Anhang-Bereichs A angegeben. Mit der Berücksichtigung dieser insgesamt 246 Angaben zu den wichtigsten Anhangangaben im Anhang-Bereich A lässt sich – wenngleich dieselben 41 Personen geantwortet haben – von diesen eine klarere Tendenz mittels der MaxDiff-Methode zeigen als ohne die Mehrfachnennungen. Vgl. hierzu auch Abschnitt 33.

636 Vgl. IFRS 12.19.

637 Wenngleich zu bemerken ist, dass die sich als am erst- und zweitwichtigsten bewerteten Anhangangaben nicht stark voneinander unterscheiden.

638 Vgl. BRÜGGEMANN, B., Berichterstattung im IFRS-Anhang, S. 68 f.

639 Vgl. HIPPEL, B., Konzernlagebericht und Kapitalmarkt, S. 167.

640 Vgl. IAS 1.17(c). Vgl. WOTSCHOFSKY, S./TOPP, C., Systematisierung der Berichterstattung im Anhang, S. 12.

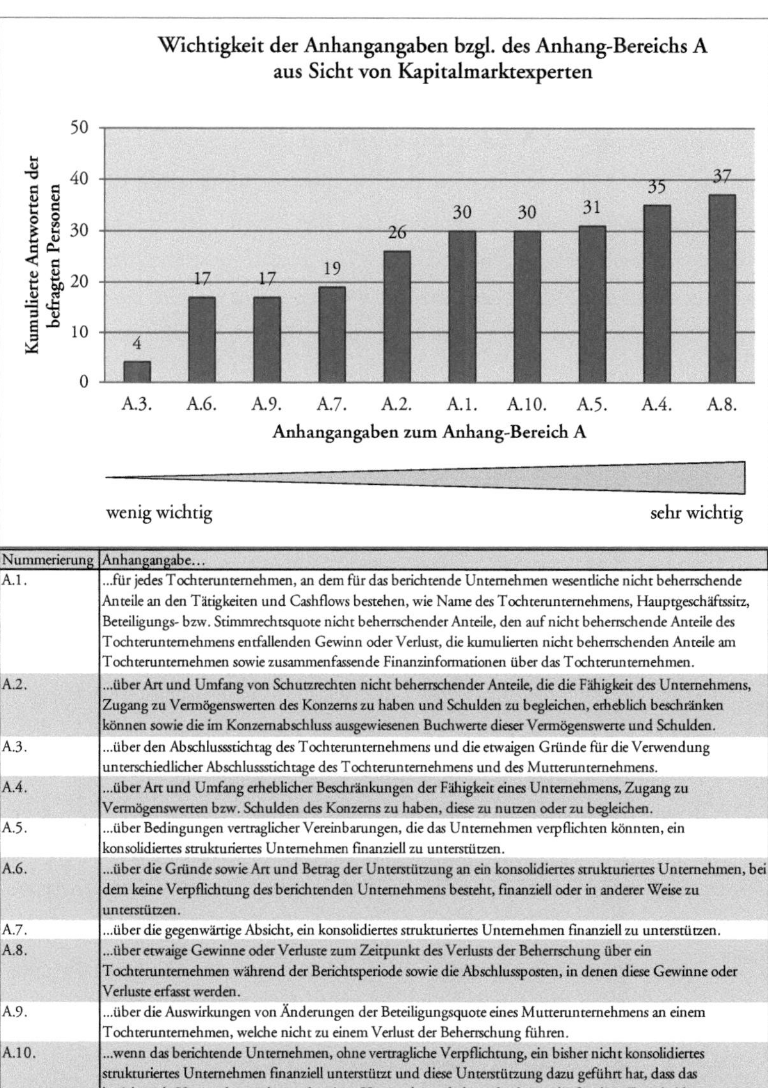

Nummerierung	Anhangangabe...
A.1.	...für jedes Tochterunternehmen, an dem für das berichtende Unternehmen wesentliche nicht beherrschende Anteile an den Tätigkeiten und Cashflows bestehen, wie Name des Tochterunternehmens, Hauptgeschäftssitz, Beteiligungs- bzw. Stimmrechtsquote nicht beherrschender Anteile, den auf nicht beherrschende Anteile des Tochterunternehmens entfallenden Gewinn oder Verlust, die kumulierten nicht beherrschenden Anteile am Tochterunternehmen sowie zusammenfassende Finanzinformationen über das Tochterunternehmen.
A.2.	...über Art und Umfang von Schutzrechten nicht beherrschender Anteile, die die Fähigkeit des Unternehmens, Zugang zu Vermögenswerten des Konzerns zu haben und Schulden zu begleichen, erheblich beschränken können sowie die im Konzernabschluss ausgewiesenen Buchwerte dieser Vermögenswerte und Schulden.
A.3.	...über den Abschlussstichtag des Tochterunternehmens und die etwaigen Gründe für die Verwendung unterschiedlicher Abschlussstichtage des Tochterunternehmens und des Mutterunternehmens.
A.4.	...über Art und Umfang erheblicher Beschränkungen der Fähigkeit eines Unternehmens, Zugang zu Vermögenswerten bzw. Schulden des Konzerns zu haben, diese zu nutzen oder zu begleichen.
A.5.	...über Bedingungen vertraglicher Vereinbarungen, die das Unternehmen verpflichten könnten, ein konsolidiertes strukturiertes Unternehmen finanziell zu unterstützen.
A.6.	...über die Gründe sowie Art und Betrag der Unterstützung an ein konsolidiertes strukturiertes Unternehmen, bei dem keine Verpflichtung des berichtenden Unternehmens besteht, finanziell oder in anderer Weise zu unterstützen.
A.7.	...über die gegenwärtige Absicht, ein konsolidiertes strukturiertes Unternehmen finanziell zu unterstützen.
A.8.	...über etwaige Gewinne oder Verluste zum Zeitpunkt des Verlusts der Beherrschung über ein Tochterunternehmen während der Berichtsperiode sowie die Abschlussposten, in denen diese Gewinne oder Verluste erfasst werden.
A.9.	...über die Auswirkungen von Änderungen der Beteiligungsquote eines Mutterunternehmens an einem Tochterunternehmen, welche nicht zu einem Verlust der Beherrschung führen.
A.10.	...wenn das berichtende Unternehmen, ohne vertragliche Verpflichtung, ein bisher nicht konsolidiertes strukturiertes Unternehmen finanziell unterstützt und diese Unterstützung dazu geführt hat, dass das berichtende Unternehmen das strukturierte Unternehmen beherrscht, hat es die für diese Entscheidung relevanten Faktoren anzugeben.

Übersicht 21: Wichtigkeit der Anhangangaben bzgl. des Anhang-Bereichs A.

Neben der Anhangangabe A.8. wurde mit 35 Nennungen die Anhangangabe A.4. als zweitwichtigste Anhangangabe eingestuft. A.4. beschreibt die Anhangangabe über Art und Umfang **erheblicher Beschränkungen der Fähigkeit** eines Unternehmens, **Zugang zu Vermögenswerten** bzw. Schulden des Konzerns zu haben, diese zu nutzen oder zu begleichen.[641] Die Kapitalmarktexperten beurteilen Risiken, die durch die eingeschränkte Verfügungsmacht über Vermögenswerte aber auch bzgl. Schulden von Tochterunternehmen entstehen, als bedeutsam. Dies ist nachvollziehbar, denn auch der Board versucht durch IFRS 12 bilanzierende Unternehmen zu verpflichten, Informationen über Anteile an anderen Unternehmen sowie die damit verbundenen Risiken anzugeben.[642] Kapitalmarktexperten benötigen bei der Bewertung von potentiell zu akquirierenden Unternehmen oder bei der Bewertung von Investitionen Sicherheit in Form von verminderten Risiken. Denn Risiken schmälern den Unternehmenswert.[643] Daher versuchen Kapitalmarktexperten mittels Bewertungsverfahren, Risiken aus den Anhangangaben systematisch zu erfassen und unsichere Cashflows in einen leicht interpretierbaren Wert zu übersetzten.[644] Somit erscheint auch die Wichtigkeit der Anhangangabe A.4. – neben der Anhangangabe A.8. – aus Sicht der Kapitalmarktexperten folgerichtig.

Die vorliegenden Antworten weisen – im Vergleich zu den nachfolgend dargestellten Anhang-Bereichen – eine eher geringe Variation in den Antworthäufigkeiten und kaum größere Bewertungsabstände zur als nächst wichtig bewerteten Anhangangabe auf. Zwar müssen sich die Befragten in jedem Fragenset für die jeweils wichtigste Antwort entscheiden, doch zeigt sich kein eindeutiger Unterschied zwischen den ausgewählten Anhangangaben. Nur die aus Sicht der Kapitalmarktexperten als am wenigsten wichtig[645] eingeschätzte Anhangangabe A.3. über den Abschlussstichtag des

641 Vgl. IFRS 12.13(a).

642 Vgl. IFRS 12.1(a). Vgl. auch zur Zielsetzung des IFRS 12 Abschnitt 233.

643 Vgl. FELDEN, B./PFANNENSCHWARZ, A., Risiko bei Unternehmenserwerb und -nachfolge, S. 119.

644 Vgl. GLEISSNER, W., Unsicherheit, Risiko und Unternehmenswert, S. 693.

645 „Wenig wichtig“ wird anstelle des Wortes „unwichtig“ bewusst genutzt, um den Unterschied zwischen den wichtigen und der im nächsten Abschnitt folgenden Analyse der unwichtigen Anhangangaben herauszustellen, so dass stets „sehr wichtig“ bzw. „wenig wichtig“ und „sehr unwichtig“ bzw. „wenig unwichtig“ als Beschreibung der Graphiken verwendet wird.

Tochterunternehmens und die etwaigen Gründe für die Verwendung **unterschiedlicher Abschlussstichtage** des Tochterunternehmens und des Mutterunternehmens[646] ist weniger wichtig als die restlichen Anhangangaben. Antwortmöglichkeit **A.3.** wurde mit nur vier Nennungen als wenig wichtig eingestuft.[647] Die weiteren Anhangangaben A.5., A.10., A.1., A.2., A.7., A.9. und A.6. wurden nur mit 17 bis 31 Zustimmungen bewertet. Ihnen kommt eine mittlere bis geringe Bedeutung zu, da sich die Zahl der Zustimmungsklicks nicht eindeutig voneinander unterscheidet. Jeweils zwei Merkmale haben sogar die gleiche Zahl von Zustimmungen erhalten. A.6. und A.9. wurden jeweils 17 mal und A.1. und A.10. je 30 mal ausgewählt. Festzuhalten ist, dass die von den Befragten ausgewählten wichtigen Anhangangaben zwar eine Rangordnung zeigen, sich indes nicht so stark voneinander unterscheiden, wie die nachfolgend als unwichtig beurteilten Anhangangaben.

422. Unwichtige Anhangangaben zu Anteilen an Tochterunternehmen

In Übersicht 22 wird gezeigt, welche Anhangangaben die Kapitalmarktexperten als unwichtig beurteilen. Bemerkenswert ist, dass die Häufigkeit von Nennungen einer Anhangangabe als unwichtig stärker variiert als bei den Nennungen der wichtigsten Anhangangaben. Die **unwichtigen Anhangangaben** weisen im Gegensatz zu den wichtigen Anhangangaben **eindeutigere Bedeutungsgewichte** bzgl. der gewählten *Items* auf.[648] Je größer die Differenz[649] zwischen den am häufigsten und den am seltensten gewählten Antworten liegt, desto stärker ist das Bedeutungsgefälle der zu bewertenden Anhang-Bereiche aus Sicht der Kapitalmarktexperten. Die maximale Differenz zeigt sich in den beiden oben dargestellten Übersichten der jeweils wichtigsten und unwichtigsten Anhangangaben des Anhang-Bereichs A. Hierbei wird die Differenz innerhalb der jeweils wichtigen oder der jeweils unwichtigen Antworten gemessen. Für die unwichtigen An-

646 Vgl. IFRS 12.11.

647 Weitere Ergebnisse zu Anhangangabe A.3. werden im folgenden Abschnitt 422. detailliert beschrieben.

648 Das heißt, dass die Antworten zu den unwichtigen Anhangangaben breiter streuen als die Antworten zu den wichtigen Anhangangaben. Dies untermauert die bereits zuvor in Abschnitt 322.2 diskutierten Probleme „Tendenz zur Mitte“ und „Anspruchsinflation“.

649 Da das Ziel der MaxDiff-Analyse ist, die Differenz zwischen den wichtigsten und unwichtigsten Antworten zu maximieren, resultiert hieraus auch der Name der Methode.

hangangaben konnte eine Bandbreite von 8 bis 88 Nennungen und hingegen bei den wichtigen Anhangangaben nur eine Bandbreite von 3 bis 37 Klicks gemessen werden.

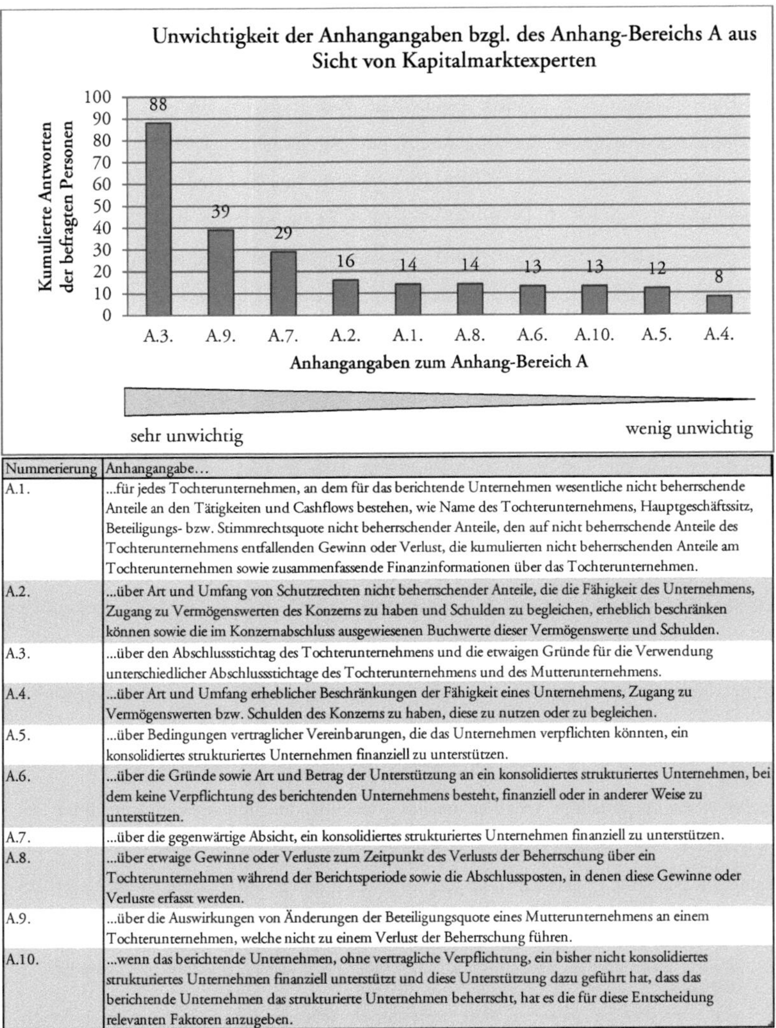

Nummerierung	Anhangangabe...
A.1.	...für jedes Tochterunternehmen, an dem für das berichtende Unternehmen wesentliche nicht beherrschende Anteile an den Tätigkeiten und Cashflows bestehen, wie Name des Tochterunternehmens, Hauptgeschäftssitz, Beteiligungs- bzw. Stimmrechtsquote nicht beherrschender Anteile, den auf nicht beherrschende Anteile des Tochterunternehmens entfallenden Gewinn oder Verlust, die kumulierten nicht beherrschenden Anteile am Tochterunternehmen sowie zusammenfassende Finanzinformationen über das Tochterunternehmen.
A.2.	...über Art und Umfang von Schutzrechten nicht beherrschender Anteile, die die Fähigkeit des Unternehmens, Zugang zu Vermögenswerten des Konzerns zu haben und Schulden zu begleichen, erheblich beschränken können sowie die im Konzernabschluss ausgewiesenen Buchwerte dieser Vermögenswerte und Schulden.
A.3.	...über den Abschlussstichtag des Tochterunternehmens und die etwaigen Gründe für die Verwendung unterschiedlicher Abschlussstichtage des Tochterunternehmens und des Mutterunternehmens.
A.4.	...über Art und Umfang erheblicher Beschränkungen der Fähigkeit eines Unternehmens, Zugang zu Vermögenswerten bzw. Schulden des Konzerns zu haben, diese zu nutzen oder zu begleichen.
A.5.	...über Bedingungen vertraglicher Vereinbarungen, die das Unternehmen verpflichten könnten, ein konsolidiertes strukturiertes Unternehmen finanziell zu unterstützen.
A.6.	...über die Gründe sowie Art und Betrag der Unterstützung an ein konsolidiertes strukturiertes Unternehmen, bei dem keine Verpflichtung des berichtenden Unternehmens besteht, finanziell oder in anderer Weise zu unterstützen.
A.7.	...über die gegenwärtige Absicht, ein konsolidiertes strukturiertes Unternehmen finanziell zu unterstützen.
A.8.	...über etwaige Gewinne oder Verluste zum Zeitpunkt des Verlusts der Beherrschung über ein Tochterunternehmen während der Berichtsperiode sowie die Abschlussposten, in denen diese Gewinne oder Verluste erfasst werden.
A.9.	...über die Auswirkungen von Änderungen der Beteiligungsquote eines Mutterunternehmens an einem Tochterunternehmen, welche nicht zu einem Verlust der Beherrschung führen.
A.10.	...wenn das berichtende Unternehmen, ohne vertragliche Verpflichtung, ein bisher nicht konsolidiertes strukturiertes Unternehmen finanziell unterstützt und diese Unterstützung dazu geführt hat, dass das berichtende Unternehmen das strukturierte Unternehmen beherrscht, hat es die für diese Entscheidung relevanten Faktoren anzugeben.

Übersicht 22: Unwichtigkeit der Anhangangaben bzgl. des Anhang-Bereichs A.

Zu den als am unwichtigsten eingeschätzten Anhangangaben des Anhang-Bereichs A konnten komplementäre Ergebnisse im Vergleich zu den Ergebnissen der als am wichtigsten beurteilten Anhangangaben gewonnen werden. **A.3., A.9. und A.7.** sind die von Kapitalmarktexperten als am unwichtigsten gekennzeichneten Anhangangaben zu Anteilen an Tochterunternehmen. **A.3.**, Anhangangabe bzgl. der **unterschiedlichen Abschlussstichtage** von Mutter- und Tochterunternehmen[650] ist die am häufigsten gewählte und mit großem Abstand zu den anderen Anhangangaben unwichtigste Information für Kapitalmarktexperten. Dieses Ergebnis bestätigt die Ergebnisse der vorherigen Übersicht zu den wichtigsten Anhangangaben über Tochterunternehmen, da Befragte die Abweichung des Abschlusstichtages des Mutterunternehmens von dem des Beteiligungsunternehmens am wenigsten wichtig beurteilten. Dass diese Anhangangabe von den Kapitalmarktexperten als unwichtig bewertet wird, ist plausibel. Denn durch diese Angabe können weder die VFE-Lage noch die Anteile an Tochterunternehmen sowie die damit verbundenen Risiken besser eingeschätzt werden. Dabei soll die Bewertung der wirtschaftlichen Lage bzgl. der Anteile an anderen Unternehmen das Ziel des IFRS 12[651] sein.

Anhangangabe **A.9.** zu den **Auswirkungen von Änderungen der Beteiligungsquote** eines Mutterunternehmens an einem Tochterunternehmen, welche **nicht zu einem Verlust der Beherrschung** führen[652] ist die am zweithäufigsten angeklickte Angabe. Wenngleich ein großer Abstand zwischen dem unwichtigsten (88 Klicks) und dem zweitunwichtigsten Item (39 Klicks) liegt. Diese Anhangangabe trägt wie bereits die Anhangangabe A.3. nicht zur Einschätzung der VFE-Lage eines Unternehmens bei. Zwar ist eine Änderung der Beteiligungsquote keine unbedeutende Information, doch für den Fall, dass aus der Änderung der Beteiligungsquote auch eine Änderung der Beteiligungsart entsteht, sind in IFRS 12 bereits Anhangangaben für andere Beteiligungsformen gefordert.

650 Vgl. IFRS 12.11.
651 Vgl. IFRS 12.1.
652 Vgl. IFRS 12.18.

Anhangangabe **A.7.** über die gegenwärtige Absicht, ein konsolidiertes strukturiertes Unternehmen zu unterstützen,[653] unterstreicht darüber hinaus die Tendenz der Kapitalmarktexperten, Anlageentscheidungen aus den aktuellen Angaben im Abschluss zu analysieren. Sie scheinen Analysen aus aktuellen Zahlen und gegenwartsbezogenen Informationen zu präferieren und zugleich unwichtig zu finden, welche potentiellen Absichten das Unternehmen in der Zukunft hat. Denn die Analyse des Unternehmenswertes bezieht sich stets auf den aktuellen Abschluss und nicht auf künftige Absichten.[654] Auffallend ist, dass die mit Abstand unwichtigsten Anhangangaben **A.3., A.9. und A.7. eine Gemeinsamkeit** aufweisen: sie enthalten keine quantitativen Angaben über die Bilanz oder die GuV und damit auch nicht über die VFE-Lage. Zudem verdeutlichen die Antworten, dass die Befragten Wert auf die Anhangangaben legen, die Einflüsse auf potentielle Risiken offenlegen.

Im Bereich der weder als besonders wichtig noch als besonders unwichtig eingeschätzten Anhangangaben liegen die Anhangangaben **A.2., A.1., A.8., A.6., A.10.** und **A.5.** Sie weisen eine geringe bis mittlere Bedeutung auf. Die Bewertung der unwichtigsten Anhangangaben entspricht den Ergebnissen der am wenigsten angeklickten *Items* bzgl. der wichtigsten Anhangangaben zu Anteilen an Tochterunternehmen. Die Antworten der Befragten zeichnen ein homogenes Bild bzgl. der wichtigen und unwichtigen Anhangangaben, wie die nachfolgende Übersicht zeigt.[655]

653 Vgl. IFRS 12.17.

654 Wenngleich die künftigen diesbezüglichen Ein- und Auszahlungen den abgezinsten Cash Flow bestimmen.

655 Die Tatsache, dass sich die Ergebnisse bzgl. der wichtigen und unwichtigen Antworten annähern, wird häufig in Studien beobachtet, die mittels der MaxDiff-Methode durchgeführt werden. Vgl. SAWTOOTH SOFTWARE INC., MaxDiff System, S. 11 f.

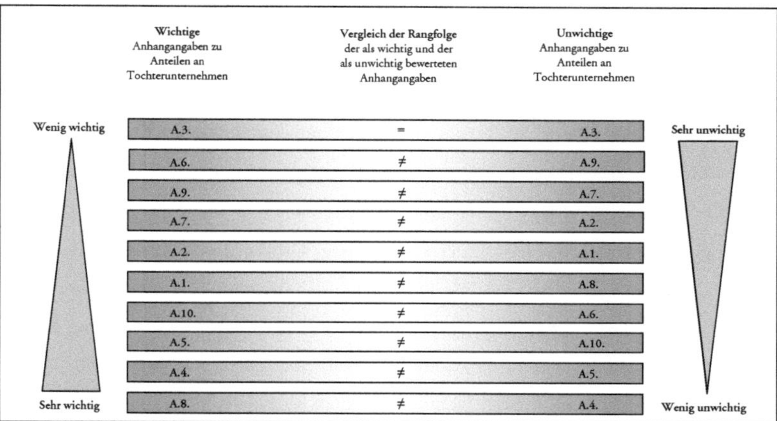

Übersicht 23: Vergleich der Rangfolge der als wichtig und der als unwichtig bewerteten Angaben im Anhang-Bereich A.

423. Fehlende Anhangangaben zu Anteilen an Tochterunternehmen

Bezüglich der Anhangangaben zu Anteilen an Tochterunternehmen wurden aus Sicht der Kapitalmarktexperten vier[656] fehlende Anhangangaben konstatiert. Gefordert sind bzgl. der Anteile an Tochterunternehmen Angaben zu:

- Ergebnisabführungsverträgen,
- einem Überblick über die Zusammensetzung des Konzerns,
- Risiken mit den jeweiligen konsolidierten Unternehmen und
- Kaufpreisen.

Bei dem Wunsch, Informationen zum **Kaufpreis von Anteilen an Tochterunternehmen** zu erhalten, ist fraglich, ob der Kaufpreis für vergangene M&A-Transaktionen oder der Kaufpreis für potentiell zu verkaufende Anteile, also der aktuelle Zeitwert der Anteile an Tochterunternehmen inkl. des Goodwill, gemeint ist. Die zuletzt genannte Variante ist theoretisch möglich, könnte aber für das den Anhang erstellende Unternehmen zu

[656] Vier Kapitalmarktexperten fordern je eine Anhangangabe. Dies heißt, dass 90 % der Befragten keinen weiteren Informationsbedarf bzgl. IFRS 12 haben.

Schwierigkeiten führen, denn die künftige Kaufpreisfestsetzung ist aufwändig sowie zugleich vertraulich und somit faktisch nicht möglich.[657] Daher ist von der ersten Variante auszugehen: Die Kaufpreise von vergangenen, erfolgreichen M&A-Transaktionen mögen veröffentlicht werden. Dies beruht vermutlich auf dem Interesse, ähnliche Anteile an (Tochter-)Unternehmen zu erwerben. Denn die Informationen über vergangene Transaktionen fließen oftmals in das Entscheidungskalkül für künftige Transaktionen ein.[658] Bei der Übernahme eines Unternehmens oder Unternehmensanteils werden oftmals Kaufpreise gezahlt, die den Wert des Unternehmens übersteigen. Daher ist es nachvollziehbar, dass die Kapitalmarktexperten Informationsbedürfnisse bzgl. des Kaufpreises haben. Denn gerade die Informationen über den Kaufpreis und einen potentiellen Goodwill sind für Eigenkapitalinvestoren hochbedeutend und dienen ihnen als Anhaltspunkte, um den Kauf, Verkauf oder das Halten von Anteilen am bilanzierenden Unternehmen besser fundieren zu können.[659]

Zudem zeigt sich bei den fehlenden – wie auch bei den wichtigen – Anhangangaben, dass die befragten Kapitalmarktexperten Informationsbedürfnisse bzgl. der **Risiken** und der allgemeinen Finanzinformationen über Anteile an Tochterunternehmen haben. Ebenso wird die Angabe über einen abgeschlossenen Ergebnis- bzw. **Gewinnabführungsvertrag** gewünscht. Ein Gewinnabführungsvertrag beschreibt einen Vertrag zwischen zwei Unternehmen,[660] wobei sich das eine Unternehmen verpflichtet, seinen Gewinn oder auch Verlust an ein anderes Unternehmen abzuführen. Offensichtlich wollen die befragten Kapitalmarktexperten die **Zusammensetzung des Konzerns**[661] so-

[657] Vgl. MELLERT, C., Compliance bei M&A Transaktionen, S. 77.

[658] Vgl. TRÜTZSCHLER, K., U. A., Unternehmensbewertung und Rechnungslegung von Akquisitionen, S. 384 f.

[659] Vgl. BAETGE, J./DITTMAR, P./KLÖNNE, H., Grundsätze internationaler Rechnungslegung, S. 7 f.

[660] Das Unternehmen wird gemäß § 291 AktG in Form einer Aktien- oder Kommanditgesellschaft geführt.

[661] Mit der Zusammensetzung des Konzerns ist die Zusammensetzung der Beteiligungen des Konzerns gemeint. Die Zusammensetzung des Konzerns kann sich durch Unternehmensverkäufe oder -zukäufe im laufenden Geschäftsjahr ggü. dem Vorjahr verändern. Daher sind gemäß IFRS 12.10(a)(i) der Name und der Hauptgeschäftssitz des beteiligten Unternehmens anzugeben.

wie die Risiken erfassen.[662] Den übrigen 90 % der Befragungsteilnehmer fehlen indes keine Anhangangaben. Dies ist ein starkes Indiz dafür, dass die Befragten die aktuell bestehenden Anhangangaben für ausreichend informativ halten.

43 Anhang-Bereich B: Anteile an nicht konsolidierten Tochterunternehmen

431. Wichtige Anhangangaben zu Anteilen an nicht konsolidierten Tochterunternehmen

Die Frage, wie wichtig den Befragten die Anhangangaben zu Anteilen an nicht konsolidierten Tochterunternehmen sind, wird in der nachfolgenden Übersicht 24 illustriert.[663] In der empirischen Untersuchung zu den wichtigen Anhangangaben des Anhang-Bereichs B werden zwei Anhangangaben als besonders wichtig im Vergleich zu den restlichen Anhangangaben angegeben: B.4. und B.6. Diese beiden Anhangangaben sind mit fast doppelt so vielen Klicks als wichtig bewertet worden, wie die Anhangangaben B.1., B.5., B.7. und B.2., denen durch die Kapitalmarktexperten eine mittlere Bedeutung beigemessen wurde.

Die Anhangangabe **B.4.** über **etwaige gegenwärtige Verpflichtungen**, ein nicht konsolidiertes Tochterunternehmen finanziell oder auf andere Weise **unterstützen** zu müssen sowie die Angabe erheblicher **Beschränkungen der Fähigkeit** eines nicht konsolidierten Tochterunternehmens, Finanzmittel, die von der Investmentgesellschaft dem nicht konsolidierten Tochterunternehmen gewährt wurden, an die Investmentgesellschaft zu transferieren[664] wurde mit 51 Nennungen als wichtigste Anhangangabe bewertet.

---

[662] Wenngleich diese Angabe bereits in IFRS 12.10(a)(i) gefordert wird, unterstreicht die Anforderung der Kapitalmarktexperten, dass ihnen der Überblick besonders wichtig ist und womöglich in der Vielzahl von Anhangangaben nicht aufgefallen ist.

[663] 205 Klicks verteilen sich in Anhang-Bereich B auf sieben Anhangangaben. Vgl. ausführlich Abschnitt 322.43.

[664] Vgl. IFRS 12.19D.

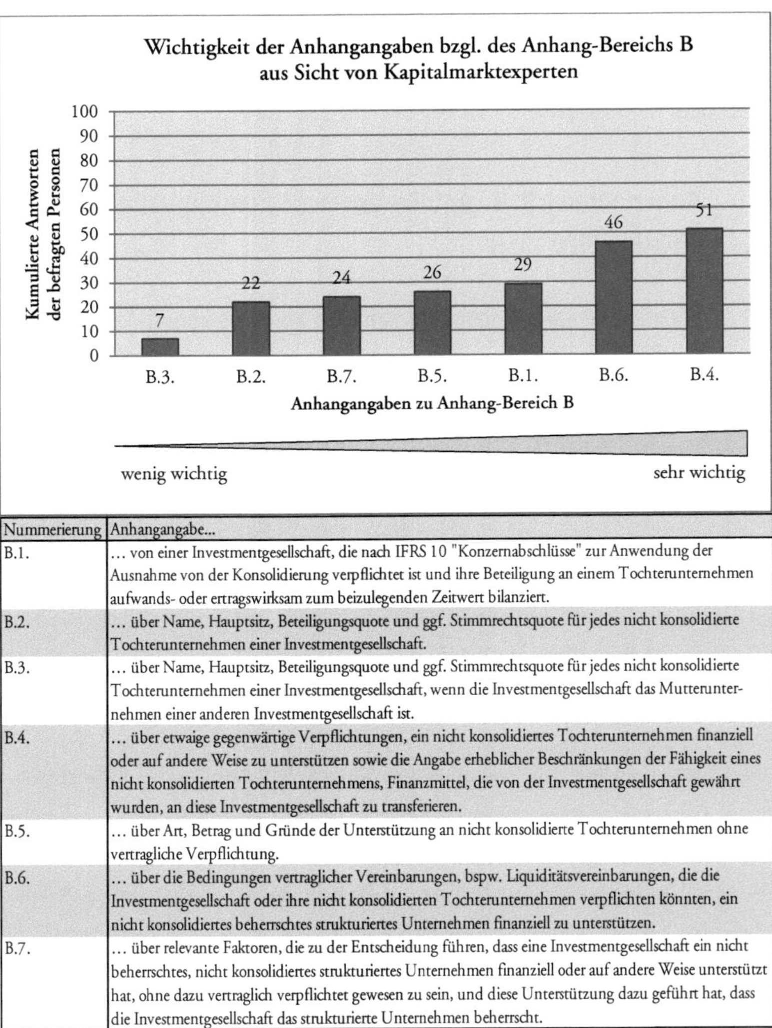

Nummerierung	Anhangangabe...
B.1.	... von einer Investmentgesellschaft, die nach IFRS 10 "Konzernabschlüsse" zur Anwendung der Ausnahme von der Konsolidierung verpflichtet ist und ihre Beteiligung an einem Tochterunternehmen aufwands- oder ertragswirksam zum beizulegenden Zeitwert bilanziert.
B.2.	... über Name, Hauptsitz, Beteiligungsquote und ggf. Stimmrechtsquote für jedes nicht konsolidierte Tochterunternehmen einer Investmentgesellschaft.
B.3.	... über Name, Hauptsitz, Beteiligungsquote und ggf. Stimmrechtsquote für jedes nicht konsolidierte Tochterunternehmen einer Investmentgesellschaft, wenn die Investmentgesellschaft das Mutterunternehmen einer anderen Investmentgesellschaft ist.
B.4.	... über etwaige gegenwärtige Verpflichtungen, ein nicht konsolidiertes Tochterunternehmen finanziell oder auf andere Weise zu unterstützen sowie die Angabe erheblicher Beschränkungen der Fähigkeit eines nicht konsolidierten Tochterunternehmens, Finanzmittel, die von der Investmentgesellschaft gewährt wurden, an diese Investmentgesellschaft zu transferieren.
B.5.	... über Art, Betrag und Gründe der Unterstützung an nicht konsolidierte Tochterunternehmen ohne vertragliche Verpflichtung.
B.6.	... über die Bedingungen vertraglicher Vereinbarungen, bspw. Liquiditätsvereinbarungen, die die Investmentgesellschaft oder ihre nicht konsolidierten Tochterunternehmen verpflichten könnten, ein nicht konsolidiertes beherrschtes strukturiertes Unternehmen finanziell zu unterstützen.
B.7.	... über relevante Faktoren, die zu der Entscheidung führen, dass eine Investmentgesellschaft ein nicht beherrschtes, nicht konsolidiertes strukturiertes Unternehmen finanziell oder auf andere Weise unterstützt hat, ohne dazu vertraglich verpflichtet gewesen zu sein, und diese Unterstützung dazu geführt hat, dass die Investmentgesellschaft das strukturierte Unternehmen beherrscht.

Übersicht 24: Wichtigkeit der Anhangangaben bzgl. des Anhang-Bereichs B.

Als zweitwichtigste Anhangangabe stellte sich die Anhangangabe **B.6.** heraus, wonach über die Bedingungen **vertraglicher Vereinbarungen zu berichten ist**, bspw. über Liquiditätsvereinbarungen, die die Investmentgesellschaft oder ihre nicht konsolidierten Tochterunternehmen verpflichten könnten, ein nicht konsolidiertes beherrschtes strukturiertes Unternehmen **finanziell zu unterstützen.**[665] Die beiden als am wichtigsten gekennzeichneten Anhangangaben ähneln sich in ihrer inhaltlichen Aussage: beide zielen auf die gegenwärtige Verpflichtung ab, ein nicht konsolidiertes Tochterunternehmen zu unterstützen. Denn eine solche Unterstützung würde zu einem Abfluss von Kapital führen, welcher den Wert des Unternehmens vermindern würde. Den Befragten scheint es offenbar wichtig zu sein, wie die Verpflichtung konkret strukturiert ist.

Hingegen als wenig wichtig bewerten die Kapitalmarktexperten Anhangangabe **B.3.**, nämlich die Information zu Name, Hauptsitz, Beteiligungsquote und ggf. Stimmrechtsquote für jedes nicht konsolidierte Tochterunternehmen einer Investmentgesellschaft, wenn die Investmentgesellschaft das Mutterunternehmen einer anderen Investmentgesellschaft ist[666] sowie über **B.2.**, nämlich über Name, Hauptsitz, Beteiligungsquote und ggf. Stimmrechtsquote für jedes nicht konsolidierte Tochterunternehmen einer Investmentgesellschaft.[667] Dieses Ergebnis unterstreicht die Unwichtigkeit der Anhangangaben B.3. und B.2. im folgenden Abschnitt.

432. Unwichtige Anhangangaben zu Anteilen an nicht konsolidierten Tochterunternehmen

In der Übersicht 25 werden die unwichtigsten Anhangangaben bzgl. des Anhang-Bereichs B aus Sicht von Kapitalmarktexperten dargestellt. B.2. und B.3. wurden durch die Kapitalmarktexperten als am unwichtigsten beurteilt. Die Einschätzung der Kapitalmarktexperten ist darauf zurückzuführen, dass diese beiden, sich stark ähnelnden Anhangangaben, für die Bewertung der Anteile an nicht konsolidierten Tochterunternehmen für sie nicht zielführend sind. Denn die beiden Angaben bieten keine Informationen, um die Art der Anteile sowie die damit verbundenen Risiken zu verste-

[665] Vgl. IFRS 12.19F.
[666] Vgl. IFRS 12.19C.
[667] Vgl. IFRS 12.19B.

hen und den Einfluss der Beteiligung auf die VFE-Lage des Konzerns (besser) zu beurteilen.[668]

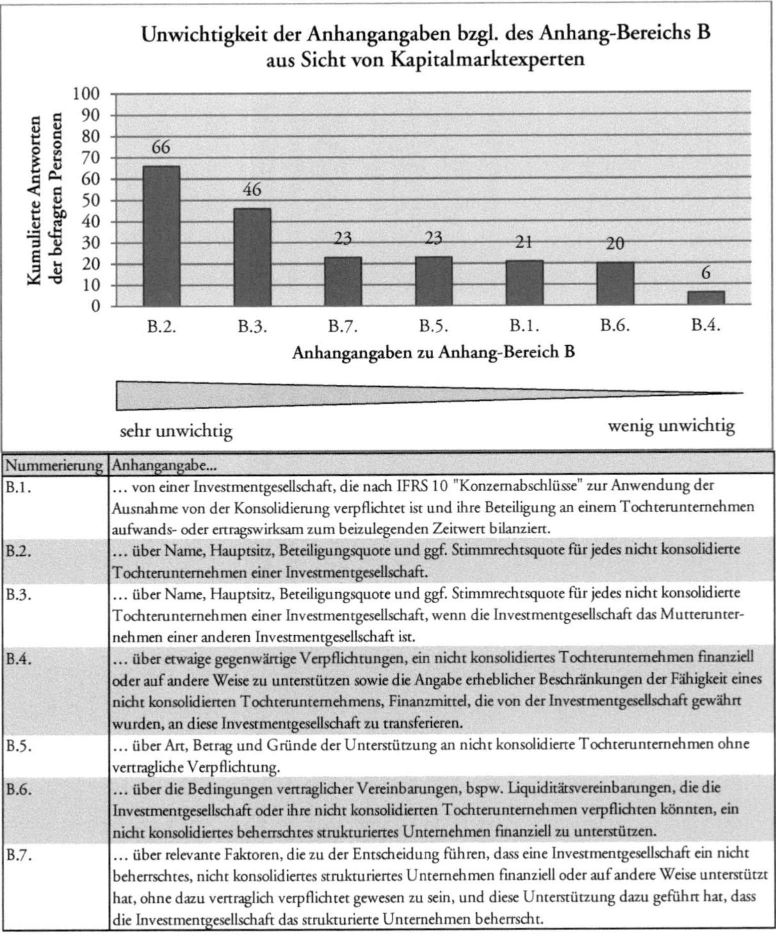

Nummerierung	Anhangangabe...
B.1.	... von einer Investmentgesellschaft, die nach IFRS 10 "Konzernabschlüsse" zur Anwendung der Ausnahme von der Konsolidierung verpflichtet ist und ihre Beteiligung an einem Tochterunternehmen aufwands- oder ertragswirksam zum beizulegenden Zeitwert bilanziert.
B.2.	... über Name, Hauptsitz, Beteiligungsquote und ggf. Stimmrechtsquote für jedes nicht konsolidierte Tochterunternehmen einer Investmentgesellschaft.
B.3.	... über Name, Hauptsitz, Beteiligungsquote und ggf. Stimmrechtsquote für jedes nicht konsolidierte Tochterunternehmen einer Investmentgesellschaft, wenn die Investmentgesellschaft das Mutterunternehmen einer anderen Investmentgesellschaft ist.
B.4.	... über etwaige gegenwärtige Verpflichtungen, ein nicht konsolidiertes Tochterunternehmen finanziell oder auf andere Weise zu unterstützen sowie die Angabe erheblicher Beschränkungen der Fähigkeit eines nicht konsolidierten Tochterunternehmens, Finanzmittel, die von der Investmentgesellschaft gewährt wurden, an diese Investmentgesellschaft zu transferieren.
B.5.	... über Art, Betrag und Gründe der Unterstützung an nicht konsolidierte Tochterunternehmen ohne vertragliche Verpflichtung.
B.6.	... über die Bedingungen vertraglicher Vereinbarungen, bspw. Liquiditätsvereinbarungen, die die Investmentgesellschaft oder ihre nicht konsolidierten Tochterunternehmen verpflichten könnten, ein nicht konsolidiertes beherrschtes strukturiertes Unternehmen finanziell zu unterstützen.
B.7.	... über relevante Faktoren, die zu der Entscheidung führen, dass eine Investmentgesellschaft ein nicht beherrschtes, nicht konsolidiertes strukturiertes Unternehmen finanziell oder auf andere Weise unterstützt hat, ohne dazu vertraglich verpflichtet gewesen zu sein, und diese Unterstützung dazu geführt hat, dass die Investmentgesellschaft das strukturierte Unternehmen beherrscht.

Übersicht 25: Unwichtigkeit der Anhangangaben bzgl. des Anhang-Bereichs B.

[668] Zur Zielsetzung des IFRS 12 vgl. IFRS 12.2 und Abschnitt 233.

Bei den unwichtigen Anhangangaben zum Anhang-Bereich B zeigt sich eine sehr klare Reihenfolge bzgl. der wichtigen und der unwichtigen Anhangangaben, wie die nachfolgende Übersicht 26 zeigt. So wurden die wichtigen Anhangangaben im vorherigen Abschnitt in absteigender Reihenfolge, angefangen mit der am wenigsten wichtigsten Anhangangabe, bewertet: B.3., B.2., B.7., B.5., B.1., B.6. und B.4. Die Reihenfolge der in diesem Abschnitt betrachteten unwichtigsten Anhangangaben, angefangen mit der unwichtigsten Anhangangabe, lautet: B.2., B.3., B.7., B.5., B.1., B.6. und B.4. Bis auf die beiden Anhangangaben B.2. und B.3. gibt die Rangfolge der als am wichtigsten bewerteten Anhangangaben jene wieder, die spiegelverkehrt die Rangfolge der als am unwichtigsten bewerteten Anhangangaben zeigt. Die fast vollkommen zueinander passenden Rangfolgen zeigen, welche Anhangangaben den befragten Kapitalmarktexperten wichtig und welche unwichtig sind. Allerdings kann es sein, dass sich die fast identische Rangfolge auf die geringe Zahl der zu bewertenden *Items* zurückführen lässt. Denn nur sieben Anhangangaben für Anhang-Bereich B lassen sich konsistenter und einfacher durch die Kapitalmarktexperten bewerten als zehn Anhangangaben im Anhang-Bereich A.

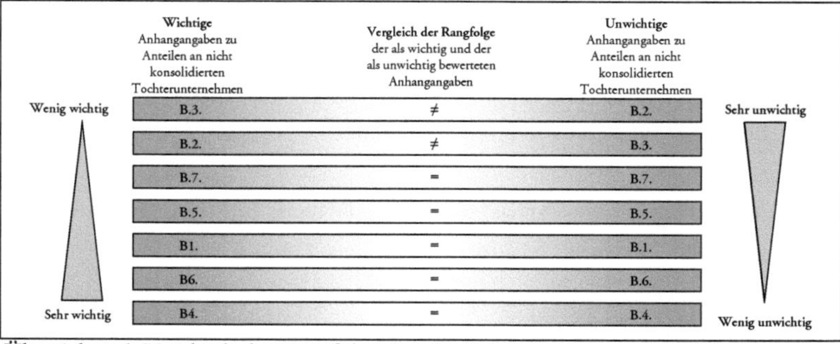

Übersicht 26: Vergleich der Rangfolge der als wichtig und der als unwichtig bewerteten Angaben im Anhang-Bereich B.

433. Fehlende Anhangangaben zu Anteilen an nicht konsolidierten Tochterunternehmen

Nur **ein befragter Kapitalmarktexperte** bemängelt fehlende Anhangangaben zu Anteilen an nicht konsolidierten Tochterunternehmen und kritisiert, dass ihm **Informationen zum Kaufpreis** fehlen. Der gleiche Wunsch bzgl. der Kaufpreis-Information wurde bereits bei den fehlenden Angaben zu Anteilen an konsolidierten Tochterunternehmen in Abschnitt 423. von derselben Person festgestellt. Da der Kaufpreis als fehlende Anhangangabe nur bei den Anhang-Bereichen zu konsolidierten und zu nicht konsolidierten Tochterunternehmen gefordert wird, nicht aber in den Anhang-Bereichen zu Anteilen an gemeinschaftlichen Vereinbarungen und assoziierten Unternehmen, zu Anteilen an nicht konsolidierten strukturierten Unternehmen und zu den Ermessensentscheidungen und Annahmen, scheinen die Kapitalmarktexperten die Kaufpreis-Information nur beim Bereich Anteile an konsolidierten Tochterunternehmen und an nicht konsolidierten Tochterunternehmen zu vermissen.

44 Anhang-Bereich C: Anteile an gemeinschaftlichen Vereinbarungen und assoziierten Unternehmen

441. Wichtige Anhangangaben zu Anteilen an gemeinschaftlichen Vereinbarungen und assoziierten Unternehmen

Die wichtigsten Angaben zum Anhang-Bereich C, die durch die vorliegende Befragung mittels der MaxDiff-Methode ermittelt wurden, sind: C.10., C.8. und C.3. Die drei Anhangangaben weisen zu den folgenden sechs Anhangangaben der dargestellten Rangfolge einen verhältnismäßig großen Abstand auf. Die als am wichtigsten bewertete Anhangangabe C.10. beschreibt **zusammenfassende Finanzinformationen** für jedes wesentliche Gemeinschafts- oder assoziierte Unternehmen.[669]

[669] Vgl. IFRS 12.23(b).

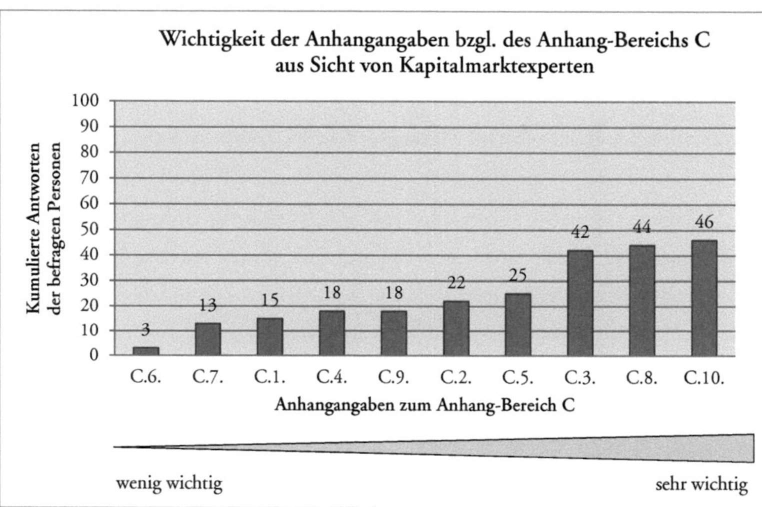

Nummerierung	Anhangangabe...
C.1.	... über Name, Art der Beziehung, Hauptgeschäftssitz, Beteiligungsquote und ggf. Stimmrechtsquote des gemeinschaftlichen oder assoziierten Unternehmens.
C.2.	... ob die Beteiligungen an Gemeinschafts- oder assoziierten Unternehmen nach der Equity-Methode oder zum beizulegenden Zeitwert bewertet werden.
C.3.	... über den beizulegenden Zeitwert der Beteiligung am Gemeinschafts- bzw. assoziierten Unternehmen, sofern es nach der Equity-Methode bilanziert wird und ein notierter Marktpreis für die Beteiligung vorliegt.
C.4.	... über zusammenfassende Finanzinformationen, wie über den Gewinn und Verlust aus fortzuführenden und aus aufgegebenen Geschäftsbereichen sowie dem sonstigen und gesamten Ergebnis für jedes Gemeinschafts- oder assoziierte Unternehmen, das einzeln unwesentlich ist.
C.5.	... über Art und Umfang erheblicher Beschränkungen der Fähigkeit des Gemeinschafts- oder assoziierten Unternehmens, Finanzmittel in Form von Bardividenden oder Darlehens- und Vorschusstilgungen an das Unternehmen zu transferieren.
C.6.	... über den Abschlussstichtag von Gemeinschafts- oder assoziierten Unternehmen, welche die Equity-Methode anwenden sowie die Gründe für die Verwendung unterschiedlicher Abschlussstichtage zwischen bilanzierendem Unternehmen und Gemeinschafts- oder assoziiertem Unternehmen.
C.7.	... über den nicht erfassten anteiligen Verlust eines Gemeinschafts- oder assoziierten Unternehmens, wenn das Unternehmen seine Verlustanteile am Gemeinschafts- oder assoziierten Unternehmen bei Verwendung der Equity-Methode nicht mehr erfasst.
C.8.	... über eingegangene aber noch nicht erfasste Verpflichtungen, die zu einem künftigen Abfluss von Ressourcen führen können.
C.9.	... über die mit Anteilen eines Unternehmens an Gemeinschafts- und assoziierten Unternehmen verbundenen Risiken gemäß IAS 37. D.h. Angabe der Eventualverbindlichkeit im Zusammenhang mit Anteilen an Gemeinschafts- oder assoziierten Unternehmen, getrennt von dem Betrag anderer Eventualverbindlichkeiten, es sei denn, die Möglichkeit eines Verlustes ist unwahrscheinlich.
C.10.	...über zusammenfassende Finanzinformationen, wie Vermögenswerte, Schulden, Umsatzerlöse, Gewinne und Verluste aus fortzuführenden und aus aufgegebenen Geschäftsbereichen sowie das sonstige und gesamte Ergebnis für jedes wesentliche Gemeinschafts- oder assoziierte Unternehmen.

Übersicht 27: Wichtigkeit der Anhangangaben bzgl. des Anhang-Bereichs C.

Bei den Anhangangaben zu Anteilen an Tochterunternehmen[670] wurden ebenfalls zusammenfassende (Finanz-)Informationen vermisst. Bezüglich des Anhang-Bereichs A wurden zwar Angaben über die „Zusammensetzung des Konzerns" als fehlend deklariert, doch offensichtlich ist ein **zunächst allgemeiner Überblick über die jeweiligen Anhang-Bereiche** durch die Kapitalmarktexperten gewünscht.In einem Gespräch mit einem Analysten[671] konnte festgehalten werden, dass sehr detaillierte Anhangangaben und Informationen über Anteile an anderen Unternehmen oftmals nur überflogen werden und in der alltäglichen Praxis keine Zeit bleibt, sämtliche Angaben zu analysieren. Daher ist die als besonders wichtig bewertete Anhangangabe C.10. über zusammenfassende, überblicksartige Informationen für jedes wesentliche Gemeinschafts- oder assoziierte Unternehmen nachvollziehbar.

Ferner wird Anhangangabe C.8. als wichtig bewertet. C.8. beschreibt die Anhangangabe über **eingegangene** aber noch **nicht erfasste Verpflichtungen**, die zu einem **künftigen Abfluss von Ressourcen** führen können.[672] Auch bei dieser Anhangangabe wird deutlich, dass die Kapitalmarktexperten Risiken durch bestimmte Verpflichtungen aufdecken wollen. Denn potentiell auftretende Risiken beeinflussen ihre Anlageentscheidung. C.3., die als am drittwichtigsten beurteilte Anhangangabe, nämlich über den **beizulegenden Zeitwert der Beteiligung** am Gemeinschafts- bzw. assoziierten Unternehmen[673] macht deutlich, dass die Befragten den aktuellen Wert einer Unternehmensbeteiligung für sehr wichtig halten. Ähnliche Präferenzen der Kapitalmarktexperten konnten bereits bei den fehlenden Anhangangaben zu Anhang-Bereich A festgestellt werden. Auch hier wurde die Angabe des Betrags gefordert, der den Unternehmenswert, in Form eines Kaufpreises oder aktuellen Zeitwerts der Beteiligung angibt.

---

670 Vgl. Abschnitt 42.

671 Das Gespräch mit einem Analysten der Bayerischen Landesbank (BayernLB) wurde im Rahmen der Nachfassaktion zur empirischen Analyse geführt.

672 Vgl. IFRS 12.22(c).

673 Vgl. IFRS 12.21(b)(iii).

Die sechs Anhangangaben C.5., C.2., C.9., C.4., C.1. und C.7. haben eine mittlere Bedeutung. Bei diesen Anhangangaben lässt sich keine klare Rangfolge definieren, da sich die Zustimmungs-Klicks durch die Befragten in der Online-Befragung nur geringfügig voneinander unterscheiden. Indes zeigt sich ein großer Abstand zwischen der wichtigsten Anhangangabe C.10., die 46 Klicks erhalten hat, und der mit nur 3 Klicks versehenen Anhangangabe C.6. **C.6.** betrifft die Anhangangabe über den **Abschlussstichtag** von Gemeinschafts- oder assoziierten Unternehmen sowie die Gründe für die Verwendung potentiell unterschiedlicher Abschlussstichtage zwischen bilanzierendem Unternehmen und Gemeinschafts- oder assoziiertem Unternehmen.[674] Diese als wenig wichtig durch die Kapitalmarktexperten bewertete Anhangangabe, findet sich in ähnlicher Ausprägung bereits zuvor in Anhang-Bereich A wieder. Auch dort wurde die Anhangangabe A.3. über den Abschlussstichtag des Tochterunternehmens und die etwaigen Gründe für die Verwendung unterschiedlicher Abschlussstichtage des Tochter- und des Mutterunternehmens[675] als wenig wichtig gekennzeichnet. Dass die Anhangangabe C.6. nicht nur als wenig wichtig, sondern gleichzeitig auch als unwichtigste Anhangangabe bewertet wurde, zeigt der nachfolgende Abschnitt.

442. Unwichtige Anhangangaben zu Anteilen an gemeinschaftlichen Vereinbarungen und assoziierten Unternehmen

Den Befragungsteilnehmern scheint es leichter zu fallen, die Frage nach den unwichtigsten anstatt nach den wichtigsten Anhangangaben zu beantworten. Bei allen Anhang-Bereichen zeigt sich, dass die Häufigkeit der Wahl einer Anhangangabe stets stärker differenziert, wenn nach unwichtigen Anhangangaben gefragt wird. Soweit lässt sich mit dieser **Fragenmethodik** ein deutlich **kontrastreiches Bild über die** (Un-)**Wichtigkeit** der einzelnen Anhangangaben erhalten. Die wichtigsten Anhangangaben des Anhang-Bereichs C, der Angaben zu Anteilen an gemeinschaftlichen Vereinbarungen und assoziierten Unternehmen enthält, liegen in einem Intervall von 3 bis 46 Klicks. Die unwichtigsten liegen hingegen in einer Bandbreite von 9 bis 83 Klicks:

674 Vgl. IFRS 12.22(b).

675 Vgl. IFRS 12.11(a)-(b).

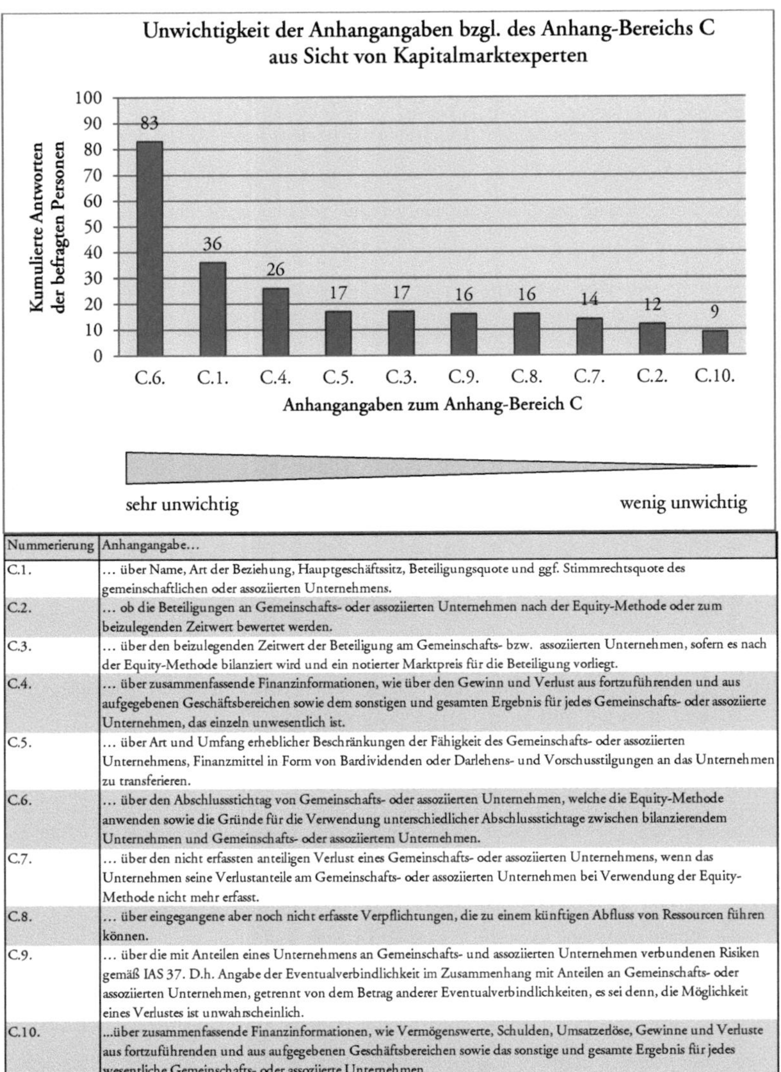

Nummerierung	Anhangangabe...
C.1.	... über Name, Art der Beziehung, Hauptgeschäftssitz, Beteiligungsquote und ggf. Stimmrechtsquote des gemeinschaftlichen oder assoziierten Unternehmens.
C.2.	... ob die Beteiligungen an Gemeinschafts- oder assoziierten Unternehmen nach der Equity-Methode oder zum beizulegenden Zeitwert bewertet werden.
C.3.	... über den beizulegenden Zeitwert der Beteiligung am Gemeinschafts- bzw. assoziierten Unternehmen, sofern es nach der Equity-Methode bilanziert wird und ein notierter Marktpreis für die Beteiligung vorliegt.
C.4.	... über zusammenfassende Finanzinformationen, wie über den Gewinn und Verlust aus fortzuführenden und aus aufgegebenen Geschäftsbereichen sowie dem sonstigen und gesamten Ergebnis für jedes Gemeinschafts- oder assoziierte Unternehmen, das einzeln unwesentlich ist.
C.5.	... über Art und Umfang erheblicher Beschränkungen der Fähigkeit des Gemeinschafts- oder assoziierten Unternehmens, Finanzmittel in Form von Bardividenden oder Darlehens- und Vorschusstilgungen an das Unternehmen zu transferieren.
C.6.	... über den Abschlussstichtag von Gemeinschafts- oder assoziierten Unternehmen, welche die Equity-Methode anwenden sowie die Gründe für die Verwendung unterschiedlicher Abschlussstichtage zwischen bilanzierendem Unternehmen und Gemeinschafts- oder assoziiertem Unternehmen.
C.7.	... über den nicht erfassten anteiligen Verlust eines Gemeinschafts- oder assoziierten Unternehmens, wenn das Unternehmen seine Verlustanteile am Gemeinschafts- oder assoziierten Unternehmen bei Verwendung der Equity-Methode nicht mehr erfasst.
C.8.	... über eingegangene aber noch nicht erfasste Verpflichtungen, die zu einem künftigen Abfluss von Ressourcen führen können.
C.9.	... über die mit Anteilen eines Unternehmens an Gemeinschafts- und assoziierten Unternehmen verbundenen Risiken gemäß IAS 37. D.h. Angabe der Eventualverbindlichkeit im Zusammenhang mit Anteilen an Gemeinschafts- oder assoziierten Unternehmen, getrennt von dem Betrag anderer Eventualverbindlichkeiten, es sei denn, die Möglichkeit eines Verlustes ist unwahrscheinlich.
C.10.	...über zusammenfassende Finanzinformationen, wie Vermögenswerte, Schulden, Umsatzerlöse, Gewinne und Verluste aus fortzuführenden und aus aufgegebenen Geschäftsbereichen sowie das sonstige und gesamte Ergebnis für jedes wesentliche Gemeinschafts- oder assoziierte Unternehmen.

Übersicht 28: Unwichtigkeit der Anhangangaben bzgl. des Anhang-Bereichs C.

Hier wird deutlich, dass die Anhangangabe C.6. über die Verwendung unterschiedlicher Abschlussstichtage[676] mit 83 Bewertungen zur unwichtigsten Anhangangabe im Anhang-Bereich C und so mit großem Abstand zur darauffolgenden zweitunwichtigsten Anhangangabe C.1. beurteilt wurde. Bei den unwichtigsten Anhangangaben zeigt sich erneut, dass die Anhangangaben, die als unwichtig bewertet werden, gleichzeitig auch bei den als wichtig bewerteten Anhangangaben wenig Klicks bekommen haben und vice versa. So gelten C.1. und C.4. aus Sicht der Kapitalmarktexperten als besonders unwichtig. Bei **C.1.** handelt es sich um die von IFRS 12 geforderte Anhangangabe über die allgemeinen Angaben, wie **Name, Art der Beziehung, Hauptgeschäftssitz, Beteiligungsquote** und ggf. Stimmrechtsquote des gemeinschaftlichen oder assoziierten Unternehmens.[677] Auch bei dieser als am zweitunwichtigsten bewerteten Angabe ist ersichtlich, dass Kapitalmarktexperten aus dieser Angabe keine Informationen über Risiken und daher über potentielle Anlageentscheidungen gewinnen können.

C.4., die in IFRS 12 geforderte Anhangangabe über **zusammenfassende Finanzinformationen,** wie über den Gewinn und Verlust aus fortzuführenden und aus aufgegebenen Geschäftsbereichen sowie über das sonstige und das gesamte Ergebnis für **jedes Gemeinschafts- oder assoziierte Unternehmen,** das **einzeln unwesentlich** ist,[678] wird als drittunwichtigste Anhangangabe beurteilt. Dies verwundert zunächst, wird doch die Anhangangabe C.10., welche ebenfalls zusammenfassende Informationen benennt, als wichtig bewertet.[679] Der Unterschied zwischen diesen zusammenfassenden Informationen, mit dem sich die Unwichtigkeit von C.4. erklären lässt, ist, dass diese Anhangangabe zusammenfassende Informationen für jedes Gemeinschafts- oder assoziierte Unternehmen erfassen soll, die **einzeln unwesentlich** sind. Die Kapitalmarktexperten haben offensichtlich eher ein Informationsinteresse an wesentlichen Beteiligungen, auch wenn die einzeln unwesentlichen Beteiligungen in Summe wesentlich sein könnten. Informationen über die im Einzelnen wesentlichen Anteile an

---

676 Vgl. IFRS 12.22(b).

677 Vgl. IFRS 12.21(a).

678 Vgl. IFRS 12.21(c) i. V. m. IFRS 12.B16.

679 Die im vorherigen Abschnitt als am wichtigsten bewertete Anhangangabe C.10. bekommt bei der Frage nach den unwichtigsten Anhangangaben die wenigsten Klicks.

anderen Unternehmen scheinen demnach für Kapitalmarktexperten wichtiger zu sein als einzeln unwichtige. Bei einem **Vergleich der Reihenfolgen** von als wichtig und spiegelverkehrt unwichtig bewerteten Anhangangaben stimmen diese nicht perfekt überein, wie die nachfolgende Übersicht zeigt.

	Wichtige Anhangangaben zu Anteilen an gemeinschaftlichen Vereinbarungen und assoziierten Unternehmen	Vergleich der Rangfolge der als wichtig und der als unwichtig bewerteten Anhangangaben	Unwichtige Anhangangaben zu Anteilen an gemeinschaftlichen Vereinbarungen und assoziierten Unternehmen	
Wenig wichtig	C.6.	=	C.6.	Sehr unwichtig
	C.7.	≠	C.1.	
	C.1.	≠	C.4.	
	C.4.	≠	C.5.	
	C.9.	≠	C.3.	
	C.2.	≠	C.9.	
	C.5.	≠	C.8.	
	C.3.	≠	C.7.	
	C.8.	≠	C.2.	
Sehr wichtig	C.10.	≠	C.10.	Wenig unwichtig

Übersicht 29: Vergleich der Rangfolge der als wichtig und der als unwichtig bewerteten Angaben im Anhang-Bereich C.

So lautet die Reihenfolge der wichtigsten Anhangangaben, angefangen mit der wichtigsten Informationen für Kapitalmarktexperten C.10., C.8., C.3., C.5., C.2., C.9., C4., C.1., C.7. und C.6. Wird nun diese Reihenfolge mit der Reihenfolge der unwichtigsten Anhangangaben[680] vergleichen, ergibt sich folgendes Bild: C.10., C.2., C.7., C.8., C.9., C.3., C5., C.4., C.1. und C.6. Diese Befragungsergebnisse machen deutlich, dass offenbar nur die besonders wichtigen oder unwichtigen Anhangangaben konsistent durch die Befragten beurteilt werden können. Die Anhangangaben C.1. und C.4. wurden zwar auch häufig als unwichtig gekennzeichnet, doch lässt sich vor allem für C.6. eine klare Empfehlung zur Eliminierung aus dem Anforderungskatalog von IFRS 12 geben, da diese Anhangangabe als besonders unwichtig ermittelt wurde.[681]

680 Diese Reihenfolge beginnt mit den wenig unwichtigen Anhangangaben.

681 Ausführlich zur Eliminierung von Anhangangaben in IFRS 12 vgl. Abschnitt 493.

443. Fehlende Anhangangaben zu Anteilen an gemeinschaftlichen Vereinbarungen und assoziierten Unternehmen

Bei den Anhangangaben zu Anteilen an gemeinschaftlichen Vereinbarungen und assoziierten Unternehmen wurden durch die Kapitalmarktexperten **keine Anhangangaben** vermisst. Die Kapitalmarktexperten sehen offenbar keine Informationsdefizite bzgl. der Anhangangaben zu Anteilen an gemeinschaftlichen Vereinbarungen und assoziierten Unternehmen. Sie halten die **aktuell geforderten, umfangreichen Anhangangaben** zum Anhang-Bereich C offensichtlich für **ausreichend informativ**.

45 Anhang-Bereich D: Anteile an nicht konsolidierten strukturierten Unternehmen

451. Wichtige Anhangangaben zu Anteilen an nicht konsolidierten strukturierten Unternehmen

Bei den Befragungsergebnissen zum Anhang-Bereich D fällt auf, dass die Bandbreite von kumulierten Klicks innerhalb der **wichtigsten Anhangangaben zu Anteilen an nicht konsolidierten strukturierten Unternehmen** groß ist. So wird die Anhangangabe D.2. lediglich zweimal angeklickt, wohingegen die aus Sicht der Kapitalmarktexperten wichtigste Anhangangabe D.6. 67 mal gewählt wurde. Die **nachfolgende Übersicht 30** verdeutlicht dies.

IFRS 12 verlangt mit **D.6.** eine Anhangangabe über den Betrag, der das **maximale Verlustrisiko** des Unternehmens aufgrund seiner Anteile an nicht konsolidierten strukturierten Unternehmen darstellt, einschließlich Informationen darüber, wie das maximale Verlustrisiko bestimmt wird.[682] Hier zeigt sich, wie bei den vorherigen Anhang-Bereichen, dass die Kapitalmarktexperten Anhangangaben zum Risiko als besonders wichtig beurteilen.

682 Vgl. IFRS 12.29(c).

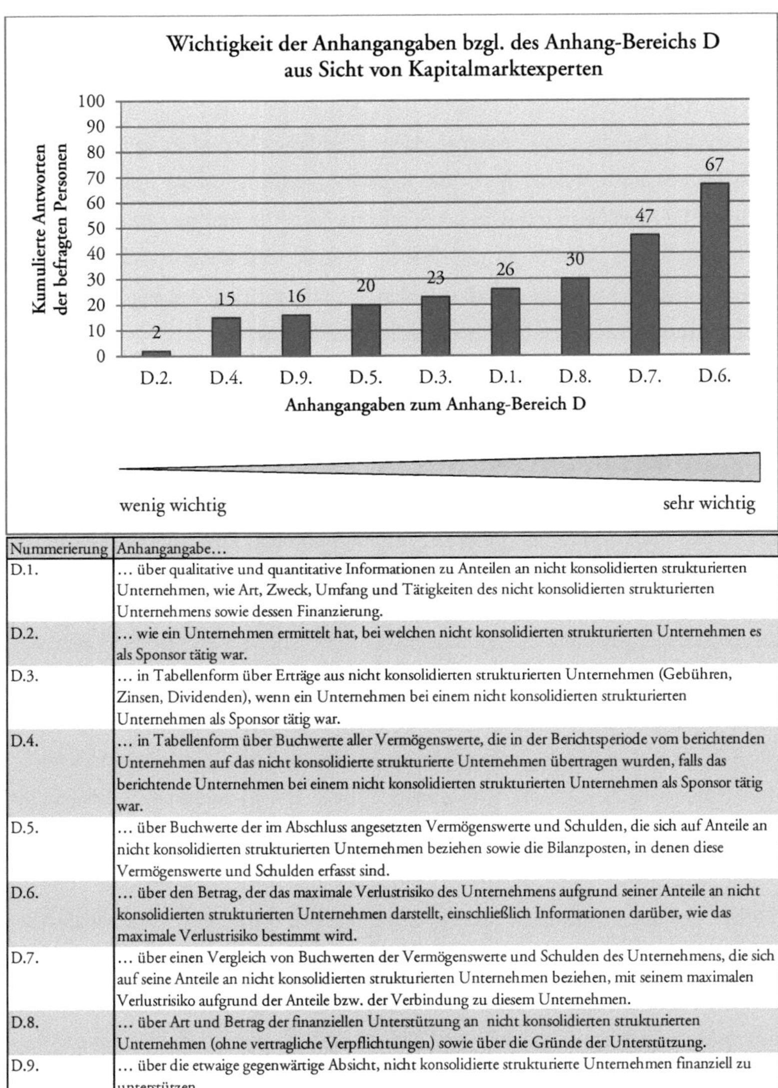

Nummerierung	Anhangangabe...
D.1.	... über qualitative und quantitative Informationen zu Anteilen an nicht konsolidierten strukturierten Unternehmen, wie Art, Zweck, Umfang und Tätigkeiten des nicht konsolidierten strukturierten Unternehmens sowie dessen Finanzierung.
D.2.	... wie ein Unternehmen ermittelt hat, bei welchen nicht konsolidierten strukturierten Unternehmen es als Sponsor tätig war.
D.3.	... in Tabellenform über Erträge aus nicht konsolidierten strukturierten Unternehmen (Gebühren, Zinsen, Dividenden), wenn ein Unternehmen bei einem nicht konsolidierten strukturierten Unternehmen als Sponsor tätig war.
D.4.	... in Tabellenform über Buchwerte aller Vermögenswerte, die in der Berichtsperiode vom berichtenden Unternehmen auf das nicht konsolidierte strukturierte Unternehmen übertragen wurden, falls das berichtende Unternehmen bei einem nicht konsolidierten strukturierten Unternehmen als Sponsor tätig war.
D.5.	... über Buchwerte der im Abschluss angesetzten Vermögenswerte und Schulden, die sich auf Anteile an nicht konsolidierten strukturierten Unternehmen beziehen sowie die Bilanzposten, in denen diese Vermögenswerte und Schulden erfasst sind.
D.6.	... über den Betrag, der das maximale Verlustrisiko des Unternehmens aufgrund seiner Anteile an nicht konsolidierten strukturierten Unternehmen darstellt, einschließlich Informationen darüber, wie das maximale Verlustrisiko bestimmt wird.
D.7.	... über einen Vergleich von Buchwerten der Vermögenswerte und Schulden des Unternehmens, die sich auf seine Anteile an nicht konsolidierten strukturierten Unternehmen beziehen, mit seinem maximalen Verlustrisiko aufgrund der Anteile bzw. der Verbindung zu diesem Unternehmen.
D.8.	... über Art und Betrag der finanziellen Unterstützung an nicht konsolidierten strukturierten Unternehmen (ohne vertragliche Verpflichtungen) sowie über die Gründe der Unterstützung.
D.9.	... über die etwaige gegenwärtige Absicht, nicht konsolidierte strukturierte Unternehmen finanziell zu unterstützen.

Übersicht 30: Wichtigkeit der Anhangangaben bzgl. des Anhang-Bereichs D.

Auch D.7., die von IFRS 12 geforderten Anhangangaben über einen Vergleich von Buchwerten der Vermögenswerte und Schulden des Unternehmens, die sich auf seine

Anteile an nicht konsolidierten strukturierten Unternehmen beziehen, unter Angabe des maximalen Verlustrisikos aus diesen Unternehmen,[683] wird mit 47 Klicks als wichtig bewertet. Deutlich wird, dass **Angaben zu Risiken** über bestimmte Angaben im Abschluss oder auch potentielle Risikopositionen als **wichtig** angesehen werden. Denn bei potentiellen Verkaufs-, Kauf- oder Halteentscheidungen der Adressaten des bilanzierenden Unternehmens können vor allem Verluste und Risiken der Unternehmen, von denen das bilanzierende Unternehmen Anteile besitzt, die Ertragsaussichten vermindern. Mittels detaillierter Angaben über entsprechende Risiken lassen sich künftige wirtschaftliche Entscheidungen besser fällen, wenn die Risiken bestimmter Positionen bei der Unternehmensbewertung bekannt sind und angegeben werden. Ferner wird **D.8.**, die geforderte Anhangangabe über Art und Betrag der **finanziellen Unterstützung** an ein nicht konsolidiertes strukturiertes Unternehmen (**ohne vertragliche Verpflichtung**) sowie über die **Gründe dieser Unterstützung,**[684] zwar nur halb so häufig angeklickt wie D.6., aber mit 30 Nennungen wird diese Angabe als am drittwichtigsten bewertet. Dieses Befragungsergebnis überzeugt, weil finanzielle Unterstützungen – ohne vertragliche Verpflichtungen – Risiken bergen. Denn die Leser eines Abschlusses wissen ohne diese Angabe nicht, wie häufig das nicht konsolidierte strukturierte Unternehmen eine Unterstützung durch das bilanzierende Unternehmen erfährt. Vor allem zur Zeit der im Jahr 2008 beginnenden Finanzmarktkrise wurden viele Risiken „hinter" strukturierten Unternehmen verdeckt. Gerade solche Informationen sind aber für Leser des Abschlusses bedeutsam.[685]

144[686] von 246 möglichen Klicks entfallen auf drei von neun Anhangangaben. Die verbleibenden 102 möglichen Klicks verteilen sich etwa gleichmäßig mit wenig Klicks auf sechs Anhangangaben. Fünf der sechs Anhangangaben, D.1., D.3., D.5., D.9. und D.4., wurden von den Befragten mit 15 bis 26 Klicks bewertet. Die Abstufungen innerhalb dieser Bandbreite von 15-26 Klicks lassen keine Schlüsse auf besonders wichtige An-

683 Vgl. IFRS 12.29(d).

684 Vgl. IFRS 12.30.

685 Ausführlich zu Anteilen an strukturierten Unternehmen vgl. Abschnitt 226. sowie zu den Anhangangaben zu Anteilen an strukturierten Unternehmen vgl. 233.24.

686 Die insgesamt 144 Klicks setzten sich aus 67 Klicks bei D.6., 47 Klicks bei D.7. und aus 30 Klicks bei D.8. zusammen.

hangangaben zu. Auffallend ist dabei nur die Anhangangabe **D.2.**, die lediglich zweimal als wichtig gekennzeichnet wurde und im folgenden Abschnitt genauer betrachtet wird.

452. Unwichtige Anhangangaben zu Anteilen an nicht konsolidierten strukturierten Unternehmen

Übersicht 31 präsentiert die aus Sicht der befragten Kapitalmarktexperten **unwichtigsten Anhangangaben** zu Anteilen an nicht konsolidierten strukturierten Unternehmen. Die Gesamtauswertung zeigt, dass die drei zuvor als am wichtigsten benannten Anhangangaben D.6., D.7. und D.8. in diesem Abschnitt ebenfalls zu den als am wenigsten unwichtig, ergo als am wichtigsten ausgewählten Anhangangaben zählen. Diese drei Anhangangaben vermitteln Informationen über (Verlust-)Risiken, die Kapitalmarktexperten bei der Bewertung von strukturierten Unternehmen berücksichtigen sollten.

Ebenfalls konsistent mit der vorherigen Auswertung in Abschnitt 451. zu den wichtigsten Anhangangaben ist die Information D.2., denn sie verlangt, dass das **Unternehmen angibt, wie es ermittelt** hat, bei welchen nicht konsolidierten strukturierten Unternehmen es als **Sponsor** tätig war.[687] Die Angabe ist aus Sicht der Kapitalmarktexperten die, mit sehr großem Abstand zu den anderen zu bewertenden Anhangangaben, unwichtigste Information. Die Kapitalmarktexperten erachten zwar die Information, ob das Unternehmen als Sponsor tätig war, grds. für wichtig. Doch interessiert sie offensichtlich kaum das mehrstufige Verfahren,[688] wie ein Unternehmen ermittelt hat, ob es als Sponsor einen Anteil an einem nicht konsolidierten strukturierten Unternehmen hält.[689]

687 Vgl. IFRS 12.27(a).

688 STARBATTY beschreibt ein mehrstufiges komplexes Verfahren zur Ermittlung eines strukturierten Unternehmens. Zunächst wird anhand von vier Kurzkriterien geprüft, ob potentiell ein Anteil an einem strukturierten Unternehmen besteht. Ziel dieser ersten Stufe ist es lediglich, mögliche strukturierte Unternehmen zu erkennen. Nach dieser groben Prüfung wird in einem zweiten Schritt geprüft, ob tatsächlich ein wesentlicher Anteil an einem strukturierten Unternehmen vorliegt. Hierzu werden sog. Detailprüfungen vorgenommen, deren Vorgehensweise indes nicht öffentlich bekannt ist. Ziel der zweiten Stufe ist es, wesentliche Angaben, wie Zweck, Struktur und Aktivitäten des strukturierten Unternehmens herauszusuchen. Die dritte Stufe umfasst das Suchen von Detailangaben zu konsolidierten und nicht konsolidierten strukturierten Unternehmen. Ziel dieser dritten und damit letzten Stufe ist es, die vollständigen

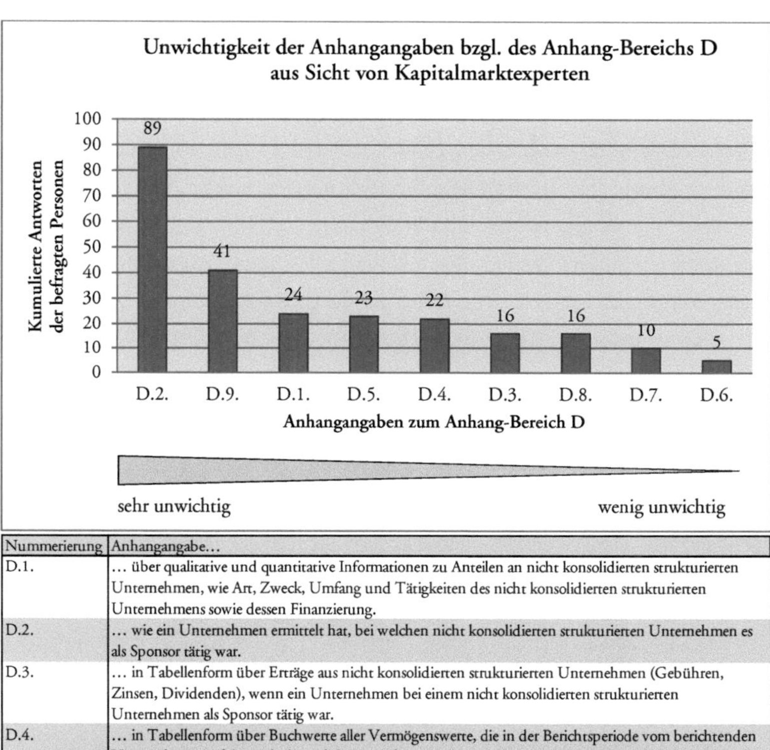

Nummerierung	Anhangangabe...
D.1.	... über qualitative und quantitative Informationen zu Anteilen an nicht konsolidierten strukturierten Unternehmen, wie Art, Zweck, Umfang und Tätigkeiten des nicht konsolidierten strukturierten Unternehmens sowie dessen Finanzierung.
D.2.	... wie ein Unternehmen ermittelt hat, bei welchen nicht konsolidierten strukturierten Unternehmen es als Sponsor tätig war.
D.3.	... in Tabellenform über Erträge aus nicht konsolidierten strukturierten Unternehmen (Gebühren, Zinsen, Dividenden), wenn ein Unternehmen bei einem nicht konsolidierten strukturierten Unternehmen als Sponsor tätig war.
D.4.	... in Tabellenform über Buchwerte aller Vermögenswerte, die in der Berichtsperiode vom berichtenden Unternehmen auf das nicht konsolidierte strukturierte Unternehmen übertragen wurden, falls das berichtende Unternehmen bei einem nicht konsolidierten strukturierten Unternehmen als Sponsor tätig war.
D.5.	... über Buchwerte der im Abschluss angesetzten Vermögenswerte und Schulden, die sich auf Anteile an nicht konsolidierten strukturierten Unternehmen beziehen sowie die Bilanzposten, in denen diese Vermögenswerte und Schulden erfasst sind.
D.6.	... über den Betrag, der das maximale Verlustrisiko des Unternehmens aufgrund seiner Anteile an nicht konsolidierten strukturierten Unternehmen darstellt, einschließlich Informationen darüber, wie das maximale Verlustrisiko bestimmt wird.
D.7.	... über einen Vergleich von Buchwerten der Vermögenswerte und Schulden des Unternehmens, die sich auf seine Anteile an nicht konsolidierten strukturierten Unternehmen beziehen, mit seinem maximalen Verlustrisiko aufgrund der Anteile bzw. der Verbindung zu diesem Unternehmen.
D.8.	... über Art und Betrag der finanziellen Unterstützung an nicht konsolidierten strukturierten Unternehmen (ohne vertragliche Verpflichtungen) sowie über die Gründe der Unterstützung.
D.9.	... über die etwaige gegenwärtige Absicht, nicht konsolidierte strukturierte Unternehmen finanziell zu unterstützen.

Übersicht 31: Unwichtigkeit der Anhangangaben bzgl. des Anhang-Bereichs D.

Angaben für die Konzernabschlusserstellung zusammenzutragen. Vgl. STARBATTY, N., Anforderungen an Disclosure, S. 3-6.

689 Die Kapitalmarktexperten haben ein größeres Interesse an dem Ergebnis als an dem letztlichen Weg, der zu diesem Ergebnis führt.

Auch die als zweitunwichtigste bewertete Anhangangabe **D.9.** über die etwaige gegenwärtige **Absicht**, ein **nicht konsolidiertes strukturiertes Unternehmen** finanziell **zu unterstützen,**[690] wird konsistent zum vorherigen Abschnitt bzgl. der Auswertung der wichtigen Angaben als wenig wichtig beurteilt. Dies ist insofern plausibel, als eine gegenwärtige Absicht, ein Unternehmen finanziell oder in anderer Art und Weise zu unterstützen, nur als gegenwärtige Absicht formuliert ist. Die gegenwärtige Absicht ist (noch) keine tatsächliche Verpflichtung und führt somit aktuell zu keinem Abfluss von liquiden Mitteln des Unternehmens. Denn nur die gegenwärtige Absicht zu unterstützen, führt womöglich erst Jahre später zu einer faktischen Verpflichtung. Kapitalmarktexperten benötigen Informationen aus dem aktuellen Abschluss, mit denen sie kurzfristig eine wirtschaftliche Entscheidung besser fundiert treffen können. Die nachfolgende Übersicht zeigt, dass die Rangfolge der als wichtig und der als unwichtig bewerteten Angaben im Anhang-Bereich D ähnlich ist.

	Wichtige Anhangangaben zu Anteilen an nicht konsolidierten strukturierten Unternehmen	Vergleich der Rangfolge der als wichtig und der als unwichtig bewerteten Anhangangaben	Unwichtige Anhangangaben zu Anteilen an nicht konsolidierten strukturierten Unternehmen	
Wenig wichtig	D.2.	=	D.2.	Sehr unwichtig
	D.4.	≠	D.9.	
	D.9.	≠	D.1.	
	D.5.	=	D.5.	
	D.3.	≠	D.4.	
	D.1.	≠	D.3.	
	D.8.	=	D.8.	
	D.7.	=	D.7.	
Sehr wichtig	D.6.	=	D.6.	Wenig unwichtig

Übersicht 32: Vergleich der Rangfolge der als wichtig und der als unwichtig bewerteten Angaben im Anhang-Bereich D.

690 Vgl. IFRS 12.31.

453. Fehlende Anhangangaben zu Anteilen an nicht konsolidierten strukturierten Unternehmen

Vor der Implementierung von IFRS 12 enthielten die Konzernrechnungslegungsstandards kaum Angaben zu strukturierten Unternehmen. Mit dem IFRS 12 werden nun erstmalig Anhangangaben zu nicht konsolidierten strukturierten Unternehmen aufgenommen. Das befriedigt offenbar die Kapitalmarktexperten, denn keiner der Befragten forderte – über die bestehenden Anhangangaben hinaus – zusätzliche Informationen.[691] Vielmehr konnte im Anhang-Bereich D die höchste Zahl an Klicks bzgl. der unwichtigsten Anhangangabe festgestellt werden, wie bei keinem der anderen Anhang-Bereiche.

46 Anhang-Bereich E: Ermessensentscheidungen und Annahmen des berichtenden Unternehmens

461. Wichtige Anhangangaben zu Ermessensentscheidungen und Annahmen

Der Anhang-Bereich E beschreibt die Anhangangaben zu den vom Bilanzierenden getroffenen Ermessensentscheidungen und Annahmen.[692] Welche Ermessensentscheidungen und Annahmen des Unternehmensmanagements von den Kapitalmarktexperten als wichtig bewertet werden, wird in der nachfolgenden Übersicht 33 gezeigt. Als besonders wichtig wird die Anhangangabe E.2., wenn ein Unternehmen ein anderes **Unternehmen nicht beherrscht,** indes **mehr als die Hälfte der Stimmrechte** hält,[693] erachtet. 58 mal wurde sie als wichtigste Anhangangabe ausgewählt. Diese Be-

691 Vor allem vor dem Hintergrund des ohnehin großen Umfangs von Anhangangaben zu nicht konsolidierten strukturierten Unternehmen, sind keine Angaben zu fehlenden Angaben aus Sicht der Kapitalmarktexperten nachvollziehbar. Denn die in der Finanzmarktkrise aufgedeckten Probleme bzgl. der strukturierten Unternehmen führten zu einer Masse an Anhangangaben. Vgl. KÜTING, K./MOJADADR, M., Neues Control-Konzept nach IFRS 10, S. 285; MARTENS, S./OLDEWURTEL, C./KÜMPEL, K., Konzernrechnungslegung nach IFRS 10 und IFRS 12, S. 41 f.

692 Das bilanzierende Unternehmen kann Ermessensentscheidungen für die Gestaltung des Abschlusses nutzen. Vgl. BAETGE, J./KIRSCH, H.-J./THIELE, S., Bilanzanalyse, S. 154.

693 Vgl. IFRS 12.9(a).

wertung zeigt, dass die Befragten wissen wollen, wer an einem Unternehmen beteiligt ist und dieses – trotz nicht vorhandener Beherrschungsmöglichkeit – beeinflusst.

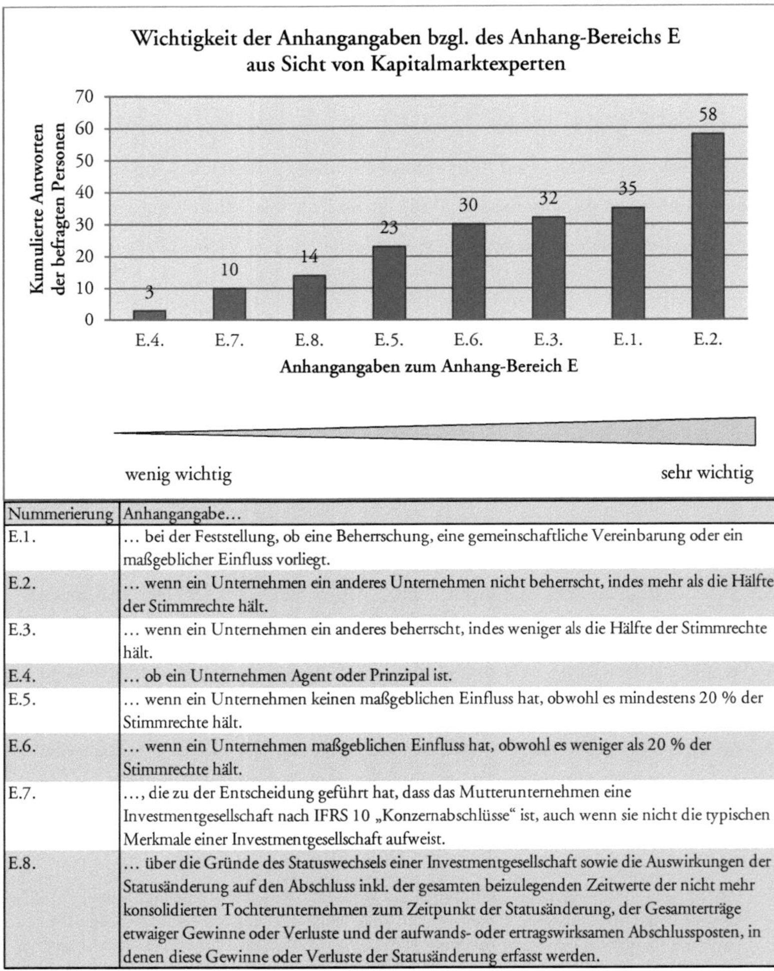

Nummerierung	Anhangangabe...
E.1.	... bei der Feststellung, ob eine Beherrschung, eine gemeinschaftliche Vereinbarung oder ein maßgeblicher Einfluss vorliegt.
E.2.	... wenn ein Unternehmen ein anderes Unternehmen nicht beherrscht, indes mehr als die Hälfte der Stimmrechte hält.
E.3.	... wenn ein Unternehmen ein anderes beherrscht, indes weniger als die Hälfte der Stimmrechte hält.
E.4.	... ob ein Unternehmen Agent oder Prinzipal ist.
E.5.	... wenn ein Unternehmen keinen maßgeblichen Einfluss hat, obwohl es mindestens 20 % der Stimmrechte hält.
E.6.	... wenn ein Unternehmen maßgeblichen Einfluss hat, obwohl es weniger als 20 % der Stimmrechte hält.
E.7.	..., die zu der Entscheidung geführt hat, dass das Mutterunternehmen eine Investmentgesellschaft nach IFRS 10 „Konzernabschlüsse" ist, auch wenn sie nicht die typischen Merkmale einer Investmentgesellschaft aufweist.
E.8.	... über die Gründe des Statuswechsels einer Investmentgesellschaft sowie die Auswirkungen der Statusänderung auf den Abschluss inkl. der gesamten beizulegenden Zeitwerte der nicht mehr konsolidierten Tochterunternehmen zum Zeitpunkt der Statusänderung, der Gesamterträge etwaiger Gewinne oder Verluste und der aufwands- oder ertragswirksamen Abschlussposten, in denen diese Gewinne oder Verluste der Statusänderung erfasst werden.

Übersicht 33: Wichtigkeit der Anhangangaben bzgl. des Anhang-Bereichs E.

Wenn ein Investor über 50 % der Stimmrechte verfügt, ist davon auszugehen, dass er auch die Entscheidungsmacht innehat, sofern die Stimmrechte genutzt werden (können), die maßgeblichen Tätigkeiten des Unternehmens zu bestimmen.[694] Allerdings kann ein Investor trotz Stimmrechtsmehrheit keine Bestimmungsmacht ausüben, wenn die Stimmrechte nicht substantiell sind, wenn nämlich der Fall eingetreten ist, dass die maßgeblichen Tätigkeiten von Insolvenzverwaltern oder Behörden bestimmt werden.[695]

Bei Aufstellungen des Anteilsbesitzes wird oftmals nur die Beteiligungsquote des bilanzierenden Mutterunternehmens gezeigt, nicht aber die Klassifizierung der Beteiligung bspw. als Tochterunternehmen oder als assoziiertes Unternehmen. Die Kapitalmarktexperten können mit der alleinigen Angabe der Beteiligungsquote nicht eindeutig beurteilen, welche Art der Unternehmensbeziehung vorliegt. Daher ist die Anhangangabe E.2. für Kapitalmarktexperten besonders wichtig.

Folgende Übersicht der **wichtigsten Anhangangaben** bzgl. des Anhang-Bereichs E wird in der oben dargestellten Übersicht gezeigt: E.2., E.1., E.3., E.6., E.5., E.8., E.7. und E.4. Diese Anhangangaben weisen im Verhältnis zur als am wichtigsten bewerteten Anhangangabe E.2. und zu den als wenig wichtig bewerteten Anhangangaben E.7. und E.4. kein großes Bedeutungsgefälle auf und haben ein mittleres Bedeutungsgewicht.[696]

Die drei als am wenigsten wichtig beurteilten Anhangangaben sind E.4., E.7. und E.8. E.4. wurde nur dreimal als wichtig bewertet. Diese von IFRS 12 geforderte Anhangangabe beschreibt die Ermessensspielräume, die ein Unternehmen bei der Feststellung trifft, ob das Unternehmen **Agent oder Prinzipal** ist.[697] Hinsichtlich der Bewertung durch die Kapitalmarktexperten ist zu vermuten, dass – ähnlich wie zuvor bei Anhangangabe D.2. – die Ermessensspielräume bei der Feststellung, Prinzipal oder Agent zu sein für die Kapitalmarktexperten nicht wichtig sind. Wichtig ist vielmehr, ob der Investor[698] seine Rechte und Einfluss-Befugnisse selbst als Prinzipal oder für eine andere

694 Vgl. ERCHINGER, H./MELCHER, W., Neuerungen nach IFRS 10, S. 1232.

695 Vgl. IFRS 10.B36 f.

696 Zum Vergleich der Rangfolge der als wichtig und der als unwichtig bewerteten Anhangangaben vgl. nachfolgender Abschnitt.

697 Vgl. IFRS 12.9(c).

698 Der Investor wird auch als sog. Entscheidungsträger (*decision-maker*) beschrieben. Vgl.

Partei als Agent[699] ausübt, da sich aus dieser Information ergibt, ob ein Beherrschungsverhältnis vorliegt.[700] Offenbar ist für die Kapitalmarktexperten aber nur entscheidend, ob ein Unternehmen Prinzipal oder Agent ist bzw. ob das dritte Kriterium des Control-Konzepts[701] erfüllt ist und somit ein Unternehmen beherrscht wird. Nicht entscheidend scheint für sie zu sein, welche Ermessensentscheidungen und Annahmen hierfür zugrunde gelegt wurden. Diese Vermutung lässt sich darauf stützen, dass die Anhangangabe E.7., die zu der **Entscheidung geführt hat**, dass das Mutterunternehmen eine Investmentgesellschaft ist,[702] und die Anhangangabe E.8. über die **Gründe** des Statuswechsels einer Investmentgesellschaft sowie die Auswirkungen der Statusänderung auf den Abschluss[703] ebenfalls durch die Kapitalmarktexperten als nicht wichtig deklariert werden. Denn auch bei diesen beiden als nicht wichtig beurteilten Anhangangaben werden nur die Gründe und Entscheidungen für oder gegen einen Tatbestand diskutiert. Indes wird nicht die eigentliche Information diskutiert, die für Kapitalmarktexperten besonders wichtig erscheint.

462. Unwichtige Anhangangaben zu Ermessensentscheidungen und Annahmen

Nach dem zuvor dargestelltem Abschnitt zu den wichtigsten Ermessensentscheidungen und Annahmen aus Sicht der Kapitalmarktexperten ist wenig überraschend, dass die Anhangangaben E.4., E.7. und E.8. als unwichtigste Anhangangaben bzgl. des Anhang-

IFRS 10.B6.

699 Zu den Faktoren, die das bilanzierende Unternehmen bei der Beurteilung unterstützen sollen, ob ein Entscheidungsträger Agent (oder Prinzipal) ist, vgl. IFRS 10.B60. Zur delegierten Bestimmungsmacht vgl. IFRS 10.B58-B61. Vgl. hierzu auch BEYHS, O./BUSCHHÜTER, M./SCHURBOHM, A., Neue IFRS zum Konsolidierungskreis, S. 665; ZÜLCH, H./POPP, M., Würdigung der Neuregelungen des IFRS 10 im Vergleich zu den bisherigen Vorschriften des IAS 27 sowie SIC-12, S. 589. Vgl. auch BAETGE, J./HAYN, S./STRÖHER, T., in: Rechnungslegung nach IFRS, IFRS 10, Rn. 156.

700 Vgl. MARTENS, S./OLDEWURTEL, C./KÜMPEL, K., Konzernrechnungslegung nach IFRS 10 und IFRS 12, S. 44; ZÜLCH, H./POPP, M., Würdigung der Neuregelungen des IFRS 10 im Vergleich zu den bisherigen Vorschriften des IAS 27 sowie SIC-12, S. 589.

701 Vgl. Abschnitt 222.

702 Vgl. IFRS 12.9A.

703 Vgl. IFRS 12.9B.

Bereichs E beurteilt werden. Die folgende Übersicht zeigt die von den Kapitalmarktexperten als am unwichtigsten beurteilten Anhangangaben bzgl. des Anhang-Bereichs E.

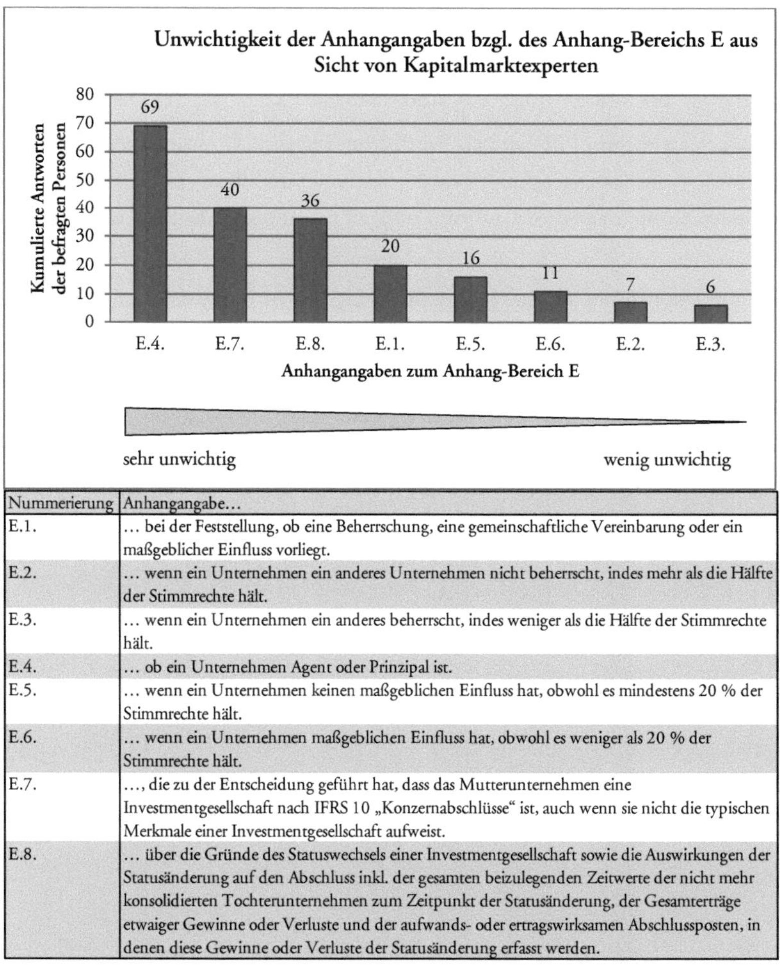

Nummerierung	Anhangangabe...
E.1.	... bei der Feststellung, ob eine Beherrschung, eine gemeinschaftliche Vereinbarung oder ein maßgeblicher Einfluss vorliegt.
E.2.	... wenn ein Unternehmen ein anderes Unternehmen nicht beherrscht, indes mehr als die Hälfte der Stimmrechte hält.
E.3.	... wenn ein Unternehmen ein anderes beherrscht, indes weniger als die Hälfte der Stimmrechte hält.
E.4.	... ob ein Unternehmen Agent oder Prinzipal ist.
E.5.	... wenn ein Unternehmen keinen maßgeblichen Einfluss hat, obwohl es mindestens 20 % der Stimmrechte hält.
E.6.	... wenn ein Unternehmen maßgeblichen Einfluss hat, obwohl es weniger als 20 % der Stimmrechte hält.
E.7.	..., die zu der Entscheidung geführt hat, dass das Mutterunternehmen eine Investmentgesellschaft nach IFRS 10 „Konzernabschlüsse" ist, auch wenn sie nicht die typischen Merkmale einer Investmentgesellschaft aufweist.
E.8.	... über die Gründe des Statuswechsels einer Investmentgesellschaft sowie die Auswirkungen der Statusänderung auf den Abschluss inkl. der gesamten beizulegenden Zeitwerte der nicht mehr konsolidierten Tochterunternehmen zum Zeitpunkt der Statusänderung, der Gesamterträge etwaiger Gewinne oder Verluste und der aufwands- oder ertragswirksamen Abschlussposten, in denen diese Gewinne oder Verluste der Statusänderung erfasst werden.

Übersicht 34: Unwichtigkeit der Anhangangaben bzgl. des Anhang-Bereichs E.

Die zuvor als sehr wichtig bewertete Anhangangabe E.2. wird bei der Auswahl der wenig unwichtigen Anhangangaben nur siebenmal angeklickt, wodurch die hohe Bedeutsamkeit von E.2. erneut bestätigt wird. Die **Anhangangabe E.3.**, wenn ein Unternehmen ein anderes beherrscht, aber dennoch weniger als die Hälfte der Stimmrechte hält,[704] wird hier als wenig unwichtig bewertet.

Dass ein Unternehmen auch **ohne absolute Mehrheit der Stimmrechte** ein anderes Unternehmen **beherrscht**, (sog. de facto-control)[705] kann auf mehrere Gründe zurückgeführt werden.[706] So kann die Beherrschungsmöglichkeit eines Investors auf vertraglichen Vereinbarungen mit anderen Stimmrechtsinhabern beruhen oder auf Stimmrechten anderer Parteien oder sich auch aus potentiellen Rechten an einem Beteiligungsunternehmen aus wandelbaren Optionen ergeben.[707] Die Kapitalmarktexperten sind interessiert daran, ob eine **Beherrschung gegeben** ist, vor allem dann, wenn das Unternehmen nur 35 % der Stimmrechte an dem beteiligten Unternehmen hält, z. B. weil das Unternehmen durch vertragliche Vereinbarungen mit anderen Stimmrechtsinhabern weitere Stimmrechte ausüben kann und die Beherrschungsmacht gemäß dem Control-Konzept erlangt. Die Anhangangabe E.3. wurde auch im vorherigen Abschnitt als am drittwichtigsten und somit konsistent zum hier vorliegenden Ergebnis beurteilt, wie ein Vergleich der Rangfolge der als wichtig und der als unwichtig bewerteten Angaben zeigt.

---

704 Vgl. IFRS 12.9(b).

705 Vgl. BEYHS, O./BUSCHHÜTER, M./SCHURBOHM, A., Neue IFRS zum Konsolidierungskreis, S. 664; ZWIRNER, C./BOECKER, C./BUSCH, J., Neuregelungen zum Konsolidierungskreis in IFRS 10 bis IFRS 12, S. 608 f.

706 Vgl. IFRS 10.B38.

707 Vgl. IFRS 10.B38-B50.

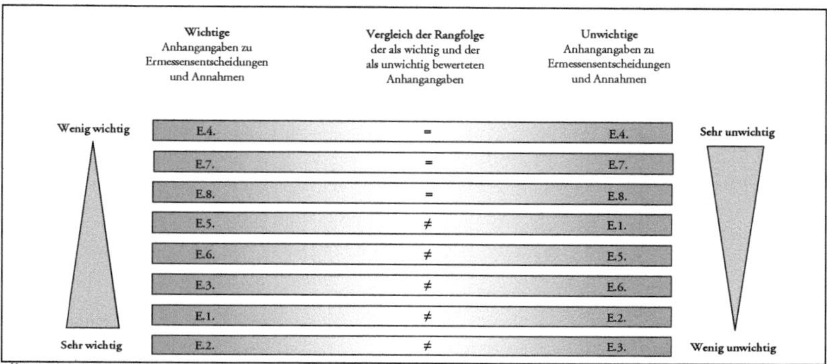

Übersicht 35: Vergleich der Rangfolge der als wichtig und der als unwichtig bewerteten Angaben im Anhang-Bereich E.

463. Fehlende Anhangangaben zu Ermessensentscheidungen und Annahmen

Den Kapitalmarktexperten **fehlen keine** Anhangangaben zu den Ermessensentscheidungen und Annahmen. Offensichtlich schränken die vom IFRS 12 bereits geforderten Anhangangaben nach Meinung der Kapitalmarktexperten die Ermessensspielräume des bilanzierenden Unternehmens so stark ein, dass sie auf Basis der Anhangangaben zu Anhang-Bereich E erkennen können, ob das bilanzierende Unternehmen intersubjektiv nachprüfbare Annahmen und Prämissen für die Ermessensentscheidungen zugrunde gelegt hat. Somit können die Kapitalmarktexperten ihre Informationsbedürfnisse bzgl. der Ermessensentscheidungen und Annahmen durch die Angaben im IFRS-Anhang befriedigen.

47 Anhang-Bereich F: Situative Merkmale des berichtenden Unternehmens

471. Bedeutung situativer Merkmale für Kapitalmarktexperten

In Abschnitt 323. „Situative Merkmale" wurde konstatiert, dass Befragte bei der Beantwortung des Fragebogens ihre eigenen (Berufs-)Erfahrungen von und mit Anteilen an anderen Unternehmen (unbewusst) einfließen lassen. Daher wurden die Teilnehmer befragt, an welche situativen Merkmale sie während der Befragung zu Anteilen an anderen Unternehmen gedacht haben. Die situativen Merkmale, an die die Kapitalmarktexperten bei der Befragung gedacht haben, werden im nachfolgenden Säulendiagramm gezeigt.

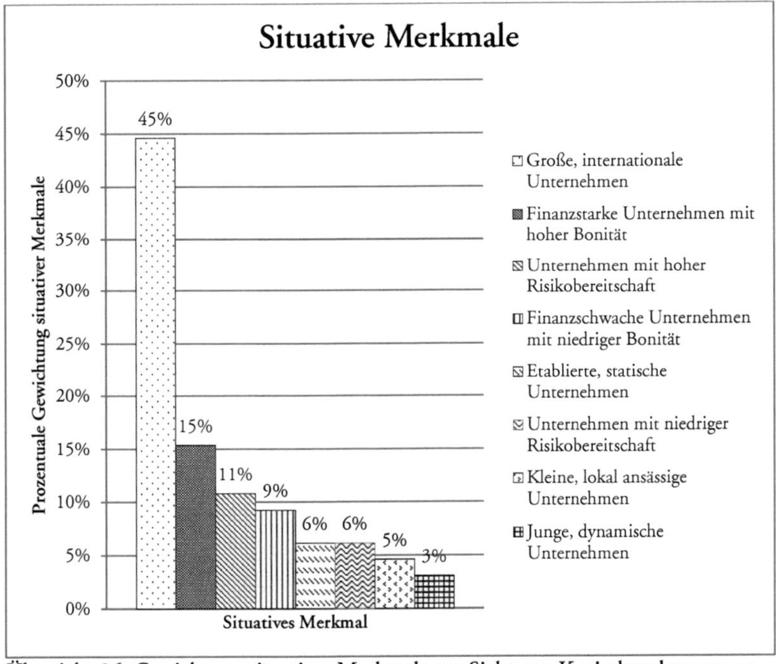

Übersicht 36: Gewichtung situativer Merkmale aus Sicht von Kapitalmarktexperten.

Abhängig von den zuvor gestellten Fragen bzgl. der wichtigen, unwichtigen und fehlenden Anhangangaben zu Anteilen an anderen Unternehmen wird deutlich, dass die Befragten während der Bearbeitung des Fragebogens größtenteils (zu 45 %) an große, internationale Unternehmen gedacht haben. Dies ist vor dem Hintergrund, dass die IFRS für große, kapitalmarktorientierte, meist international agierende Unternehmen erstellt werden, nicht erstaunlich. Ebenso erfüllen finanzstarke Unternehmen mit hoher Bonität sowie Unternehmen mit hoher Risikobereitschaft die Prognosen an die zuvor gestellten Vermutungen in Abschnitt 323. Die Ergebnisse erscheinen bzgl. derjenigen situativen Merkmale, an die die Befragungsteilnehmer am wenigsten gedacht haben, einleuchtend. So ist für viele Kapitalmarktexperten offensichtlich, dass junge, noch kaum etablierte Unternehmen wenig geeignet sind, neue Anteile an anderen Unternehmen zu akquirieren, da diese oftmals in der Gründungsphase (noch) nicht anorganisch wachsen.

Obschon für die Befragten die Möglichkeit bestand, kein situatives Merkmal anzuklicken, haben alle 41 Teilnehmer mindestens ein situatives Merkmal angeklickt. Dadurch lässt sich schließen, dass diese situativen Merkmale als bedeutend eingeschätzt werden. Zusätzlich hatten die Befragten die Möglichkeit mehrere situative Merkmale auszuwählen und haben die Mehrfachauswahl der acht situativen Merkmale auch in Anspruch genommen. Die 41 befragten Kapitalmarktexperten haben die situativen Merkmale insgesamt 65 Mal angeklickt. Im Durchschnitt hat demnach **jeder Befragte fast zwei mal situative Merkmale gewählt.**[708] Ein detaillierter Überblick über die Mehrfachantworten bzgl. der situativen Merkmale ist der nachfolgenden Matrix-Übersicht 37 zu entnehmen.

Die Matrix lässt sich für die erste Spalte exemplarisch wie folgt lesen: In der Spalte „Große internationale Unternehmen“ wird gezeigt, dass dieses situative Merkmal 29 mal von den Befragten ausgewählt wurde. 29 mal haben die Befragten demnach bei den Fragen zu den Anhang-Bereichen A bis E an große internationale Unternehmens gedacht. Diejenigen, die große internationale Unternehmen gewählt haben, haben sich allerdings teilweise auch für andere situative Merkmale entschieden. So wurden von 18[709] der 29 Kapitalmarktexperten, die alle das situative Merkmale 1 gewählt haben, zusätzlich einmal das situative Merkmal 2, sechsmal das situative Merkmal 3, dreimal das situative Merkmal 4, zweimal das situative Merkmal 6, dreimal das situative Merkmal 7 und dreimal das situative Merkmal 8 angeklickt. Die häufige Mehrfachauswahl der Kapital-

---

708 Jede Person hat mindestens ein Merkmal angeklickt. Die maximalen Klicks einer Person betrugen drei Klicks. Im Durchschnitt hat jeder Kapitalmarktexperte 1,6 mal ein situatives Merkmal gewählt.

709 18 von 29 Befragten entsprechen einem prozentualen Anteil von etwa 62 % derjenigen, die sich für das erste situative Merkmale entschieden haben. Konkret errechnen sich die 61,9 %, indem die Werte 3,4 %, 20,7 %, 10,3 %, 6,9 %, 10,3 % und 10,3 %, also (1/29), (6/29), (3/29), (2/29), (3/29) und (3/29) addiert werden.

marktexperten zeigt, dass die Befragten an mehrere situative Merkmale bei der Befragung zu Anteilen an anderen Unternehmen gedacht haben. Dies lässt sich womöglich darauf zurückführen, dass sich die **situativen Merkmale** teilweise gegenseitig **bedingen und nicht isoliert voneinander betrachtet** werden können.

	Situative Merkmale	1 Große, internationale Unternehmen	2 Kleine, regionale Unternehmen	3 Finanzstarke Unternehmen mit hoher Bonität	4 Finanzschwache Unternehmen mit niedriger Bonität	5 Junge, dynamische Unternehmen	6 Etablierte, statische Unternehmen	7 Unternehmen mit hoher Risiko-bereitschaft	8 Unternehmen mit niedriger Risiko-bereitschaft
1	Große, internationale Unternehmen	29 100,0 %	1 33,3 %	6 60,0 %	3 50,0 %		2 50,0 %	3 42,9 %	3 75,0 %
2	Kleine, regionale Unternehmen	1 3,4 %	3 100,0 %	1 10,0 %	1 16,7 %				
3	Finanzstarke Unternehmen mit hoher Bonität	6 20,7 %	1 33,3 %	10 100,0 %		1 50,0 %	1 25,0 %	2 28,6 %	2 50,0 %
4	Finanzschwache Unternehmen mit niedriger Bonität	3 10,3 %	1 33,3 %		6 100,0 %		1 25,0 %	4 57,1 %	1 25,0 %
5	Junge, dynamische Unternehmen			1 10,0 %		2 100,0 %		1 14,3 %	
6	Etablierte, statische Unternehmen	2 6,9 %		1 10,0 %	1 16,7 %		4 100,0 %		3 75,0 %
7	Unternehmen mit hoher Risikobereitschaft	3 10,3 %		2 20,0 %	4 66,7 %	1 50,0 %		7 100,0 %	
8	Unternehmen mit niedriger Risikobereitschaft	3 10,3 %		2 20,0 %	1 16,7 %		3 75,0 %		4 100,0 %

Übersicht 37: Mehrfachauswahl situativer Merkmale.

472. Fehlende situative Merkmale in IFRS 12

Um zu prüfen, ob die Befragten an mehr situative Eigenschaften bei der Beantwortung des Fragebogens gedacht haben als an die acht im Rahmen der Befragung vorgeschlagenen, wurden die Kapitalmarktexperten gefragt, ob ihnen situative Merkmale fehlen. Zwei Kapitalmarktexperten konstatieren die gleiche zu erweiternde situative Angabe:

- „Branche (Finanzbranche und Nicht-Finanzbranche)“
- „Branche (Finanzindustrie und andere)“

Beide Kapitalmarktexperten schlagen (unabhängig voneinander) die Trennung in die **Finanzbranche** und **andere Branchen** als zusätzliches situatives Merkmale vor. Dieser

Vorschlag ist plausibel. Denn für die Vielzahl der Branchen in Deutschland[710] ist es schwierig, gleiche Anhangangaben bei jeweils spezifischen Gegebenheiten zu bestimmen. Bis dato hat sich eine **praxistaugliche Brancheneinteilung** entwickelt, die sich auch auf IFRS 12 übertragen lassen würde. So werden bspw. im Rahmen des Wettbewerbs „**Der beste Geschäftsbericht**" bei der Bewertung der inhaltlichen Berichterstattung von Unternehmen drei Branchen-Checklisten[711] berücksichtigt. Die Checklisten werden in die Bereiche „Industrie und Handel", „Kreditinstitute" sowie „Versicherungen" eingeteilt und die Unternehmen mittels dieser bewertet.[712]

48 Fehlende Anhangangaben im gesamten IFRS 12

Bei den Fragen, ob Anhangangaben bei einzelnen Anhang-Bereichen fehlen, wurden Angaben zu Ergebnisabführungsverträgen, Angaben über die Zusammensetzung des Konzerns i. S. v. IFRS 12.10(a)(i), Angaben zu eingegangenen Risiken mit den jeweiligen konsolidierten Unternehmen und Angaben zu Kaufpreisen von Unternehmensanteilen gefordert. Zudem hatten die Befragten die Gelegenheit anzugeben, ob aus ihrer Sicht im **gesamten IFRS 12 Angaben fehlen**.

Von einem Kapitalmarktexperten wurde für Beteiligungen an anderen Unternehmen die Angabe der beizulegenden Zeitwerte gewünscht. Allerdings beinhalten die Anhangangaben C.3. und E.8. die Wünsche des Kapitalmarktexperten bzgl. detaillierter Angaben zu beizulegenden Zeitwerten bereits. So fordert C.3. Angaben über den **beizulegenden**

---

710 Durch das BUNDESMINISTERIUM FÜR WIRTSCHAFT UND ENERGIE werden bspw. 40 verschiedene Branchen bestimmt, um die Wettbewerber, Verhandlungsmacht von Kunden und Lieferanten sowie die Struktur einer Branche zu identifizieren. Vgl. http://www.bmwi.de/DE/Themen/Wirtschaft/branchenfokus.html, zuletzt geprüft am 22.07.2015.

711 Vgl. http://www.wiwi.uni-muenster.de/baetge/geschaeftsbericht/checklisten.html, zuletzt geprüft am 22.07.2015.

712 Banken, Versicherungen und Finanzdienstleister unterliegen speziellen branchenspezifischen Regelungen und Vorschriften. Auch das Deutsche Rechnungslegungs Standards Committee e. V. (DRSC) berücksichtigt im Gegensatz zum IASB bspw. in DRS 21 „Kapitalflussrechnung" branchenspezifische Regelungen. Aufgrund von branchenspezifischen Regelungen werden sogar in einigen Studien Versicherungen, Banken und Finanzdienstleister wegen potentieller Verzerrungen in den Befragungsergebnissen nicht mit in das Datensample einbezogen. Vgl. statt vieler KÜTING, K./MOJADADR, M., Zweckgesellschaften in der Berichterstattungspraxis, S. 142 f.

Zeitwert der Beteiligung am Gemeinschafts- bzw. assoziierten Unternehmen.[713] Gleiches gilt für Anhangangabe E.8. Sie verlangt die Angabe der gesamten beizulegenden Zeitwerte der nicht mehr konsolidierten Tochterunternehmen zum Zeitpunkt der Statusänderung.[714] Wünschenswert aus Sicht des einzelnen Kapitalmarktexperten wäre es aber, dass nicht nur für die Anhang-Bereiche C und E, sondern auch für die anderen Anhang-Bereiche die Angabe der beizulegenden Zeitwerte durch IFRS 12 gefordert würde.

Insgesamt haben über 90 % der Befragungsteilnehmer **keine zusätzlichen Anhangangaben über die gesamten Anteile an anderen Unternehmen gewünscht.** Dies bestätigt den Eindruck der Diskussion im Schrifttum, dass die Anhangangaben aus Gründen der Transparenz und der besseren Informationsversorgung der Adressaten in IFRS 12 nicht erweitert werden sollten.

49 Empfehlungen für die Strukturierung und Entschlackung von Anhangangaben nach IFRS 12

491. Vorbemerkungen

Die **Empfehlungen für die künftige Berichterstattung** über Anteile an anderen Unternehmen nach IFRS sind besonders vor dem Hintergrund der hier vorliegenden Befragungsergebnisse der ermittelten Informationsbedürfnisse von Kapitalmarktexperten (Abschnitte 41 bis 48) und der theoretisch erarbeiteten kritischen Würdigung der Anhangangaben von Bedeutung (Abschnitt 24). Neben dem übergeordneten Forschungsziel der empirischen Analyse, die für Kapitalmarktexperten wichtigsten und unwichtigsten Anhangangaben nach IFRS 12 zu ermitteln, wird im Folgenden der Frage nachgegangen, welche **Implikationen** sich für den **Board** und die **nach IFRS 12** berichtenden Unternehmen aus der empirischen Analyse der Anhangangaben ergeben.

[713] Vgl. IFRS 12.21(b)(i).

[714] Vgl. IFRS 12.9B.

492. Strukturierung

Wie bereits in Abschnitt 23 dargestellt, sind das Rahmenkonzept, IFRS 12 und IAS 1 "Darstellung des Abschlusses" die Grundlage für die Berichterstattung im IFRS-Konzernanhang über Anteile an anderen Unternehmen. Die berichterstellenden Unternehmen sollten sich gemäß IAS 1.114 an der nachfolgenden Struktur für Anhangangaben orientieren:

- Angaben zur Übereinstimmungserklärung mit den IFRS,[715]
- Angabe der angewandten Rechnungslegungsmethoden,[716]
- Angaben zur Bilanz,[717]
- Angaben zur Gesamtergebnisrechnung,[718]
- Angaben zur Eigenkapitalveränderungsrechnung,[719]
- Angaben zur Kapitalflussrechnung,[720]
- Angaben zu Eventualverbindlichkeiten[721] und
- Informationen zu nicht finanziellen Angaben.[722]

Die bilanzierenden Unternehmen sollen den Anhang „normalerweise“[723] gemäß der oben genannten Reihenfolge erstellen.[724] Dass die Unternehmen von der vorgegebenen Struktur abweichen, ergab eine durchgeführte **deskriptive Analyse** der IFRS-Konzernabschlüsse der DAX-30-Unternehmen für das Geschäftsjahr 2014.[725] Die Gliederung der Anhangangaben nach IAS 1.114 wird zwar gemäß den vier erstgenannten

---

[715] Vgl. IAS 1.114(a).
[716] Vgl. IAS 1.114(b).
[717] Vgl. IAS 1.114(c).
[718] Vgl. IAS 1.114(c).
[719] Vgl. IAS 1.114(c).
[720] Vgl. IAS 1.114(c).
[721] Vgl. IAS 1.114(d)(i).
[722] Vgl. IAS 1.114(d)(ii).
[723] IAS 1.114.
[724] Sie ist indes nach IAS 1.114 nicht verpflichtend anzuwenden.
[725] Bei Unternehmen, deren Geschäftsjahr vom Kalenderjahr abweicht, wurden die Abschlüsse 2013/2014 herangezogen.

Gliederungspunkten von allen DAX-30-Unternehmen befolgt.[726] Doch werden mehrfach, wie bei der ADIDAS GROUP im Geschäftsbericht 2014, die Angaben zur Kapitalflussrechnung sowie zu den sonstigen finanziellen Verpflichtungen und Eventualverbindlichkeiten unter den sonstigen Erläuterungen des IFRS-Konzernanhangs angegeben und somit nicht als eigenständige Hauptgliederungspunkte geführt.[727] Die **fehlende Pflicht zur Anwendung der Struktur** in IAS 1.114 erschwert dem Jahresabschlussanalytiker zum einen die Orientierung und zum anderen den zwischenbetrieblichen Vergleich der Informationen im IFRS-Anhang. Eine schnelle, effiziente und zugleich umfassende Erfassung aller wichtigen Informationen ist für Kapitalmarktexperten ohne eine klare Struktur der Anhangangaben nicht möglich. Kapitalmarktexperten können ohne einheitliche und verpflichtende Struktur der gesamten Anhangangaben sowie der speziellen Teile des IFRS-Konzernanhangs, z. B. zu Anteilen an anderen Unternehmen, diese nicht ausreichend analysieren. Denn Anhangangaben zu wichtigen Rechenwerken müssen z. B. in den sonstigen Angaben gesucht werden. Speziell die Anhangangaben zu Anteilen an anderen Unternehmen sind häufig in der Fülle der unstrukturierten Anhangangaben „versteckt".

Die Anhangangaben zu Anteilen an anderen Unternehmen müssen über die Grobgliederung nach IAS 1.114 hinaus strukturiert werden. Erst wenn alle Anhangangaben vergleichbar sind, kann der Kapitalmarktexperte die Informationen schnell erfassen und einen Überblick gewinnen. Die **Befragungsergebnisse** bzgl. fehlender Angaben machen deutlich, dass einige Kapitalmarktexperten vor allem einen zusammenfassenden Überblick über die berichteten Informationen zu Anteilen an anderen Unternehmen benötigen. Um eine Struktur für Anhangangaben nach IFRS 12 zu entwickeln, zeigt die nachfolgende Übersicht zunächst die geforderten, hier **stark aggregierten Anhangangaben zu Anteilen an anderen Unternehmen**, gruppiert nach den einzelnen definierten Anhang-Bereichen A bis E:

---

[726] Dieser Umstand lässt sich auch auf die empirischen Ergebnisse der vorliegenden Untersuchung zurückführen. Denn gerade die Angaben zu Bilanz und GuV werden häufig als sehr wichtig bewertet. Soweit achten die bilanzierenden Unternehmen bereits unbewusst auf die Informationsbedürfnisse der Kapitalmarktexperten oder auch womöglich bewusst aufgrund von Erkenntnissen früherer Studien zur Berichterstattung im IFRS-Anhang. Vgl. BRÜGGEMANN, B., Berichterstattung im IFRS-Anhang.

[727] Vgl. ADIDAS GROUP, Geschäftsbericht 2014, S. 243.

Angaben für den Anhang-Bereich A „Anteile an Tochterunternehmen“	
A.1.	**Zusammenfassende Finanzinformationen** über das Tochterunternehmen.
A.2.	Art und Umfang von Schutzrechten nicht beherrschender Anteile, die die **Fähigkeit des Unternehmens, Zugang zu Vermögenswerten des Konzerns zu erhalten, beschränken können.**
A.3.	Abschlussstichtag des Tochterunternehmens und die etwaigen Gründe für die **Verwendung unterschiedlicher Abschlussstichtage** des Tochterunternehmens und des Mutterunternehmens.
A.4.	Art und Umfang erheblicher **Beschränkungen der Fähigkeit eines Unternehmens, Zugang** zu Vermögenswerten bzw. Schulden des Konzerns zu haben, diese zu nutzen oder zu begleichen.
A.5.	Bedingungen vertraglicher **Vereinbarungen**, die das Unternehmen verpflichten könnten, ein konsolidiertes strukturiertes **Unternehmen finanziell zu unterstützen.**
A.6.	Gründe sowie Art und Betrag der **Unterstützung** an ein konsolidiertes strukturiertes Unternehmen, bei dem **keine Verpflichtung** des berichtenden Unternehmens besteht, dieses Unternehmen finanziell oder in anderer Weise zu unterstützen.
A.7.	Gegenwärtige Absicht, ein konsolidiertes strukturiertes Unternehmen **finanziell zu unterstützen.**
A.8.	Etwaige **Gewinne oder Verluste zum Zeitpunkt des Verlusts der Beherrschung** über ein Tochterunternehmen während der Berichtsperiode sowie die Abschlussposten, in denen diese Gewinne oder Verluste erfasst werden.
A.9.	Auswirkungen von **Änderungen der Beteiligungsquote** eines Mutterunternehmens an einem Tochterunternehmen, welche nicht zu einem Verlust der Beherrschung führen.
A.10.	**Finanzielle Unterstützung** des berichtenden Unternehmens (**ohne vertragliche Verpflichtung**).

Angaben für den Anhang-Bereich B „Anteile an nicht konsolidierten Tochterunternehmen"	
B.1.	Investmentgesellschaft, die nach IFRS 10 "Konzernabschlüsse" zur Anwendung der Ausnahme von der Konsolidierung verpflichtet ist und ihre Beteiligung an einem Tochterunternehmen aufwands- oder ertragswirksam zum **beizulegenden Zeitwert** bilanziert.
B.2.	**Name, Hauptsitz, Beteiligungsquote und ggf. Stimmrechtsquote** für jedes nicht konsolidierte Tochterunternehmen einer Investmentgesellschaft.
B.3.	**Name, Hauptsitz, Beteiligungsquote und ggf. Stimmrechtsquote** für jedes nicht konsolidierte Tochterunternehmen einer Investmentgesellschaft, wenn die Investmentgesellschaft das Mutterunternehmen einer anderen Investmentgesellschaft ist.
B.4.	**Verpflichtungen**, ein nicht konsolidiertes Tochterunternehmen **(finanziell) zu unterstützen**, sowie die Angabe erheblicher Beschränkungen der Fähigkeit eines nicht konsolidierten Tochterunternehmens, Finanzmittel, die von der Investmentgesellschaft gewährt wurden, an diese Investmentgesellschaft zu transferieren.
B.5.	Art, Betrag und Gründe der **Unterstützung** an nicht konsolidierte Tochterunternehmen **ohne vertragliche Verpflichtung.**
B.6.	Bedingungen **vertraglicher Vereinbarungen**, bspw. Liquiditätsvereinbarungen, die die Investmentgesellschaft oder ihre nicht konsolidierten Tochterunternehmen verpflichten könnten, ein nicht konsolidiertes beherrschtes strukturiertes Unternehmen **finanziell zu unterstützen.**
B.7.	Relevante **Faktoren**, die zu der Entscheidung führen, dass eine Investmentgesellschaft ein nicht beherrschtes, nicht konsolidiertes strukturiertes Unternehmen **finanziell** oder auf andere Weise **unterstützt hat, ohne dazu vertraglich verpflichtet** gewesen zu sein, und diese Unterstützung dazu geführt hat, dass die Investmentgesellschaft das strukturierte Unternehmen beherrscht.

Angaben für den Anhang-Bereich C „Anteile an gemeinschaftlichen Vereinbarungen und assoziierten Unternehmen"	
C.1.	**Name, Art der Beziehung, Hauptgeschäftssitz, Beteiligungsquote** und ggf. Stimmrechtsquote des gemeinschaftlichen oder assoziierten Unternehmens.
C.2.	Ob die Beteiligungen an Gemeinschafts- oder assoziierten Unternehmen nach der **Equity-Methode oder zum beizulegenden Zeitwert bewertet werden.**
C.3.	**Beizulegender Zeitwert** der Beteiligung am Gemeinschafts- bzw. assoziierten Unternehmen, sofern nach der Equity-Methode bilanziert wird und ein notierter Marktpreis für die Beteiligung vorliegt.
C.4.	**Zusammenfassende Finanzinformationen** für jedes Gemeinschafts- oder assoziierte Unternehmen, das einzeln unwesentlich ist.
C.5.	Art und Umfang erheblicher **Beschränkungen der Fähigkeit** des Gemeinschafts- oder assoziierten Unternehmens, **Finanzmittel** in Form von Bardividenden oder Darlehens- und Vorschusstilgungen an das Unternehmen zu **transferieren.**
C.6.	Abschlussstichtag von Gemeinschafts- oder assoziierten Unternehmen sowie Gründe für die **Verwendung unterschiedlicher Abschlussstichtage** zwischen diesen.
C.7.	**Nicht erfasster anteiliger Verlust** eines Gemeinschafts- oder assoziierten Unternehmens, wenn das Unternehmen seine Verlustanteile am Gemeinschafts- oder assoziierten Unternehmen bei Verwendung der Equity-Methode nicht mehr erfasst.
C.8.	Eingegangene aber noch **nicht erfasste Verpflichtungen**, die zu einem künftigen **Abfluss von Ressourcen** führen können.
C.9.	Mit Anteilen eines Unternehmens an Gemeinschafts- und assoziierten Unternehmen **verbundene Risiken** gemäß IAS 37.
C.10.	**Zusammenfassende Finanzinformationen** für jedes wesentliche Gemeinschafts- oder assoziierte Unternehmen.

Angaben für den Anhang-Bereich D „Anteile an nicht konsolidierten strukturierten Unternehmen“	
D.1.	**Qualitative und quantitative Informationen** zu Anteilen an nicht konsolidierten strukturierten Unternehmen, wie Art, Zweck, Umfang und Tätigkeiten des nicht konsolidierten strukturierten Unternehmens sowie dessen Finanzierung.
D.2.	Wie ein Unternehmen ermittelt hat, bei welchen nicht konsolidierten strukturierten Unternehmen es als **Sponsor tätig** war.
D.3.	**Erträge aus nicht konsolidierten strukturierten Unternehmen** (Gebühren, Zinsen, Dividenden), wenn ein Unternehmen bei einem nicht konsolidierten strukturierten Unternehmen als Sponsor tätig war.
D.4.	**Buchwerte aller Vermögenswerte**, die in der Berichtsperiode vom berichtenden Unternehmen auf das nicht konsolidierte strukturierte Unternehmen übertragen wurden, falls das berichtende Unternehmen bei einem nicht konsolidierten strukturierten Unternehmen als **Sponsor** tätig war.
D.5.	**Buchwerte** der im Abschluss angesetzten Vermögenswerte und Schulden, die sich auf Anteile an nicht konsolidierten strukturierten Unternehmen beziehen, sowie die Bilanzposten, in denen diese Vermögenswerte und Schulden erfasst sind.
D.6.	Betrag, der das **maximale Verlustrisiko** des Unternehmens aufgrund seiner Anteile an nicht konsolidierten strukturierten Unternehmen darstellt, einschließlich Informationen darüber, wie das maximale Verlustrisiko bestimmt wird.
D.7.	Vergleich von Buchwerten der Vermögenswerte und Schulden des Unternehmens, die sich auf seine Anteile an nicht konsolidierten strukturierten Unternehmen beziehen, mit seinem **maximalen Verlustrisiko** aufgrund dieser Unternehmen.
D.8.	Art und Betrag der **finanziellen Unterstützung** an einem nicht konsolidierten strukturierten Unternehmen (**ohne vertragliche Verpflichtung**) sowie über die Gründe der Unterstützung.

D.9.	**Absicht**, ein nicht konsolidiertes strukturiertes Unternehmen **finanziell zu unterstützen.**
Angaben für den Anhang-Bereich E „Erhebliche Ermessensspielräume und Annahmen"	
E.1.	Feststellung, ob eine **Beherrschung**, eine **gemeinschaftliche Vereinbarung** oder ein **maßgeblicher Einfluss** vorliegt.
E.2.	Wenn ein Unternehmen ein anderes Unternehmen **nicht beherrscht**, indes **mehr als die Hälfte der Stimmrechte** hält.
E.3.	Wenn ein Unternehmen ein anderes **beherrscht**, indes **weniger als die Hälfte der Stimmrechte** hält.
E.4.	Ob ein Unternehmen **Agent oder Prinzipal** ist.
E.5.	Wenn ein Unternehmen **keinen maßgeblichen Einfluss** hat, obwohl es **mindestens 20 % der Stimmrechte** hält.
E.6.	Wenn ein Unternehmen **maßgeblichen Einfluss** hat, obwohl es **weniger als 20 % der Stimmrechte** hält.
E.7.	Entscheidung, dass das Mutterunternehmen eine Investmentgesellschaft nach IFRS 10 „Konzernabschlüsse" ist, auch wenn sie typische **Merkmale einer Investmentgesellschaft** nicht aufweist.
E.8.	Gründe für den Statuswechsel einer Investmentgesellschaft sowie die Auswirkungen der **Statusänderung** auf den Abschluss.

Übersicht 38: Strukturierung der Anhangangaben nach Anhang-Bereichen.

In IFRS 12 sind Angaben zu Beteiligungen an anderen Unternehmen in die Bereiche Tochterunternehmen, gemeinschaftliche Vereinbarungen und assoziierte Unternehmen, nicht konsolidierte strukturierte Unternehmen sowie darüber hinaus in Ermessensspielräume und Annahmen gegliedert. Doch werden in IFRS 12 weder klare Anhang-Bereiche definiert, noch wird der Bereich zu nicht konsolidierten Tochterunternehmen[728] in IFRS 12 eindeutig herausgearbeitet.

[728] Auch in der Gliederung des IFRS 12 findet sich kein Hinweis auf die Separierung der Anhang-

In Übersicht 38 wird deutlich, dass sich die Anhangangaben der unterschiedlichen Anhang-Bereiche wiederholen und teilweise zu Redundanzen führen. Diese **Redundanzen** sollten **eliminiert** werden.[729] Zudem sollten die Anhangangaben strukturiert und aggregiert werden. Auch in der Feldstudie zu IFRS 10, IFRS 11 und IFRS 12 der EFRAG gaben die Befragungsteilnehmer an, dass ihnen Vorgaben fehlen, wie Anhangangaben nach IFRS 12 in aggregierter Form dargestellt werden können.[730] Die Anhangangaben ließen sich **übersichtlicher als im bisherigen IFRS 12 ordnen** und sollten nach übergeordneten Themenfeldern neu strukturiert werden. In der folgenden Übersicht wird ein strukturierter Aufbau der Anhangangaben zu Anteilen an anderen Unternehmen vorgeschlagen:

angaben zu Anteilen an nicht konsolidierten Tochterunternehmen, wenngleich dieser Anhang-Bereich sogar sieben Anhangangaben umfasst. Vgl. IFRS 12.19A-19G.

729 Zur Entschlackung von Anhangangaben vgl. den nachfolgenden Abschnitt 493.

730 Vgl. ZÜLCH, H./POPP, M., Konsolidierungsstandards IFRS 10, IFRS 11 und IFRS 12, S. 87, unter Rückgriff auf EFRAG, Reports on the findings of the field tests on implementing IFRS 10-12, S. 13 f. Die nachfolgende Übersicht 39 gibt eine Antwort hierzu.

Anhangangaben zu Anhang-Bereich	A	B	C	D	E
Zusammenfassende allgemeine Informationen über Name, Hauptsitz, Beteiligungsquote, Zweck und Umfang des Beteiligungsunternehmens	A.1.	B.2. B.3.	C.1.	D.1.	
Zusammenfassende Finanzinformationen über GuV/Bilanz	A.1.		C.4. C.10.	D.3. D.4. D.5.	
Art, Betrag und Bedingungen von **Verpflichtungen**, die zur (finanziellen) Unterstützung eines verbundenen Unternehmens führen bzw. führen können	A.5. A.6. A.7. A.10.	B.5. B.6. B.7.	C.8.	D.2. D.8. D.9.	
Art und Umfang von wesentlichen **Beschränkungen**	A.2. A.4.	B.4.	C.5.		
Art und Umfang von **Risiken**	A.1. A.8. A.9.		C.4. C.7. C.9.	D.6. D.7.	E.4. E.6. E.8.
Auswirkungen von **Bewertungs- und Bilanzierungsfragen**		B.1.	C.2. C.3.		E.7.
(Auswirkungen der) **Statusänderung** oder des Kontrollverlustes eines verbundenen Unternehmens	A.8. A.9.				E.1. E.2. E.3. E.5. E.7. E.8.
Abweichender Abschlussstichtag des Mutterunternehmens und des verbundenen Unternehmens	A.3.		C.6.		

Übersicht 39: Strukturierung und Aggregation von Anhangangaben nach Themenfeldern.

In der vorherigen Übersicht werden die einzelnen Anhangangaben nach den wichtigsten Merkmalen **zusammengefasst**. Dadurch lässt sich gut erkennen, dass sich die von IFRS 12 geforderten Anhangangaben auf wenige Kernbereiche konzentrieren und der große Umfang des IFRS 12 und die vom Board zusätzlich veröffentlichten Dokumente, wie die zugehörigen Grundlagen für Schlussfolgerungen zu IFRS 12, in ihrem aktuellen Umfang unnötig sind. Es wird daher vorgeschlagen, dass die Unternehmen bzgl. der Angaben zu Anteilen an anderen Unternehmen einer einheitlichen, für alle nach IFRS berichtenden Unternehmen **verpflichtenden Struktur** folgen sollen. Die Anhangangaben zu Anteilen an anderen Unternehmen sollten nach den in Übersicht 39 vorgeschlagenen Kategorien untergliedert werden. So können **Wiederholungen** der einzelnen Beschreibungen bzgl. der Arten von Anteilen **vermieden werden.**

Vor den einzelnen Anhang-Bereichen sollten die allgemeinen Anhangangaben dargestellt werden, die unabhängig von der Art der jeweiligen Unternehmensbeteiligung für sämtliche Unternehmensbeteiligungen gleich sind. Danach sollte für jeden Anhang-Bereich auf dessen Besonderheiten eingegangen werden. Vor allem wäre es wichtig, für jeden Anhang-Bereich die jeweiligen Anteile an Tochterunternehmen, gemeinschaftlichen Vereinbarungen, assoziierten Unternehmen und nicht konsolidierten Unternehmen eindeutig zu definieren. In IFRS 12 fehlen diese Definitionen teilweise und die Adressaten des IFRS-Konzernabschlusses müssen sich diese aus verschiedenen Standards, wie IAS 28 (rev 2011), IFRS 10 und IFRS 11 heraus suchen.

Bei der hier vorgeschlagenen Neufassung des IFRS 12 sollten nur die in der empirischen Analyse als **wichtig ermittelten Anhangangaben** verlangt werden.[731] Die Auswertung der empirischen Untersuchung zeigt, dass die Kapitalmarktexperten vor allem über **Risiken aus Beteiligungen an anderen Unternehmen** informiert werden wollen. Die Risiken müssen daher auf einen Blick erfasst werden können und sich nicht zwischen vielen Anhangangaben verbergen. Dazu ist Anhangerstellern künftig zu empfehlen bzw. vom Board zu fordern, dass alle Risiken bzgl. anderer Unternehmen unter einem Gliederungspunkt im Anhang aggregiert werden. Da in IFRS 12 mehr Angaben zu Art und

[731] Vgl. Abschnitt 41 bis 48.

Umfang von Risiken verschiedener Beteiligungsunternehmen gefordert sind als zuvor ins IAS 27 i. V. m. SIC-12 und die Kapitalmarktexperten diese Angaben als sehr relevant einschätzen, lässt sich der Grad an Entscheidungsnützlichkeit für Adressaten erhöhen, indem Unternehmen die Risiken und die Auswirkungen dieser auf die VFE-Lage glaubwürdig im Anhang darstellen.

Zudem sollten Anhangangaben über Art und Umfang bei erheblichen **Beschränkungen der Fähigkeit eines Unternehmens**, Zugang zu Vermögenswerten bzw. Schulden des Konzerns zu haben, berücksichtigt werden. Die Befragung erbrachte das Ergebnis, dass dieses Themenfeld jeweils zu den wichtigsten Anhangangaben für die Anhang-Bereiche A und B[732] zählt. Die Anhangangabe über etwaige **gegenwärtige Verpflichtungen**, eine Unternehmensbeteiligung **finanziell oder auf andere Weise zu unterstützen**, wird bei den Anhang-Bereichen B und C als wichtigste Anhangangabe beurteilt und sollte daher zu den berichtspflichtigen Anhangangaben gehören.[733]

In mehreren Anhang-Bereichen wurden von den Kapitalmarktexperten folgende Anhangangaben als besonders wichtig gekennzeichnet: Angabe des Betrages, der das **maximale Verlustrisiko** des Unternehmens aufgrund seiner Anteile an anderen Unternehmen darstellt, einschließlich der Informationen darüber, wie das maximale Verlustrisiko bestimmt wird.[734] Weiterhin wurde die ähnliche Anhangangabe über etwaige Gewinne oder Verluste zum Zeitpunkt des Verlusts der Beherrschung über ein Beteiligungsunternehmen während der Berichtsperiode sowie die Abschlussposten, in denen diese Gewinne oder Verluste erfasst werden, genannt.[735] Außerdem werden von einigen Kapitalmarktexperten zusätzlich zu den in IFRS 12 geforderten Anhangangaben über **zusammenfassende Finanzinformationen gefordert**, wie Vermögenswerte, Schulden, Umsatzerlöse, Gewinne und Verluste aus fortzuführenden und aus aufgegebenen

---

732 Hiermit sind die Anhangangaben A.4. und B.4. gemeint.

733 Diese Anhangangabe dient als Gliederungspunkt bei der Strukturierung von Anteilen an anderen Unternehmen, weil B.4. und C.8. diesbezüglich als sehr wichtige Anhangangaben ermittelt worden sind.

734 Diese Anhangangabe ist auf die Beurteilung der wichtigsten Anhangangaben in Form von D.6. und D.7. zurückzuführen.

735 Die Anhangangabe A.8. wurde als wichtigste Anhangangabe im Anhang-Bereich A beurteilt.

Geschäftsbereichen sowie über das sonstige und das gesamte Ergebnis für jedes wesentliche Gemeinschafts- oder assoziierte Unternehmen.[736] Daher sollten sich bilanzierende Unternehmen besonders darauf konzentrieren, die Informationsbedürfnisse von Adressaten des IFRS-Anhangs bzgl. der Anteile an anderen Unternehmen zu befriedigen.

493. Entschlackung

Die Berichterstattung nach IFRS 12 ist durch den Zielkonflikt zwischen der Forderung nach ausführlichen Informationen und der Gefahr eines potentiellen *disclosure overload* gekennzeichnet.[737] Die Anhangangaben gemäß IFRS 12 sind, wie vor allem in Abschnitt 2 gezeigt werden konnte, sehr umfangreich.[738] Daher ist in praxi häufig die Verringerung der Zahl der Anhangangaben, d. h. ein Abbau des sog. *disclosure overload* in IFRS 12 gefordert worden.[739] Zur **Vermeidung eines *disclosure overload*** sollte das Ziel sein, den derzeitig geforderten Umfang auf die für Adressaten wichtigen Anhangangaben zu reduzieren. Dabei sollten die bestehenden Angaben entwirrt sowie von Redundanzen und Doppelungen befreit werden. Denn die zu große Zahl der Anhangangaben kann die Qualität wirtschaftlicher Entscheidungen von Kapitalmarktexperten negativ beeinflussen.[740]

Dem Board ist also zu empfehlen, den großen Umfang der Anhangangaben zu Anteilen an anderen Unternehmen zu reduzieren, indem er die als **unwichtig identifizierten Angaben streicht** und die übrigen Anhangangaben aufwertet, z. B. durch Strukturierung und Konkretisierung. Begrüßenswert wäre eine starke Fokussierung auf die aus Sicht der befragten Kapitalmarktexperten wichtigen Informationen[741] und eine **Verringerung** der

---

736 C.10. wurde in Anhang-Bereich C als wichtigste Anhangangabe ermittelt.

737 Vgl. IFRS 12.BC81; IFRS 12.BC112 f.

738 Vgl. auch ZWIRNER, C./FROSCHHAMMER, M., Überblick über die ab 2014 neu anzuwendenden IFRS, S. 1.

739 Vgl. statt vieler KIRSCH, H.-J./GALLASCH, F./GIMPEL-HENNING, N., Gestaltung anhangbezogener Rechnungslegungsvorschriften, S. 86-94.

740 Vgl. RIEDER, A., Darstellung des Risikos, S. 34 f.; HILLMER, H.-J., Rechnungslegung auf dem richtigen Weg?, S. 253 f.

741 Vgl. vorheriger Abschnitt 492. zur Strukturierung von Anhangangaben zu Anteilen an anderen Unternehmen.

Vielzahl von **als unwichtig identifizierten Anhangangaben.** Dazu sollte der Board unter Berücksichtigung der bereits in Abschnitt 24 und Abschnitt 492. erläuterten Redundanzen sowie der als unwichtig ermittelten Anhangangaben in Abschnitt 422., 432., 442., 452. und 462. abwägen, diese zu streichen. Die empirische Untersuchung hat gezeigt, dass IFRS 12 einige aus Sicht von Kapitalmarktexperten sehr **unwichtige Anhangangaben** enthält.

In zwei Anhang-Bereichen, A und C, wurden mit großem Abstand zu den anderen Anhangangaben die Information A.3. und C.6. über den Abschlussstichtag des beteiligten Unternehmens und die etwaigen Gründe für die **Verwendung unterschiedlicher Abschlussstichtage** des beteiligten Unternehmens und des bilanzierenden Mutterunternehmens als sehr unwichtig beurteilt.[742] Jene Informationen, die Kapitalmarktexperten als unwichtig erachten, beeinflussen vermutlich nicht deren Anlageentscheidung. Für die Anhang-Bereiche A und C werden die Abschlussstichtage als unwichtigste Anhangangabe angegeben. Daher sollten diese **Anhangangaben aus IFRS 12 eliminiert werden.** Zwar wurden auch die **zusammenfassenden Anhangangaben** zu allgemeinen Informationen, wie Hauptsitz, Name und Beteiligungsquote als sehr unwichtig beurteilt. Doch können diese allgemeinen Informationen mit geringem Aufwand gegeben werden.[743] Daher sind aufgrund der konkreten Kennzeichnung und Identifizierung von Beteiligungsunternehmen diese zusammenfassenden allgemeinen Anhangangaben im IFRS-Konzernanhang beizubehalten.

Die Angaben der Kapitalmarktexperten über die wichtigen und unwichtigen Informationsbestandteile sind überwiegend konsistent. Dabei weisen die durch die Kapitalmarktexperten als unwichtig identifizierten Anhangangaben eine Gemeinsamkeit auf: Sie geben keinen umfassenden Einblick in die Struktur und (Un-)Sicherheit von

742 Anzumerken ist, dass diese Anhangangabe in den anderen Anhang-Bereichen nicht gefordert wird.

743 Zudem können diese Anhangangaben bspw. im Vergleich mit der Anhangangabe zur Ermittlung der beizulegenden Zeitwerte von Tochterunternehmen mit geringen Kosten bereitgestellt werden. Obschon der Nutzen für Adressaten nicht hoch ist, übersteigt er die geringen Kosten für die Erstellung der Angaben, so dass diese Information nicht eliminiert werden sollte. Vgl. Abschnitt 245.4. zur Kostenrestriktion als Nebenbedingung.

künftigen Cashflows und erhöhen daher nicht den Informationsstand der Kapitalmarktexperten bzgl. künftiger Netto-Erträge. Daher sollten diese als unwichtig gekennzeichneten Angaben im Sinne einer Orientierung der Berichterstattung an den Informationsbedürfnissen der Kapitalmarktexperten auf ein Minimum reduziert werden. Sämtliche Anhangangaben zu Risiken, Beschränkungen, Verlusten, Verpflichtungen zur (finanziellen) Unterstützung oder auch Auswirkungen der Beteiligungen auf die VFE-Lage sind hingegen von den Kapitalmarktexperten als wichtig bzw. wenig unwichtig klassifiziert worden und sind demgemäß beizubehalten.[744]

[744] Dies ist wiederum nicht verwunderlich, weil hier ein direkter Zusammenhang zwischen den gegebenen Informationen und der Bewertung von Unternehmensbeteiligungen zu erkennen ist.

5 Zusammenfassung

Das Forschungsziel der vorliegenden Arbeit war, die Informationsbedürfnisse von Kapitalmarktexperten bzgl. der Anhangangaben zu Anteilen an anderen Unternehmen nach IFRS 12 zu ermitteln. Dazu wurden Kapitalmarktexperten befragt, wie sie die von IFRS 12 geforderten Anhangangaben nach deren Wichtigkeit bewerten und welche zusätzlichen Anhangangaben sie für die Bewertung von Unternehmensbeteiligungen benötigen. Im Folgenden werden die konzeptionellen Grundlagen der Arbeit, die wesentlichen Untersuchungsergebnisse sowie die daraus resultierenden Implikationen der Befragungsergebnisse für den IASB und die Anhangersteller zusammengefasst.

Zu den konzeptionellen Grundlagen der Arbeit:

- **Deckung der Informationsbedürfnisse von Adressaten durch Anhangangaben zu Anteilen an anderen Unternehmen nach IFRS 12 im IFRS-Konzernabschluss**

  Die Frage, ob und wie die Adressaten mit den Anhangangaben zu Anteilen an anderen Unternehmen nach IFRS 12 ihre wirtschaftlichen Entscheidungen fundieren können, wurde in einem ersten Schritt vorbereitet, indem ein Überblick über verschiedene Arten von Anteilen an anderen Unternehmen herausgearbeitet wurde. Denn in den unterschiedlichen Konzernrechnungslegungsstandards IFRS 10, IFRS 11 und IAS 28 (rev. 2011) werden verschiedene Anteile an anderen Unternehmen dargestellt. Danach wurden in einem zweiten Schritt die Anhangangaben zu den unterschiedlichen Konzernrechnungslegungsstandards über die verschiedenen Formen von Anteilen an anderen Unternehmen nach IFRS 12 analysiert und gewürdigt.

  IFRS 12 fordert **Informationen** über Anteile an anderen Unternehmen in Form von Anhangangaben. Diese Informationen sollen dem Abschlussadressaten die **Art der Beteiligung**, die **damit verbundenen Risiken** sowie die **Auswirkungen** der Beteiligungen an anderen Unternehmen **auf die VFE-Lage** sowie die **Cashflows** erläutern.[745] Schon die rein hermeneutische, sprachliche und systematische Analyse der Anhangangaben nach IFRS 12 hat gezeigt, dass das erklärte Ziel des IFRS 12 nur eingeschränkt erreicht wird. Dies hat vier Gründe:

- Unklare Definitionen führen zu erheblichen Ermessensspielräumen für Abschlussersteller und zu Interpretationsbedarf für Adressaten,
- *information overload* durch viele, nicht wesentliche Informationen,
- eingeschränkte Vergleichbarkeit durch unterschiedliche Detaillierungsgrade der Anhangangaben und
- unvollständige Vermittlung entscheidungsnützlicher Informationen, da die grundlegenden qualitativen Anforderungen an Finanzinformationen durch die Anhangangaben gemäß IFRS 12 nicht erreicht werden.

Mit dieser Analyse ließen sich aber keine Vorschläge für die Verbesserung der Anhangangaben im Hinblick auf die Entscheidungsnützlichkeit und die Vollständigkeit der geforderten Anhangangaben ermitteln. Vielmehr bedurfte es einer empirischen Ermittlung der Informationsbedürfnisse von Kapitalmarktexperten. Denn die aufgrund ihres Sach- und Fachverstands ausgewählten Kapitalmarktexperten können beurteilen, welche Anhangangaben für sie entscheidungsnützlich sind. Eine Bestimmung der Entscheidungsnützlichkeit einzelner Anhangangaben für die als relevant anzusehenden Adressaten des IFRS-Konzernanhangs, die Kapitalmarktexperten, lässt sich nicht durch eine nur rein sprachlich-theoretische Analyse erstellen.

- **Konkretisierung der Adressaten der IFRS-Rechnungslegung**

Aufgrund der unzureichenden Adressatenkonkretisierung ist IFRS 12 zwangsläufig zu breit aufgestellt. Denn der IASB versucht für alle von ihm im Rahmenkonzept benannten Adressaten Informationen zur Verfügung zu stellen.

745 Vgl. IFRS 12.1.

Zum weit gefassten Adressatenkreis zählt der IASB aktuelle und künftige Investoren, Kreditgeber und andere Gläubiger.[746] Gleichzeitig erkennt und erklärt der Board, dass die von ihm deklarierten Adressaten unterschiedliche Informationsbedürfnisse haben.[747] Durch diese mangelnde **Eingrenzung der Adressaten** durch den IASB ergeben sich außerordentlich heterogene Informationsbedürfnisse. Der Vorsitzende des Board, HANS HOOGERVORST, fördert diese Unklarheit bezüglich der (Haupt-)Adressaten noch dadurch, indem er ausführt: *„One investor's disclosure clutter is another investors's golden nugget of information."*[748] Die Aussage von HOOGERVORST fördert indes nur die allgemeinen, unkonkreten Anhangangaben und trägt zur diffusen Zweckbestimmung des IFRS-Abschlusses bei. Da unterschiedliche Adressatengruppen sehr unterschiedliche Informationsbedürfnisse haben, bedarf es einer Konkretisierung des Personenkreises, der als berechtigte Informationsempfänger (Adressaten) angesehen werden soll.

Die vom Board als Zweck formulierte Entscheidungsnützlichkeit von Angaben soll dazu beitragen, die Entscheidung für das Kaufen, Verkaufen oder das Halten von Unternehmensanteilen zu optimieren. Aus diesem Grund kann es bei den Adressaten nur um Personen gehen, die solche Entscheidungen sachlich und fachlich richtig treffen können. In der Untersuchung werden daher die sog. Kapitalmarktexperten, die Eigenkapitalinvestoren und ihre Berater, ausgewählt.

Die Kapitalmarktexperten gehören zu den professionellen Anlegern, die den IFRS-Konzernabschluss und den darin inkludierten Anhang intensiv lesen und auswerten. Berater von Eigenkapitalinvestoren sind Fondsmanager und Finanzanalysten. Sie erweitern neben den professionellen Eigenkapitalinvestoren den Kreis der Kapitalmarktexperten.

746 Vgl. IFRS FOUNDATION, Conceptual Framework, OB2 und OB8 i. V. m. BC1.15-BC1.16.

747 Vgl. IFRS FOUNDATION, Conceptual Framework, BC1.18.

748 HOOGERVORST, H., golden nugget of information, zuletzt geprüft am 18.11.2014.

Zur empirischen Untersuchung:

- **Aufbau der empirischen Untersuchung**

Welche **Angaben über Unternehmensanteile für den Entscheider relevant** sind, wurde empirisch durch eine Befragung von Kapitalmarktexperten ermittelt. Die in IFRS 12 geforderten Anhangangaben wurden in die folgenden Anhang-Bereiche gegliedert:

Anhang-Bereich A:	Anteile an Tochterunternehmen,
Anhang-Bereich B:	Anteile an nicht konsolidierten Tochterunternehmen,
Anhang-Bereich C:	Anteile an gemeinschaftlichen Vereinbarungen und assoziierten Unternehmen,
Anhang-Bereich D:	Anteile an nicht konsolidierten strukturierten Unternehmen und
Anhang-Bereich E:	Ermessensentscheidungen und Annahmen.

Auf Basis dieser Strukturierung wurden die Kapitalmarktexperten gefragt, welche Anhangangaben aus ihrer Sicht im jeweiligen Anhang-Bereich wichtig und unwichtig sind und welche Anhangangaben darüber hinaus fehlen.

- **Methodik und Konzeption der empirischen Analyse**

Um die Informationsbedürfnisse von Kapitalmarktexperten bzgl. der Anhangangaben zu Anteilen an anderen Unternehmen gemäß IFRS 12 zu ermitteln, wurden unterschiedliche Methoden, die zur Messung der Wichtigkeit und Unwichtigkeit von Anhangangaben eingesetzt werden können, vorgestellt und gewürdigt. Im Ergebnis wurde ein Online-Fragebogen für den hier vorliegenden Untersuchungszweck eingesetzt, der mittels der **MaxDiff-Software** SSI Web programmiert wurde.

- **MaxDiff-Methode**

Mit der MaxDiff-Methode können Wichtigkeitspräferenzen zu abgefragten Merkmalen ermittelt werden. Die Methode erlaubt es, die vom IFRS 12 geforderten Anhangangaben so auszuwählen und in Templates zusammenzustellen, dass die Kapitalmarktexperten befragt werden können, welches die für sie **wichtigste** und welches die für sie **unwichtigste Anhangangabe** ist. So konnte das Bedeutungsgewicht jeder Anhangangabe aus Sicht der Kapitalmarktexperten ermittelt werden.

- **Auswertung der empirischen Untersuchung**

Insgesamt wurden 1325 Kapitalmarktexperten im Zeitraum von April bis Juni 2015 befragt, welche Anhangangaben sie nach IFRS 12 als wichtig und als unwichtig beurteilen. Zudem wurden sie gebeten, aus ihrer Sicht fehlende Anhangangaben zu ergänzen. Von den 1325 versendeten Fragebögen wurden 112 ausgefüllt. Dies entspricht einem Rücklauf von 8,5 %. Indes werden in die vorliegende Analyse nur **41 auswertbare Fragebögen** (3,1 %) einbezogen, da nicht alle 112 eingegangenen Fragebögen von den Kapitalmarktexperten vollständig ausgefüllt wurden. Die nachfolgend dargestellten Befragungsergebnisse können daher nicht als statistisch repräsentativ angesehen werden, aber sie lassen Tendenz- und Trendaussagen zu.

Die **Auswertung** der Befragungsergebnisse folgte einem dreistufigen Aufbau: Je Anhang-Bereich A bis E wurden in einem ersten Schritt die wichtigsten und in einem zweiten Schritt die unwichtigsten Anhangangaben erfasst. In einem dritten Schritt wurde für den jeweiligen Anhang-Bereich ermittelt, welche Anhangangaben aus Sicht der Kapitalmarktexperten in IFRS 12 fehlen. Daraufhin wurde analysiert, ob die Befragungsergebnisse bzgl. der als wichtig gekennzeichneten Anhangangaben konsistent sind mit jenen, die als unwichtige Anhangangaben angegeben worden sind.

Zu den Befragungsergebnissen der empirischen Untersuchung:

- **Befragungsergebnisse zu den wichtigsten Anhangangaben nach IFRS 12**

Die Auswertung der empirischen Untersuchung zeigte, dass es den antwortenden Kapitalmarktexperten besonders wichtig ist, **Risiken über Anteile an anderen Unternehmen zu identifizieren**. Die anzugebenden Risiken müssen einfach und klar dargestellt sein und dürfen nicht in vielen anderen – evtl. unwichtigen – Anhangangaben „untergehen". Zudem sollten Anhangangaben über Art und Umfang erheblicher **Beschränkungen der Fähigkeit eines Unternehmens**, Zugang zu Vermögenswerten bzw. Schulden des Konzerns zu haben, berücksichtigt werden. Denn für die Anhang-Bereiche A und B zählten die Kapitalmarktexperten dieses Themenfeld jeweils zu den wichtigen Anhangangaben. Eine weitere Anhangangabe über etwaige gegenwärtige **Verpflichtungen**, eine Unternehmensbeteiligung **finanziell** oder auf andere Weise zu **unterstützen,** wurde bei den Anhang-Bereichen B und C als wichtige Informationen beurteilt und sollte daher bei einer Überarbeitung des IFRS 12 besonders berücksichtigt werden.

Ebenfalls in mehreren Anhang-Bereichen von den Kapitalmarktexperten als besonders wichtig gekennzeichnet wurde die Anhangangabe über den Betrag, der das **maximale Verlustrisiko** des Unternehmens aufgrund seiner Anteile an anderen Unternehmen angibt, inkl. der Informationen darüber, wie das maximale Verlustrisiko bestimmt wird. Auch die ähnliche Anhangangabe über etwaige Gewinne oder Verluste zum Zeitpunkt des Verlusts der Beherrschung über ein Beteiligungsunternehmen während der Berichtsperiode sowie die Abschlussposten, in denen diese Gewinne oder Verluste erfasst werden, wurde als wichtig angegeben. Zudem wurden **zusammenfassende Finanzinformationen**, wie Vermögenswerte, Schulden, Umsatzerlöse, Gewinne und Verluste aus fortzuführenden und aus aufgegebenen Geschäftsbereichen sowie das sonstige und gesamte Ergebnis für jedes wesentliche Gemeinschafts- oder assoziierte Unternehmen von den Kapitalmarktexperten als besonders wichtig eingestuft.

- **Befragungsergebnisse zu den unwichtigsten Anhangangaben nach IFRS 12**

Die **Befragungsergebnisse** der Kapitalmarktexperten zu den als am unwichtigsten und den als am wenigsten wichtig bewerteten Anhangangaben waren **konsistent**. Als am **unwichtigsten beurteilt** wurden die Anhangangaben über den Abschlussstichtag des beteiligten Unternehmens und die etwaigen Gründe für die **Verwendung unterschiedlicher Abschlussstichtage** des beteiligten Unternehmens und des bilanzierenden Mutterunternehmens. Hier wurde erneut deutlich, dass Kapitalmarktexperten offensichtlich Informationen für unwichtig erachten, die ihre Anlageentscheidung nicht beeinflussen. Ferner wurden die Anhangangaben zu allgemeinen Informationen, wie Hauptsitz, Name und Beteiligungsquote durch die Kapitalmarktexperten ebenfalls als sehr unwichtig beurteilt. Da diese Anhangangaben aber geringe Kosten für die bilanzierenden Unternehmen verursachen und die Unternehmen, an denen Anteile gehalten werden, besser gekennzeichnet und identifiziert werden können, wird empfohlen diese Angaben beizubehalten.

- **Befragungsergebnisse zu den fehlenden Anhangangaben nach IFRS 12**

Die Befragung hat gezeigt, dass einigen Kapitalmarktexperten Angaben fehlen, um Anteile an anderen Unternehmen zu beurteilen. Aus Sicht der Kapitalmarktexperten fehlen Angaben

- über Ergebnisabführungsverträge,
- zu einem Überblick über die Zusammensetzung des Konzerns,
- zu Risiken, durch die Beteiligung an den jeweiligen konsolidierten Unternehmen,
- über Kaufpreise und

- beizulegende Zeitwerte für alle Beteiligungen.

Die ersten vier Punkte fehlen den Kapitalmarktexperten beim Anhang-Bereich A „Anteile an Tochterunternehmen“. Die vierte fehlende Anhangangabe über Kaufpreise wurde zusätzlich auch im Anhang-Bereich B „Anteile an nicht konsolidierten Tochterunternehmen“ angegeben.[749] Bei den von den Kapitalmarktexperten als fehlend ermittelten Informationen zeigt sich, dass sie Informationen über **Risiken** und allgemeine Finanzinformationen über Anteile an Tochterunternehmen benötigen. Ebenso werden Informationen zu einem etwaigen **Ergebnis- bzw. Gewinnabführungsvertrag** gewünscht.

Unabhängig von den fehlenden Anhangangaben zu den einzelnen Anhang-Bereichen A bis E wurden die Kapitalmarktexperten gefragt, welche Anhangangaben ihnen zu Anteilen an anderen Unternehmen insgesamt fehlen. Ein Kapitalmarktexperte wünscht die Angabe der beizulegenden Zeitwerte für alle Beteiligungen. Dabei ist anzumerken, dass die Angaben zur Zusammensetzung des Konzerns und die beizulegenden Zeitwerten in IFRS 12 bereits kodifiziert sind. Allerdings sind die beizulegenden Zeitwerte nicht für alle Anhang-Bereiche verpflichtend, sodass die Forderung des Kapitalmarktexperten berücksichtigt werden sollte.

Die anderen befragten Teilnehmer haben **keine ihnen fehlenden Anhangangaben angegeben.** Insgesamt wünschten nur vier Befragungsteilnehmer zusätzliche Anhangangaben zu Anteilen an anderen Unternehmen. Offensichtlich fehlen den meisten Kapitalmarktexperten keine über die in IFRS 12 hinausgehenden Informationen über Anteile an anderen Unternehmen. Dies wird durch die Diskussion im Schrifttum bestätigt, wonach die in **IFRS 12 geforderten Anhangangaben** aus Gründen der Transparenz und der besseren Informationsversorgung der Adressaten **nicht erweitert werden sollten.**

[749] Vgl. hierzu Abschnitt 423.

- **Befragungsergebnisse zu den situativen Merkmalen**

Der IASB hat eine zu breite Definition der Adressaten des IFRS-Konzernanhangs vorgenommen und versucht allgemeingültige Anhangpflichtangaben für die unterschiedlichsten Unternehmen zusammenzustellen, um den Standard möglichst für alle Abschlussersteller anwendbar zu machen. Bei der Konkretisierung der nach IFRS 12 geforderten Anhangangaben berücksichtigt der IASB keine **situativen Merkmale** von Unternehmen, um für Kapitalmarktexperten entscheidungsnützliche Informationen zu geben. Daher wurden die Kapitalmarktexperten gefragt, welche situativen Merkmale sie während der Beantwortung der Fragen am häufigsten zugrunde gelegt haben. Denn die für sie wichtigsten und unwichtigsten Anhangangaben sind stets die situationsbedingten wichtigsten und unwichtigsten Anhangangaben. Die meisten Kapitalmarktexperten geben an, dass sie bei der Beantwortung des Fragebogens an große internationale Unternehmen, finanzstarke Unternehmen mit hoher Bonität sowie an Unternehmen mit hoher Risikobereitschaft dachten. Darüber hinaus wurde als erwünschtes zusätzliches situatives Merkmal die **Branche** vorgeschlagen. Denn für die Kapitalmarktexperten erscheint es wichtig, dass die Branchen in Deutschland mit ihren jeweils spezifischen Gegebenheiten berücksichtigt werden.

- **Implikationen der Befragungsergebnisse für den Board und die Anhangersteller**

Aufgrund der zuvor beschriebenen Wünsche der Kapitalmarktexperten zu den situativen Merkmalen ist dem Board zu empfehlen, einen **situationsgerechten Bezug** zu wählen und eine **praxistaugliche Brancheneinteilung** bei der Entwicklung von künftigen Konzernrechnungslegungsstandards vorzunehmen. Dabei könnte sich der Board z. B. an der Brancheneinteilung des Wettbewerbs „**Der beste Geschäftsbericht**“ orientieren. Hierbei werden die Unternehmen in die Bereiche „Industrie und Handel“, „Kreditinstitute“ sowie „Versicherungen“ eingeteilt, so dass unterschiedliche Charakteristika von Unternehmen berücksichtigt werden können.

Die **Ergebnisse der empirischen Analyse** der vorliegenden Arbeit sollten von den Anhangerstellern – unabhängig von einer Überarbeitung des IFRS 12 – dazu verwendet werden, die Anhangangaben zu verbessern, indem sie auf die Informationsbedürfnisse der Kapitalmarktexperten ausgerichtet werden und aus der Sicht von Kapitalmarktexperten relevante Informationen bereitstellen. Die Befragung der Kapitalmarktexperten zu den wichtigsten Anhangangaben liefert **Anhangerstellern wertvolle Hinweise**, auf welche Anhangangaben sie bei der Berichterstattung ihren Schwerpunkt legen sollten. Sämtliche Anhangangaben zu Risiken, Beschränkungen, Verlusten, Verpflichtungen zur (finanziellen) Unterstützung oder auch Auswirkungen der Beteiligungen auf die VFE-Lage sind als wichtig bzw. als wenig unwichtig klassifiziert worden. Anhangerstellern ist künftig zu empfehlen, vor allem die **Risiken** aus der Beteiligung an anderen Unternehmen in einem separaten Gliederungspunkt des Anhangs komprimiert darzustellen.

Im Hinblick auf die aktuelle Diskussion zum Thema „***disclosure overload***“ hat die Befragung zudem wichtige Hinweise für Entschlackungsmöglichkeiten im Anhang gezeigt. So wurde für die Anhang-Bereiche A und C der Abschlussstichtag als unwichtigste Anhangangabe ermittelt. Entsprechend wird vorgeschlagen, diese **Anhangangabe aus IFRS 12 zu eliminieren.** Mit dieser Anhangangabe lassen sich weder Anlageempfehlungen durch Kapitalmarktexperten verbessern, noch haben abweichende Abschlussstichtage Einfluss auf das Ertragspotential des zu bewertenden Unternehmens. Anhangangaben, die nicht den Informationsstand der Kapitalmarktexperten bzgl. künftiger potentieller Erträge erhöhen, sollten im Sinne einer investorenorientierten Berichterstattung auf ein Minimum reduziert werden.

- **Ausblick**

In der vorliegenden Arbeit wurden nur Anhangangaben zu dem Themenfeld Anteile an anderen Unternehmen untersucht. Das hier dargestellte Vorgehen mittels der MaxDiff-Methode kann auf andere Standards übertragen werden. Dem Board wird daher nahegelegt, künftig empirische Untersuchungen zu weiteren Themenfeldern durchzuführen, vor allem im Hinblick auf das IASB-Projekt „Disclosure Initiative".[750] Eine Untersuchung aller Anhangangaben des IFRS-Konzernabschlusses würde es dem Board ermöglichen, Informationen bzgl. der Wichtigkeit der Anhangangaben aus Sicht von primären Berichtsadressaten zu erhalten. Diese Informationen könnte er in weiteren Standardsetzungsprozessen nutzen, so dass die Standards eine Berichterstattung i. S. der Zwecke der Rechnungslegung fördern. Als ein Beitrag dazu können die erarbeiteten Empfehlungen für eine den Anforderungen der Kapitalmarktexperten entsprechende Berichterstattung über Anteile an anderen Unternehmen gesehen werden.

---

750 Vgl. http://www.ifrs.org/Current-Projects/IASB-Projects/Disclosure-Initiative /Pages/Disclosure-Initiative.aspx, zuletzt geprüft am 02.08.2015.

Anhang

Liebe Experten,

wir bedanken uns ganz herzlich, dass Sie sich die Zeit nehmen, an unserer Befragung teilzunehmen. Damit leisten Sie einen wichtigen Beitrag zu unserem Projekt „Informationsbedürfnisse von Kapitalmarktexperten bzgl. der Anhangangaben zu Anteilen an anderen Unternehmen nach IFRS 12".

Durch die Befragung möchten wir Informationen gewinnen, wie die Anhangangaben gemäß IFRS 12 in ihrer Bedeutung von Ihnen, den Kapitalmarktexperten, gewichtet werden. Hierzu wird von uns die sogenannte maximum difference-Methode angewendet. Die maximum difference-Methode ist eine wissenschaftlich fundierte Methode zur Ermittlung von Wichtigkeitspräferenzen. Sie erlaubt es, die vom IFRS 12 geforderten Anhangangaben so auszuwählen und in Templates zusammenzustellen, dass durch die Angaben der repräsentativen Gruppen von Befragten verlässlich ermittelt werden kann, welches die für sie wichtigste und welches die unwichtigste Anhangangabe ist, um so das Bedeutungsgewicht jeder Anhangangabe aus Sicht der Befragten zu ermitteln.

Wir stellen Ihnen Fragen zu den folgenden sechs Anhang-Bereichen:
Anhang-Bereich A: Anteile an Tochterunternehmen
Anhang-Bereich B: Anteile an nicht konsolidierten Tochterunternehmen
Anhang-Bereich C: Anteile an gemeinschaftlichen Vereinbarungen und Anteile an assoziierten Unternehmen
Anhang-Bereich D: Anteile an nicht konsolidierten strukturierten Unternehmen
Anhang-Bereich E: Ermessensentscheidungen und Annahmen
Anhang-Bereich F: Situation des Unternehmens, das über Anteile an anderen Unternehmen berichtet

Bearbeitungshinweis: Zu jedem Anhang-Bereich wird automatisch eine bestimmte Zahl von Templates erstellt. In jedem Template werden Sie gebeten **links die aus Ihrer Sicht wichtigste Anhangangabe** und **rechts die aus Ihrer Sicht unwichtigste Anhangangabe** anzuklicken. Wundern Sie sich bitte nicht, wenn sich die Anhangangaben wiederholen. Diese Wiederholungen sind genau berechnet. Bitte bewerten Sie daher alle Anhangangaben. Zum Abschluss eines jeden Anhang-Bereichs haben Sie die Möglichkeit, von Ihnen womöglich vermisste Anhangangaben anzugeben.

Wir wünschen Ihnen viel Spaß bei der Bearbeitung der Fragen.

Klicken Sie bitte auf den Pfeil-Button um fortzufahren.

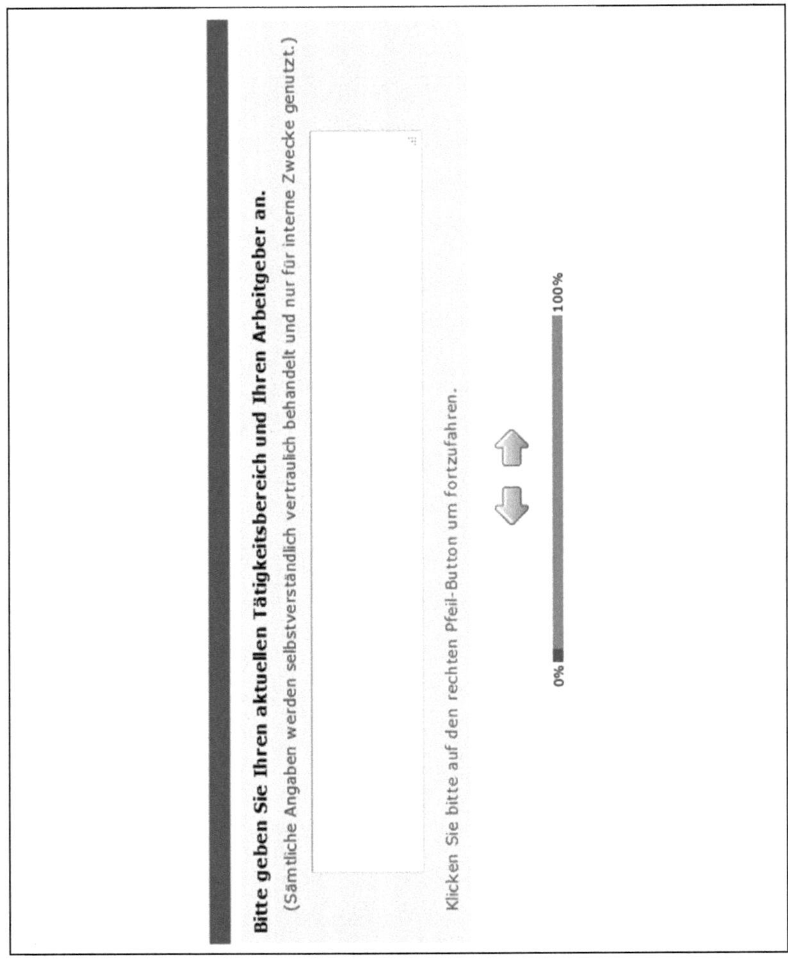
Bitte geben Sie Ihren aktuellen Tätigkeitsbereich und Ihren Arbeitgeber an.
(Sämtliche Angaben werden selbstverständlich vertraulich behandelt und nur für interne Zwecke genutzt.)
Klicken Sie bitte auf den rechten Pfeil-Button um fortzufahren.
0%
100%

Welches ist die wichtigste und welches die unwichtigste Anhangangabe zu Anteilen an Tochterunternehmen nach IFRS 12.10-12.19?

(1 of 6)

Wichtigste Anhangangabe	Anhangangabe...	Unwichtigste Anhangangabe
○	...über den **Abschlussstichtag des Tochterunternehmens** und die etwaigen Gründe für die Verwendung unterschiedlicher Abschlussstichtage des Tochterunternehmens und des Mutterunternehmens.	○
○	...über Art und Umfang erheblicher **Beschränkungen der Fähigkeit eines Unternehmens, Zugang zu Vermögenswerten bzw. Schulden des Konzerns** zu haben, diese zu nutzen oder zu begleichen.	○
○	...wenn das berichtende Unternehmen, ohne vertragliche Verpflichtung, ein **bisher nicht konsolidiertes strukturiertes Unternehmen finanziell unterstützt** und diese Unterstützung dazu geführt hat, dass das berichtende Unternehmen das **strukturierte Unternehmen beherrscht**, hat es die für diese Entscheidung **relevanten Faktoren** anzugeben.	○
○	...für jedes Tochterunternehmen, an dem für das berichtende Unternehmen **wesentliche nicht beherrschende Anteile an den Tätigkeiten und Cashflows bestehen**, wie Name des Tochterunternehmens, Hauptgeschäftssitz, Beteiligungs- bzw. Stimmrechtsquote nicht beherrschender Anteile, den auf nicht beherrschende Anteile des Tochterunternehmens entfallenden Gewinn oder Verlust, die kumulierten nicht beherrschenden Anteile am Tochterunternehmen sowie zusammenfassende Finanzinformationen über das Tochterunternehmen.	○
○	...über die **Auswirkungen von Änderungen der Beteiligungsquote** eines Mutterunternehmens an einem Tochterunternehmen, welche **nicht zu einem Verlust der Beherrschung** führen.	○

Klicken Sie bitte auf den rechten Pfeil-Button um fortzufahren.

0% 100%

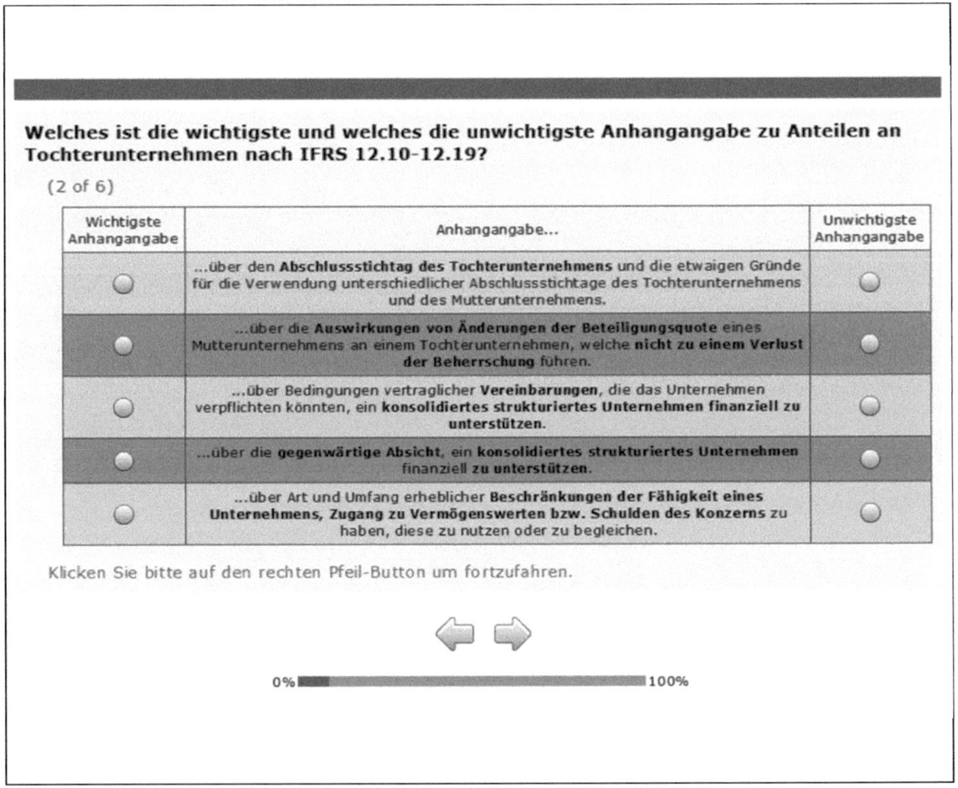

Welches ist die wichtigste und welches die unwichtigste Anhangangabe zu Anteilen an Tochterunternehmen nach IFRS 12.10-12.19?

(2 of 6)

Wichtigste Anhangangabe	Anhangangabe...	Unwichtigste Anhangangabe
○	...über den **Abschlussstichtag des Tochterunternehmens** und die etwaigen Gründe für die Verwendung unterschiedlicher Abschlussstichtage des Tochterunternehmens und des Mutterunternehmens.	○
○	...über die **Auswirkungen von Änderungen der Beteiligungsquote** eines Mutterunternehmens an einem Tochterunternehmen, welche **nicht zu einem Verlust der Beherrschung** führen.	○
○	...über Bedingungen vertraglicher **Vereinbarungen**, die das Unternehmen verpflichten könnten, ein **konsolidiertes strukturiertes Unternehmen finanziell zu unterstützen.**	○
○	...über die **gegenwärtige Absicht**, ein **konsolidiertes strukturiertes Unternehmen** finanziell **zu unterstützen.**	○
○	...über Art und Umfang erheblicher **Beschränkungen der Fähigkeit eines Unternehmens, Zugang zu Vermögenswerten bzw. Schulden des Konzerns** zu haben, diese zu nutzen oder zu begleichen.	○

Klicken Sie bitte auf den rechten Pfeil-Button um fortzufahren.

0% 100%

Welches ist die wichtigste und welches die unwichtigste Anhangangabe zu Anteilen an Tochterunternehmen nach IFRS 12.10-12.19?

(3 of 6)

Wichtigste Anhangangabe	Anhangangabe...	Unwichtigste Anhangangabe
○	...über den **Abschlussstichtag des Tochterunternehmens** und die etwaigen Gründe für die Verwendung unterschiedlicher Abschlussstichtage des Tochterunternehmens und des Mutterunternehmens.	○
○	...über etwaige **Gewinne oder Verluste** zum **Zeitpunkt** des **Verlusts der Beherrschung** über ein Tochterunternehmen während der Berichtsperiode sowie die Abschlussposten, in denen diese Gewinne oder Verluste erfasst werden.	○
○	...über **Art und Umfang von Schutzrechten nicht beherrschender Anteile**, die die Fähigkeit des Unternehmens, Zugang zu Vermögenswerten des Konzerns zu haben und Schulden zu begleichen, **erheblich beschränken** können sowie die im Konzernabschluss ausgewiesenen Buchwerte dieser Vermögenswerte und Schulden.	○
○	...über Art und Umfang erheblicher **Beschränkungen der Fähigkeit eines Unternehmens, Zugang zu Vermögenswerten bzw. Schulden des Konzerns** zu haben, diese zu nutzen oder zu begleichen.	○
○	...über die **Gründe sowie Art und Betrag der Unterstützung** an ein **konsolidiertes strukturiertes Unternehmen**, bei dem **keine Verpflichtung** des berichtenden Unternehmens besteht, finanziell oder in anderer Weise **zu unterstützen**.	○

Klicken Sie bitte auf den rechten Pfeil-Button um fortzufahren.

0% 100%

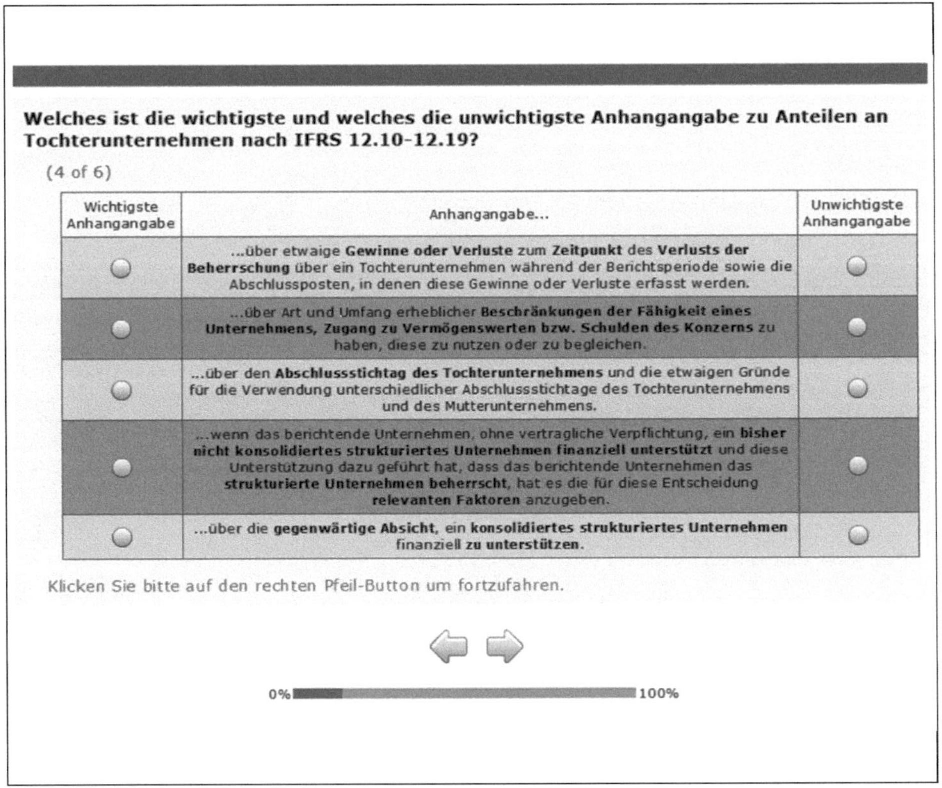

Welches ist die wichtigste und welches die unwichtigste Anhangangabe zu Anteilen an Tochterunternehmen nach IFRS 12.10-12.19?

(4 of 6)

Wichtigste Anhangangabe	Anhangangabe...	Unwichtigste Anhangangabe
○	...über etwaige **Gewinne oder Verluste** zum **Zeitpunkt** des **Verlusts der Beherrschung** über ein Tochterunternehmen während der Berichtsperiode sowie die Abschlussposten, in denen diese Gewinne oder Verluste erfasst werden.	○
○	...über Art und Umfang erheblicher **Beschränkungen der Fähigkeit eines Unternehmens, Zugang zu Vermögenswerten bzw. Schulden des Konzerns** zu haben, diese zu nutzen oder zu begleichen.	○
○	...über den **Abschlussstichtag des Tochterunternehmens** und die etwaigen Gründe für die Verwendung unterschiedlicher Abschlussstichtage des Tochterunternehmens und des Mutterunternehmens.	○
○	...wenn das berichtende Unternehmen, ohne vertragliche Verpflichtung, ein **bisher nicht konsolidiertes strukturiertes Unternehmen finanziell unterstützt** und diese Unterstützung dazu geführt hat, dass das berichtende Unternehmen das **strukturierte Unternehmen beherrscht**, hat es die für diese Entscheidung **relevanten Faktoren** anzugeben.	○
○	...über die **gegenwärtige Absicht**, ein **konsolidiertes strukturiertes Unternehmen** finanziell **zu unterstützen**.	○

Klicken Sie bitte auf den rechten Pfeil-Button um fortzufahren.

0% 100%

Welches ist die wichtigste und welches die unwichtigste Anhangangabe zu Anteilen an Tochterunternehmen nach IFRS 12.10-12.19?

(5 of 6)

Wichtigste Anhangangabe	Anhangangabe...	Unwichtigste Anhangangabe
○	...für jedes Tochterunternehmen, an dem für das berichtende Unternehmen **wesentliche nicht beherrschende Anteile an den Tätigkeiten und Cashflows bestehen**, wie Name des Tochterunternehmens, Hauptgeschäftssitz, Beteiligungs- bzw. Stimmrechtsquote nicht beherrschender Anteile, den auf nicht beherrschende Anteile des Tochterunternehmens entfallenden Gewinn oder Verlust, die kumulierten nicht beherrschenden Anteile am Tochterunternehmen sowie zusammenfassende Finanzinformationen über das Tochterunternehmen.	○
○	...über die **Gründe sowie Art und Betrag der Unterstützung** an ein **konsolidiertes strukturiertes Unternehmen**, bei dem **keine Verpflichtung** des berichtenden Unternehmens besteht, finanziell oder in anderer Weise **zu unterstützen**.	○
○	...über **Art und Umfang von Schutzrechten nicht beherrschender Anteile**, die die Fähigkeit des Unternehmens, Zugang zu Vermögenswerten des Konzerns zu haben und Schulden zu begleichen, **erheblich beschränken** können sowie die im Konzernabschluss ausgewiesenen Buchwerte dieser Vermögenswerte und Schulden.	○
○	...über Bedingungen vertraglicher **Vereinbarungen**, die das Unternehmen verpflichten könnten, ein **konsolidiertes strukturiertes Unternehmen finanziell zu unterstützen**.	○
○	...über die **Auswirkungen von Änderungen der Beteiligungsquote** eines Mutterunternehmens an einem Tochterunternehmen, welche **nicht zu einem Verlust der Beherrschung** führen.	○

Klicken Sie bitte auf den rechten Pfeil-Button um fortzufahren.

0% 100%

Welches ist die wichtigste und welches die unwichtigste Anhangangabe zu Anteilen an Tochterunternehmen nach IFRS 12.10-12.19?

(6 of 6)

Wichtigste Anhangangabe	Anhangangabe...	Unwichtigste Anhangangabe
	...über **Art und Umfang von Schutzrechten nicht beherrschender Anteile**, die die Fähigkeit des Unternehmens, Zugang zu Vermögenswerten des Konzerns zu haben und Schulden zu begleichen, **erheblich beschränken** können sowie die im Konzernabschluss ausgewiesenen Buchwerte dieser Vermögenswerte und Schulden.	
	...für jedes Tochterunternehmen, an dem für das berichtende Unternehmen **wesentliche nicht beherrschende Anteile an den Tätigkeiten und Cashflows bestehen**, wie Name des Tochterunternehmens, Hauptgeschäftssitz, Beteiligungs- bzw. Stimmrechtsquote nicht beherrschender Anteile, den auf nicht beherrschende Anteile des Tochterunternehmens entfallenden Gewinn oder Verlust, die kumulierten nicht beherrschenden Anteile am Tochterunternehmen sowie zusammenfassende Finanzinformationen über das Tochterunternehmen.	
	...wenn das berichtende Unternehmen, ohne vertragliche Verpflichtung, ein **bisher nicht konsolidiertes strukturiertes Unternehmen finanziell unterstützt** und diese Unterstützung dazu geführt hat, dass das berichtende Unternehmen das **strukturierte Unternehmen beherrscht**, hat es die für diese Entscheidung **relevanten Faktoren** anzugeben.	
	...über die **Gründe sowie Art und Betrag der Unterstützung** an ein **konsolidiertes strukturiertes Unternehmen**, bei dem **keine Verpflichtung** des berichtenden Unternehmens besteht, finanziell oder in anderer Weise **zu unterstützen**.	
	...über die **gegenwärtige Absicht**, ein **konsolidiertes strukturiertes Unternehmen** finanziell **zu unterstützen**.	

Klicken Sie bitte auf den rechten Pfeil-Button um fortzufahren.

0% 100%

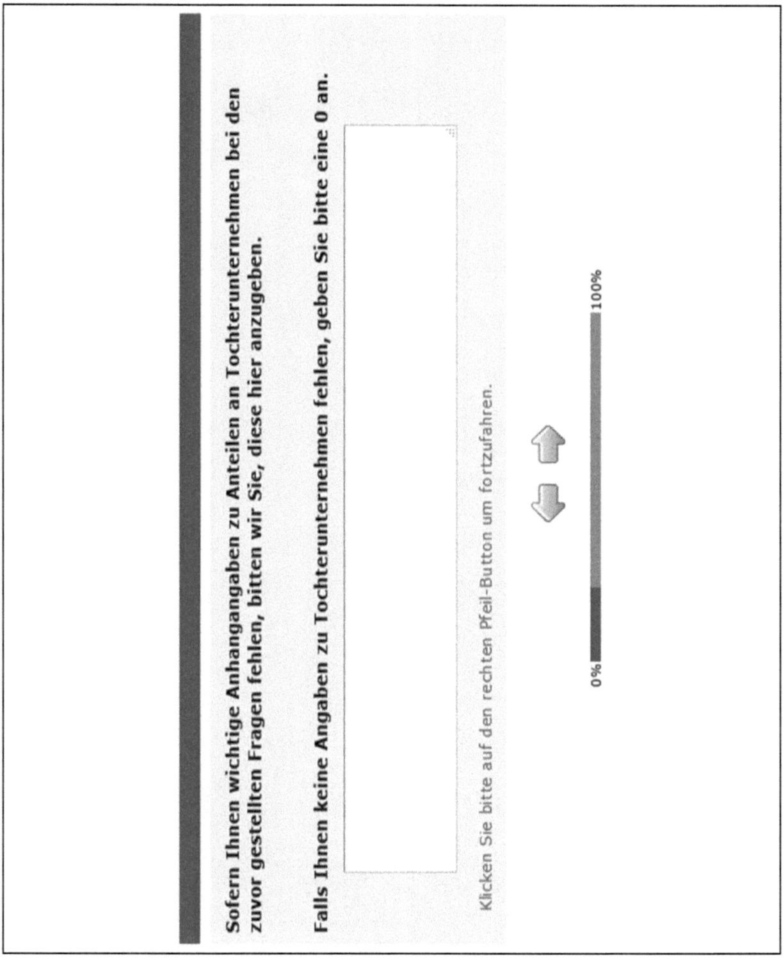

Sofern Ihnen wichtige Anhangangaben zu Anteilen an Tochterunternehmen bei den zuvor gestellten Fragen fehlen, bitten wir Sie, diese hier anzugeben.

Falls Ihnen keine Angaben zu Tochterunternehmen fehlen, geben Sie bitte eine 0 an.

Klicken Sie bitte auf den rechten Pfeil-Button um fortzufahren.

0% 100%

Welches ist die wichtigste und welches die unwichtigste Anhangangabe zu Anteilen an nicht konsolidierten Tochterunternehmen durch Investmentgesellschaften nach IFRS 12.19A-12.19G?

(1 of 5)

Wichtigste Anhangangabe	Anhangangabe...	Unwichtigste Anhangangabe
○	...über **Name, Hauptsitz, Beteiligungsquote** und ggf. Stimmrechtsquote für **jedes nicht konsolidierte Tochterunternehmen einer Investmentgesellschaft.**	○
○	...über **etwaige gegenwärtige Verpflichtungen**, ein nicht konsolidiertes Tochterunternehmen finanziell oder auf andere Weise **zu unterstützen** sowie die Angabe **erheblicher Beschränkungen der Fähigkeit** eines nicht konsolidierten Tochterunternehmens, **Finanzmittel**, die von der Investmentgesellschaft gewährt wurden, an diese Investmentgesellschaft **zu transferieren**.	○
○	...über **Art, Betrag und Gründe der Unterstützung** an nicht konsolidierte Tochterunternehmen **ohne vertragliche Verpflichtung**.	○
○	...über **relevante Faktoren**, die zu der Entscheidung führen, dass eine Investmentgesellschaft ein nicht beherrschtes, nicht konsolidiertes strukturiertes Unternehmen **finanziell** oder auf andere Weise **unterstützt** hat, **ohne dazu vertraglich verpflichtet** gewesen zu sein, und diese Unterstützung dazu geführt hat, dass **die Investmentgesellschaft das strukturierte Unternehmen beherrscht.**	○
○	...über **Name, Hauptsitz, Beteiligungsquote** und ggf. Stimmrechtsquote für **jedes nicht konsolidierte Tochterunternehmen einer Investmentgesellschaft**, wenn die **Investmentgesellschaft das Mutterunternehmen einer anderen Investmentgesellschaft** ist.	○

Klicken Sie bitte auf den rechten Pfeil-Button um fortzufahren.

0% 100%

Welches ist die wichtigste und welches die unwichtigste Anhangangabe zu Anteilen an nicht konsolidierten Tochterunternehmen durch Investmentgesellschaften nach IFRS 12.19A-12.19G?

(2 of 5)

Wichtigste Anhangangabe	Anhangangabe...	Unwichtigste Anhangangabe
○	...von einer **Investmentgesellschaft**, die nach IFRS 10 "Konzernabschlüsse" zur Anwendung der Ausnahme von der Konsolidierung verpflichtet ist und ihre **Beteiligung an einem Tochterunternehmen stattdessen aufwands- oder ertragswirksam zum beizulegenden Zeitwert bilanziert.**	○
○	...über die **Bedingungen vertraglicher Vereinbarungen**, bspw. Liquiditätsvereinbarungen, die die Investmentgesellschaft oder ihre nicht konsolidierten Tochterunternehmen verpflichten könnten, ein **nicht konsolidiertes beherrschtes strukturiertes Unternehmen finanziell zu unterstützen.**	○
○	...über **Name, Hauptsitz, Beteiligungsquote** und ggf. Stimmrechtsquote für **jedes nicht konsolidierte Tochterunternehmen einer Investmentgesellschaft**, wenn die **Investmentgesellschaft das Mutterunternehmen einer anderen Investmentgesellschaft** ist.	○
○	...über **etwaige gegenwärtige Verpflichtungen**, ein nicht konsolidiertes Tochterunternehmen finanziell oder auf andere Weise **zu unterstützen** sowie die Angabe **erheblicher Beschränkungen der Fähigkeit** eines nicht konsolidierten Tochterunternehmens, **Finanzmittel**, die von der Investmentgesellschaft gewährt wurden, an diese Investmentgesellschaft **zu transferieren.**	○
○	...über **Name, Hauptsitz, Beteiligungsquote** und ggf. Stimmrechtsquote für **jedes nicht konsolidierte Tochterunternehmen einer Investmentgesellschaft.**	○

Klicken Sie bitte auf den rechten Pfeil-Button um fortzufahren.

Welches ist die wichtigste und welches die unwichtigste Anhangangabe zu Anteilen an nicht konsolidierten Tochterunternehmen durch Investmentgesellschaften nach IFRS 12.19A-12.19G?

(3 of 5)

Wichtigste Anhangangabe	Anhangangabe...	Unwichtigste Anhangangabe
○	...über **Name, Hauptsitz, Beteiligungsquote** und ggf. Stimmrechtsquote für **jedes nicht konsolidierte Tochterunternehmen einer Investmentgesellschaft**, wenn die **Investmentgesellschaft das Mutterunternehmen einer anderen Investmentgesellschaft** ist.	○
○	...über **relevante Faktoren**, die zu der Entscheidung führen, dass eine Investmentgesellschaft ein nicht beherrschtes, nicht konsolidiertes strukturiertes Unternehmen **finanziell** oder auf andere Weise **unterstützt** hat, **ohne dazu vertraglich verpflichtet** gewesen zu sein, und diese Unterstützung dazu geführt hat, dass **die Investmentgesellschaft das strukturierte Unternehmen beherrscht**.	○
○	...von einer **Investmentgesellschaft**, die nach IFRS 10 "Konzernabschlüsse" zur Anwendung der Ausnahme von der Konsolidierung verpflichtet ist und ihre **Beteiligung an einem Tochterunternehmen stattdessen aufwands- oder ertragswirksam zum beizulegenden Zeitwert bilanziert**.	○
○	...über **Name, Hauptsitz, Beteiligungsquote** und ggf. Stimmrechtsquote für **jedes nicht konsolidierte Tochterunternehmen einer Investmentgesellschaft**.	○
○	...über **Art, Betrag und Gründe der Unterstützung** an nicht konsolidierte Tochterunternehmen **ohne vertragliche Verpflichtung**.	○

Klicken Sie bitte auf den rechten Pfeil-Button um fortzufahren.

0% 100%

Welches ist die wichtigste und welches die unwichtigste Anhangangabe zu Anteilen an nicht konsolidierten Tochterunternehmen durch Investmentgesellschaften nach IFRS 12.19A-12.19G?

(4 of 5)

Wichtigste Anhangangabe	Anhangangabe...	Unwichtigste Anhangangabe
○	...über die **Bedingungen vertraglicher Vereinbarungen**, bspw. Liquiditätsvereinbarungen, die die Investmentgesellschaft oder ihre nicht konsolidierten Tochterunternehmen verpflichten könnten, ein **nicht konsolidiertes beherrschtes strukturiertes Unternehmen finanziell zu unterstützen**.	○
○	...über **Art, Betrag und Gründe der Unterstützung** an nicht konsolidierte Tochterunternehmen **ohne vertragliche Verpflichtung**.	○
○	...über **etwaige gegenwärtige Verpflichtungen**, ein nicht konsolidiertes Tochterunternehmen finanziell oder auf andere Weise **zu unterstützen** sowie die Angabe **erheblicher Beschränkungen der Fähigkeit** eines nicht konsolidierten Tochterunternehmens, **Finanzmittel**, die von der Investmentgesellschaft gewährt wurden, an diese Investmentgesellschaft **zu transferieren**.	○
○	...von einer **Investmentgesellschaft**, die nach IFRS 10 "Konzernabschlüsse" zur Anwendung der Ausnahme von der Konsolidierung verpflichtet ist und ihre **Beteiligung an einem Tochterunternehmen stattdessen aufwands- oder ertragswirksam zum beizulegenden Zeitwert bilanziert**.	○
○	...über **relevante Faktoren**, die zu der Entscheidung führen, dass eine Investmentgesellschaft ein nicht beherrschtes, nicht konsolidiertes strukturiertes Unternehmen **finanziell** oder auf andere Weise **unterstützt** hat, **ohne dazu vertraglich verpflichtet** gewesen zu sein, und diese Unterstützung dazu geführt hat, dass **die Investmentgesellschaft das strukturierte Unternehmen beherrscht**.	○

Klicken Sie bitte auf den rechten Pfeil-Button um fortzufahren.

0% 100%

Welches ist die wichtigste und welches die unwichtigste Anhangangabe zu Anteilen an nicht konsolidierten Tochterunternehmen durch Investmentgesellschaften nach IFRS 12.19A-12.19G?

(5 of 5)

Wichtigste Anhangangabe	Anhangangabe...	Unwichtigste Anhangangabe
○	...über **Name, Hauptsitz, Beteiligungsquote** und ggf. Stimmrechtsquote für **jedes nicht konsolidierte Tochterunternehmen einer Investmentgesellschaft.**	○
○	...über **etwaige gegenwärtige Verpflichtungen**, ein nicht konsolidiertes Tochterunternehmen finanziell oder auf andere Weise **zu unterstützen** sowie die Angabe **erheblicher Beschränkungen der Fähigkeit** eines nicht konsolidierten Tochterunternehmens, **Finanzmittel**, die von der Investmentgesellschaft gewährt wurden, an diese Investmentgesellschaft **zu transferieren.**	○
○	...über **Art, Betrag und Gründe der Unterstützung** an nicht konsolidierte Tochterunternehmen **ohne vertragliche Verpflichtung.**	○
○	...über die **Bedingungen vertraglicher Vereinbarungen**, bspw. Liquiditätsvereinbarungen, die die Investmentgesellschaft oder ihre nicht konsolidierten Tochterunternehmen verpflichten könnten, ein **nicht konsolidiertes beherrschtes strukturiertes Unternehmen finanziell zu unterstützen.**	○
○	...von einer **Investmentgesellschaft**, die nach IFRS 10 "Konzernabschlüsse" zur Anwendung der Ausnahme von der Konsolidierung verpflichtet ist und ihre **Beteiligung an einem Tochterunternehmen stattdessen aufwands- oder ertragswirksam zum beizulegenden Zeitwert bilanziert.**	○

Klicken Sie bitte auf den rechten Pfeil-Button um fortzufahren.

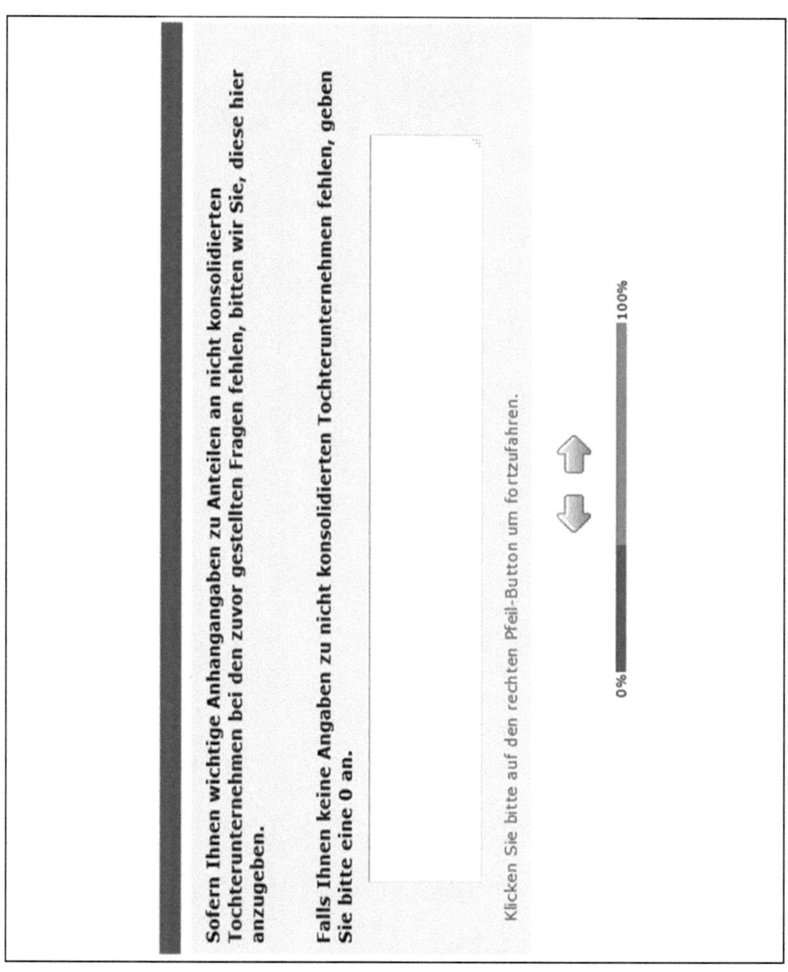

Sofern Ihnen wichtige Anhangangaben zu Anteilen an nicht konsolidierten Tochterunternehmen bei den zuvor gestellten Fragen fehlen, bitten wir Sie, diese hier anzugeben.

Falls Ihnen keine Angaben zu nicht konsolidierten Tochterunternehmen fehlen, geben Sie bitte eine 0 an.

Klicken Sie bitte auf den rechten Pfeil-Button um fortzufahren.

0% 100%

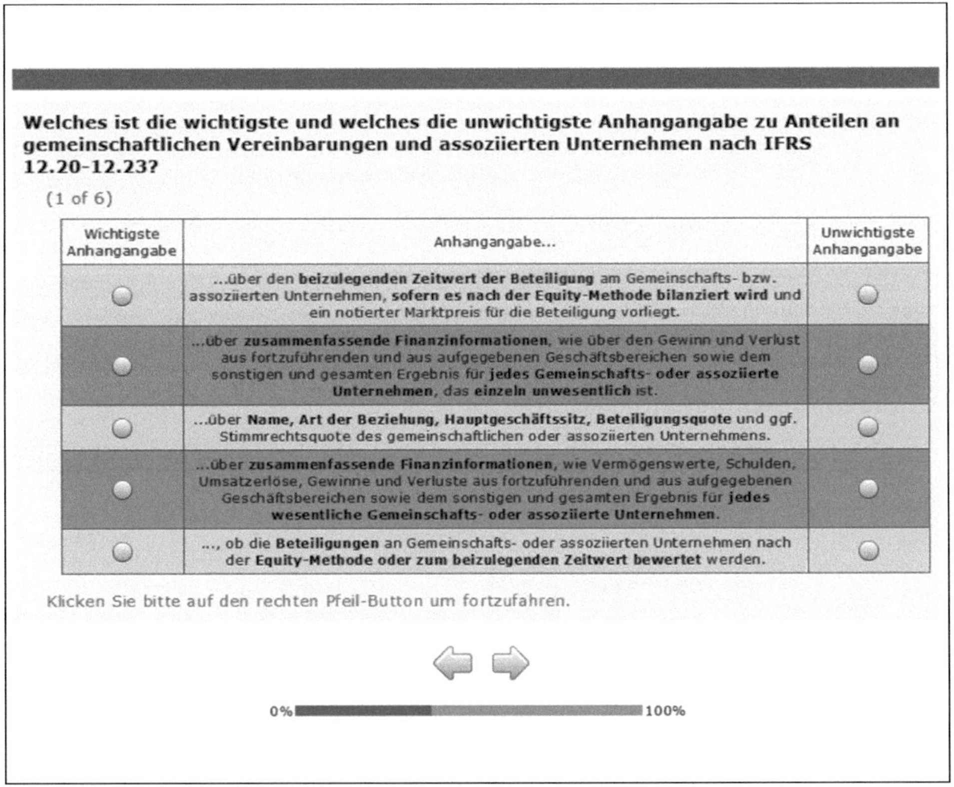

Welches ist die wichtigste und welches die unwichtigste Anhangangabe zu Anteilen an gemeinschaftlichen Vereinbarungen und assoziierten Unternehmen nach IFRS 12.20-12.23?

(1 of 6)

Wichtigste Anhangangabe	Anhangangabe...	Unwichtigste Anhangangabe
○	...über den **beizulegenden Zeitwert der Beteiligung** am Gemeinschafts- bzw. assoziierten Unternehmen, **sofern es nach der Equity-Methode bilanziert wird** und ein notierter Marktpreis für die Beteiligung vorliegt.	○
○	...über **zusammenfassende Finanzinformationen**, wie über den Gewinn und Verlust aus fortzuführenden und aus aufgegebenen Geschäftsbereichen sowie dem sonstigen und gesamten Ergebnis für **jedes Gemeinschafts- oder assoziierte Unternehmen**, das **einzeln unwesentlich** ist.	○
○	...über **Name, Art der Beziehung, Hauptgeschäftssitz, Beteiligungsquote** und ggf. Stimmrechtsquote des gemeinschaftlichen oder assoziierten Unternehmens.	○
○	...über **zusammenfassende Finanzinformationen**, wie Vermögenswerte, Schulden, Umsatzerlöse, Gewinne und Verluste aus fortzuführenden und aus aufgegebenen Geschäftsbereichen sowie dem sonstigen und gesamten Ergebnis für **jedes wesentliche Gemeinschafts- oder assoziierte Unternehmen.**	○
○	..., ob die **Beteiligungen** an Gemeinschafts- oder assoziierten Unternehmen nach der **Equity-Methode oder zum beizulegenden Zeitwert bewertet** werden.	○

Klicken Sie bitte auf den rechten Pfeil-Button um fortzufahren.

0% 100%

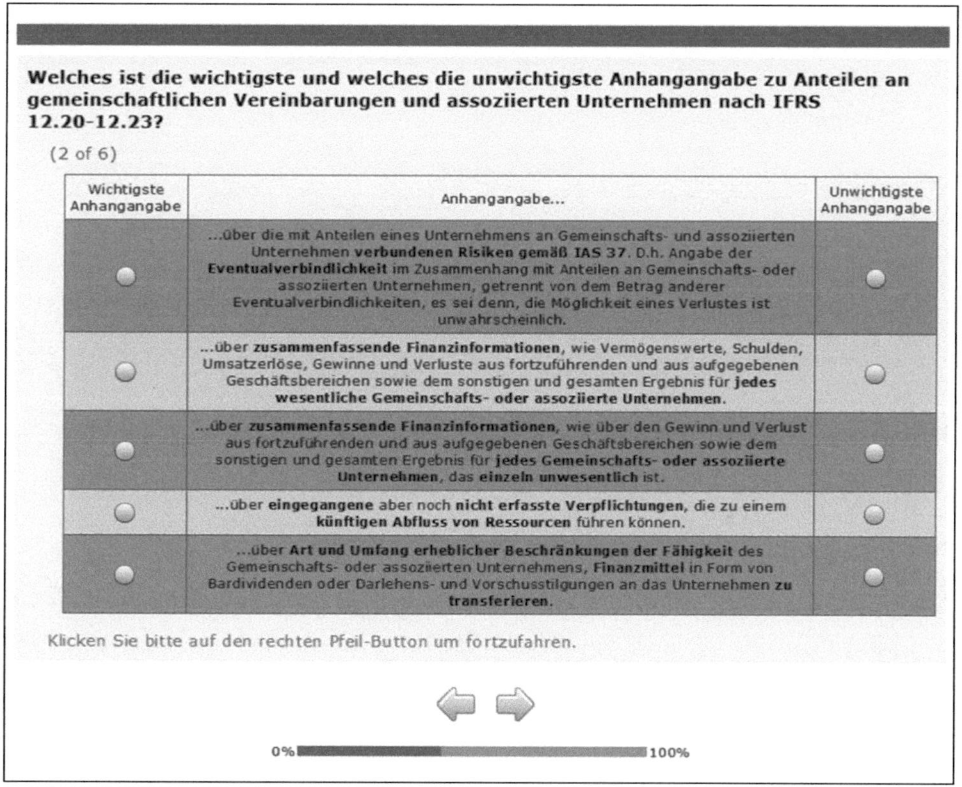

Welches ist die wichtigste und welches die unwichtigste Anhangangabe zu Anteilen an gemeinschaftlichen Vereinbarungen und assoziierten Unternehmen nach IFRS 12.20-12.23?

(2 of 6)

Wichtigste Anhangangabe	Anhangangabe...	Unwichtigste Anhangangabe
○	...über die mit Anteilen eines Unternehmens an Gemeinschafts- und assoziierten Unternehmen **verbundenen Risiken gemäß IAS 37**. D.h. Angabe der **Eventualverbindlichkeit** im Zusammenhang mit Anteilen an Gemeinschafts- oder assoziierten Unternehmen, getrennt von dem Betrag anderer Eventualverbindlichkeiten, es sei denn, die Möglichkeit eines Verlustes ist unwahrscheinlich.	○
○	...über **zusammenfassende Finanzinformationen**, wie Vermögenswerte, Schulden, Umsatzerlöse, Gewinne und Verluste aus fortzuführenden und aus aufgegebenen Geschäftsbereichen sowie dem sonstigen und gesamten Ergebnis für **jedes wesentliche Gemeinschafts- oder assoziierte Unternehmen.**	○
○	...über **zusammenfassende Finanzinformationen**, wie über den Gewinn und Verlust aus fortzuführenden und aus aufgegebenen Geschäftsbereichen sowie dem sonstigen und gesamten Ergebnis für **jedes Gemeinschafts- oder assoziierte Unternehmen**, das **einzeln unwesentlich** ist.	○
○	...über **eingegangene** aber noch **nicht erfasste Verpflichtungen**, die zu einem **künftigen Abfluss von Ressourcen** führen können.	○
○	...über **Art und Umfang erheblicher Beschränkungen der Fähigkeit** des Gemeinschafts- oder assoziierten Unternehmens, **Finanzmittel** in Form von Bardividenden oder Darlehens- und Vorschusstilgungen an das Unternehmen **zu transferieren**.	○

Klicken Sie bitte auf den rechten Pfeil-Button um fortzufahren.

0% 100%

Welches ist die wichtigste und welches die unwichtigste Anhangangabe zu Anteilen an gemeinschaftlichen Vereinbarungen und assoziierten Unternehmen nach IFRS 12.20-12.23?

(3 of 6)

Wichtigste Anhangangabe	Anhangangabe...	Unwichtigste Anhangangabe
○	...über **Name, Art der Beziehung, Hauptgeschäftssitz, Beteiligungsquote** und ggf. Stimmrechtsquote des gemeinschaftlichen oder assoziierten Unternehmens.	○
○	...über **eingegangene** aber noch **nicht erfasste Verpflichtungen**, die zu einem **künftigen Abfluss von Ressourcen** führen können.	○
○	...über den **nicht erfassten anteiligen Verlust** eines Gemeinschafts- oder assoziierten Unternehmens, **wenn** das Unternehmen seine **Verlustanteile am Gemeinschafts- oder assoziierten Unternehmen** bei Verwendung der Equity-Methode **nicht mehr erfasst**.	○
○	...über die mit Anteilen eines Unternehmens an Gemeinschafts- und assoziierten Unternehmen **verbundenen Risiken gemäß IAS 37**. D.h. Angabe der **Eventualverbindlichkeit** im Zusammenhang mit Anteilen an Gemeinschafts- oder assoziierten Unternehmen, getrennt von dem Betrag anderer Eventualverbindlichkeiten, es sei denn, die Möglichkeit eines Verlustes ist unwahrscheinlich.	○
○	...über den **Abschlussstichtag** von Gemeinschafts- oder assoziierten Unternehmen, welche die Equity-Methode anwenden sowie die **Gründe für die Verwendung unterschiedlicher Abschlussstichtage** zwischen bilanzierendem Unternehmen und Gemeinschafts- oder assoziiertem Unternehmen.	○

Klicken Sie bitte auf den rechten Pfeil-Button um fortzufahren.

0% 100%

Welches ist die wichtigste und welches die unwichtigste Anhangangabe zu Anteilen an gemeinschaftlichen Vereinbarungen und assoziierten Unternehmen nach IFRS 12.20-12.23?

(4 of 6)

Wichtigste Anhangangabe	Anhangangabe...	Unwichtigste Anhangangabe
○	...über **zusammenfassende Finanzinformationen**, wie über den Gewinn und Verlust aus fortzuführenden und aus aufgegebenen Geschäftsbereichen sowie dem sonstigen und gesamten Ergebnis für **jedes Gemeinschafts- oder assoziierte Unternehmen**, das **einzeln unwesentlich** ist.	○
○	..., ob die **Beteiligungen** an Gemeinschafts- oder assoziierten Unternehmen nach der **Equity-Methode oder zum beizulegenden Zeitwert bewertet** werden.	○
○	...über den **nicht erfassten anteiligen Verlust** eines Gemeinschafts- oder assoziierten Unternehmens, **wenn** das Unternehmen seine **Verlustanteile am Gemeinschafts- oder assoziierten Unternehmen** bei Verwendung der Equity-Methode **nicht mehr erfasst**.	○
○	...über **eingegangene** aber noch **nicht erfasste Verpflichtungen**, die zu einem **künftigen Abfluss von Ressourcen** führen können.	○
○	...über den **beizulegenden Zeitwert der Beteiligung** am Gemeinschafts- bzw. assoziierten Unternehmen, **sofern es nach der Equity-Methode bilanziert wird** und ein notierter Marktpreis für die Beteiligung vorliegt.	○

Klicken Sie bitte auf den rechten Pfeil-Button um fortzufahren.

0% 100%

Welches ist die wichtigste und welches die unwichtigste Anhangangabe zu Anteilen an gemeinschaftlichen Vereinbarungen und assoziierten Unternehmen nach IFRS 12.20-12.23?

(5 of 6)

Wichtigste Anhangangabe	Anhangangabe...	Unwichtigste Anhangangabe
○	..., ob die **Beteiligungen** an Gemeinschafts- oder assoziierten Unternehmen nach der **Equity-Methode oder zum beizulegenden Zeitwert bewertet** werden.	○
○	...über die mit Anteilen eines Unternehmens an Gemeinschafts- und assoziierten Unternehmen **verbundenen Risiken gemäß IAS 37**. D.h. Angabe der **Eventualverbindlichkeit** im Zusammenhang mit Anteilen an Gemeinschafts- oder assoziierten Unternehmen, getrennt von dem Betrag anderer Eventualverbindlichkeiten, es sei denn, die Möglichkeit eines Verlustes ist unwahrscheinlich.	○
○	...über den **Abschlussstichtag** von Gemeinschafts- oder assoziierten Unternehmen, welche die Equity-Methode anwenden sowie die **Gründe für die Verwendung unterschiedlicher Abschlussstichtage** zwischen bilanzierendem Unternehmen und Gemeinschafts- oder assoziiertem Unternehmen.	○
○	...über den **nicht erfassten anteiligen Verlust** eines Gemeinschafts- oder assoziierten Unternehmens, **wenn** das Unternehmen seine **Verlustanteile am Gemeinschafts- oder assoziierten Unternehmen** bei Verwendung der Equity-Methode **nicht mehr erfasst**.	○
○	...über **Art und Umfang erheblicher Beschränkungen der Fähigkeit** des Gemeinschafts- oder assoziierten Unternehmens, **Finanzmittel** in Form von Bardividenden oder Darlehens- und Vorschusstilgungen an das Unternehmen **zu transferieren**.	○

Klicken Sie bitte auf den rechten Pfeil-Button um fortzufahren.

0% 100%

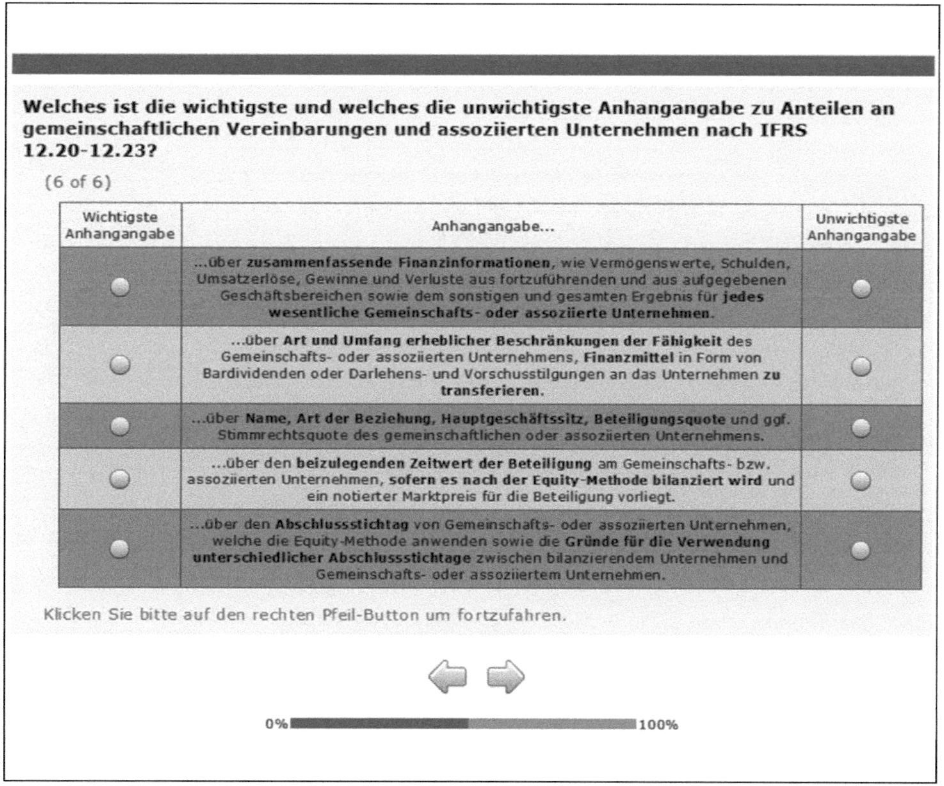

Welches ist die wichtigste und welches die unwichtigste Anhangangabe zu Anteilen an gemeinschaftlichen Vereinbarungen und assoziierten Unternehmen nach IFRS 12.20-12.23?

(6 of 6)

Wichtigste Anhangangabe	Anhangangabe...	Unwichtigste Anhangangabe
○	...über **zusammenfassende Finanzinformationen**, wie Vermögenswerte, Schulden, Umsatzerlöse, Gewinne und Verluste aus fortzuführenden und aus aufgegebenen Geschäftsbereichen sowie dem sonstigen und gesamten Ergebnis für **jedes wesentliche Gemeinschafts- oder assoziierte Unternehmen**.	○
○	...über **Art und Umfang erheblicher Beschränkungen der Fähigkeit** des Gemeinschafts- oder assoziierten Unternehmens, **Finanzmittel** in Form von Bardividenden oder Darlehens- und Vorschusstilgungen an das Unternehmen **zu transferieren**.	○
○	...über **Name, Art der Beziehung, Hauptgeschäftssitz, Beteiligungsquote** und ggf. Stimmrechtsquote des gemeinschaftlichen oder assoziierten Unternehmens.	○
○	...über den **beizulegenden Zeitwert der Beteiligung** am Gemeinschafts- bzw. assoziierten Unternehmen, **sofern es nach der Equity-Methode bilanziert wird** und ein notierter Marktpreis für die Beteiligung vorliegt.	○
○	...über den **Abschlussstichtag** von Gemeinschafts- oder assoziierten Unternehmen, welche die Equity-Methode anwenden sowie die **Gründe für die Verwendung unterschiedlicher Abschlussstichtage** zwischen bilanzierendem Unternehmen und Gemeinschafts- oder assoziiertem Unternehmen.	○

Klicken Sie bitte auf den rechten Pfeil-Button um fortzufahren.

0% 100%

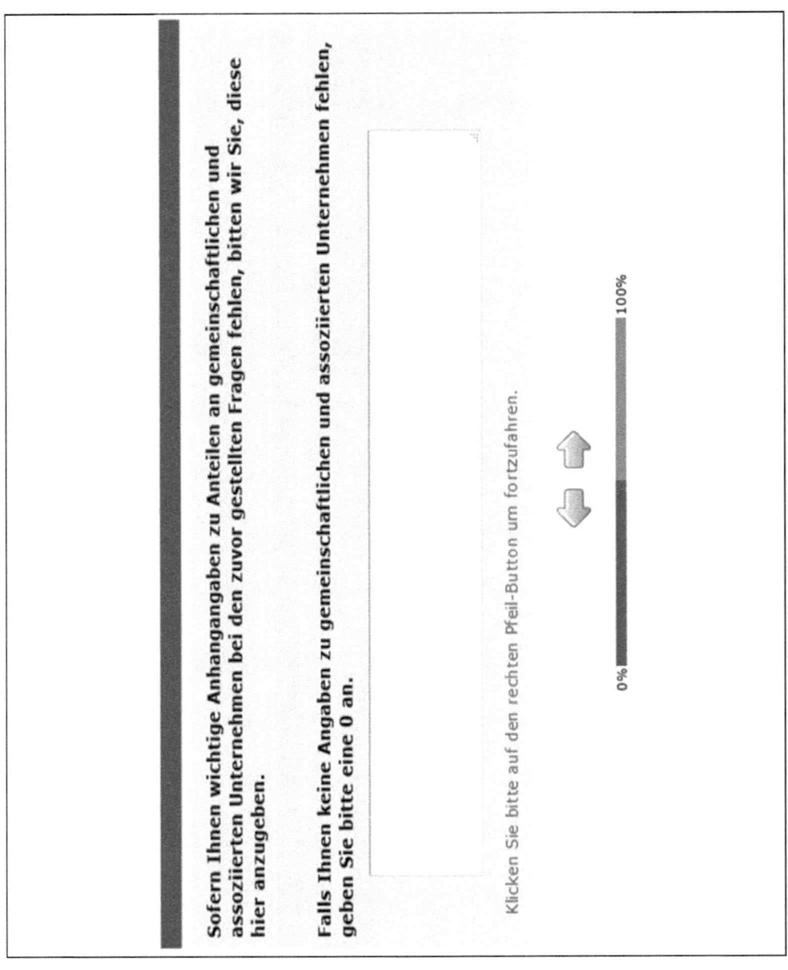
Sofern Ihnen wichtige Anhangangaben zu Anteilen an gemeinschaftlichen und assoziierten Unternehmen bei den zuvor gestellten Fragen fehlen, bitten wir Sie, diese hier anzugeben.
Falls Ihnen keine Angaben zu gemeinschaftlichen und assoziierten Unternehmen fehlen, geben Sie bitte eine 0 an.
Klicken Sie bitte auf den rechten Pfeil-Button um fortzufahren.
0%
100%

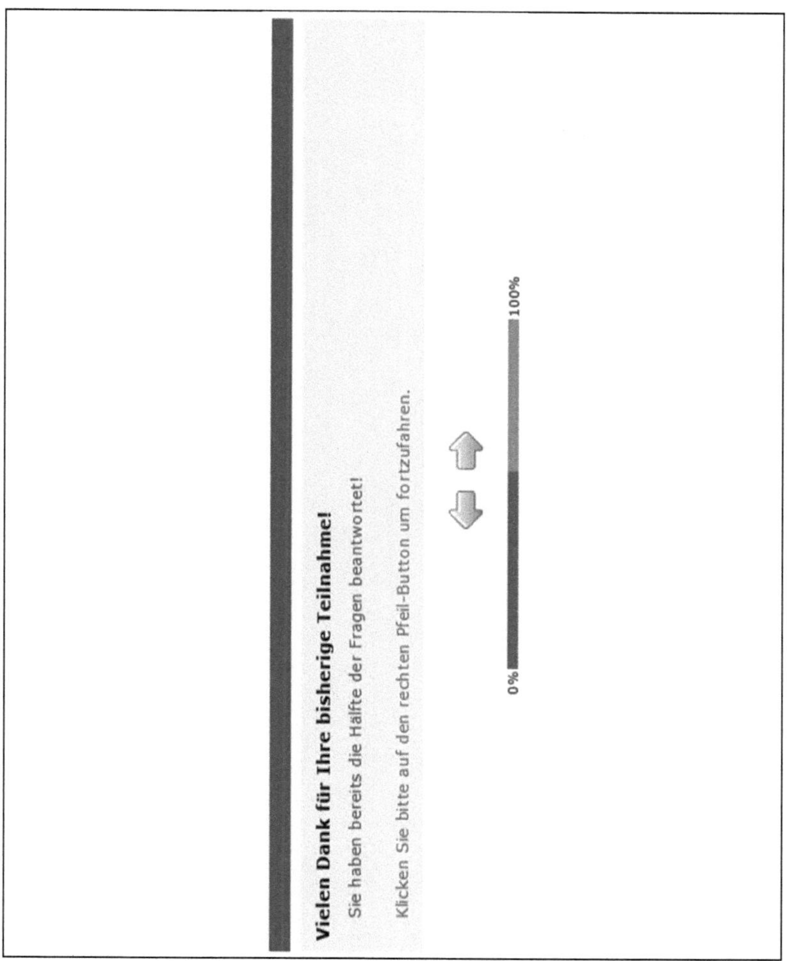
Vielen Dank für Ihre bisherige Teilnahme!
Sie haben bereits die Hälfte der Fragen beantwortet!
Klicken Sie bitte auf den rechten Pfeil-Button um fortzufahren.
0%
100%

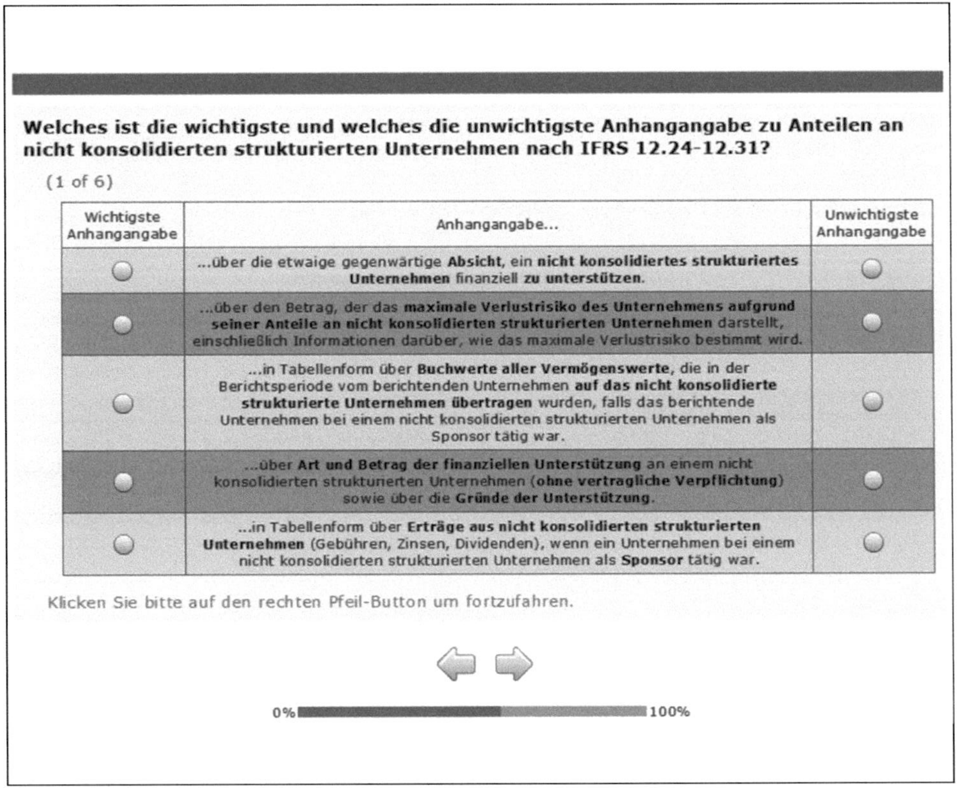

Welches ist die wichtigste und welches die unwichtigste Anhangangabe zu Anteilen an nicht konsolidierten strukturierten Unternehmen nach IFRS 12.24-12.31?

(1 of 6)

Wichtigste Anhangangabe	Anhangangabe...	Unwichtigste Anhangangabe
○	...über die etwaige gegenwärtige **Absicht**, ein **nicht konsolidiertes strukturiertes Unternehmen** finanziell **zu unterstützen**.	○
○	...über den Betrag, der das **maximale Verlustrisiko des Unternehmens aufgrund seiner Anteile an nicht konsolidierten strukturierten Unternehmen** darstellt, einschließlich Informationen darüber, wie das maximale Verlustrisiko bestimmt wird.	○
○	...in Tabellenform über **Buchwerte aller Vermögenswerte**, die in der Berichtsperiode vom berichtenden Unternehmen **auf das nicht konsolidierte strukturierte Unternehmen übertragen** wurden, falls das berichtende Unternehmen bei einem nicht konsolidierten strukturierten Unternehmen als Sponsor tätig war.	○
○	...über **Art und Betrag der finanziellen Unterstützung** an einem nicht konsolidierten strukturierten Unternehmen (**ohne vertragliche Verpflichtung**) sowie über die **Gründe der Unterstützung**.	○
○	...in Tabellenform über **Erträge aus nicht konsolidierten strukturierten Unternehmen** (Gebühren, Zinsen, Dividenden), wenn ein Unternehmen bei einem nicht konsolidierten strukturierten Unternehmen als **Sponsor** tätig war.	○

Klicken Sie bitte auf den rechten Pfeil-Button um fortzufahren.

0% 100%

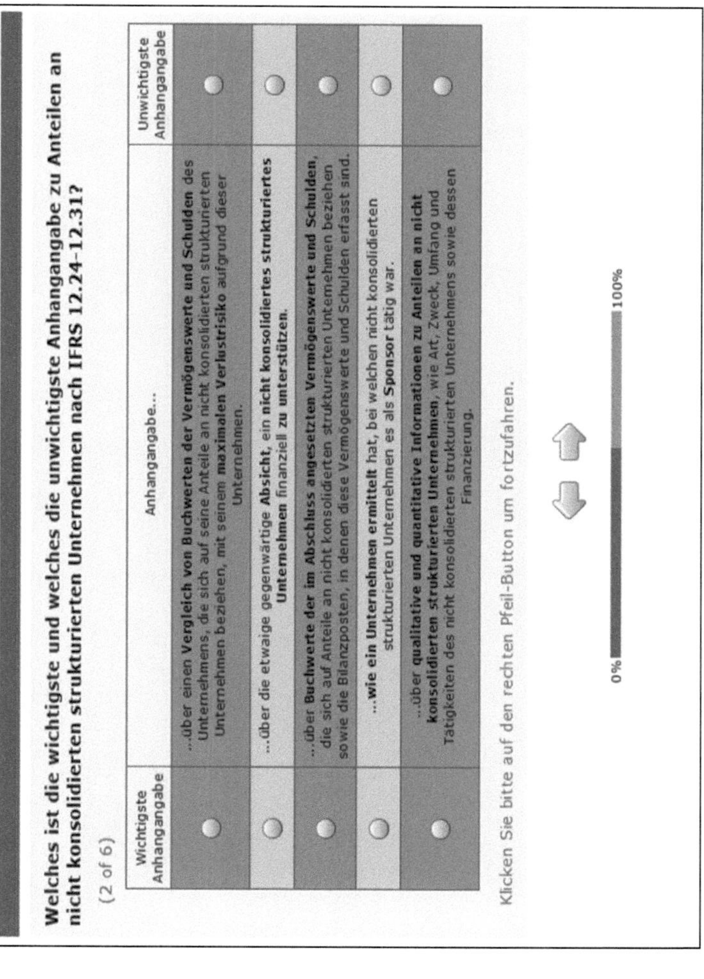

Welches ist die wichtigste und welches die unwichtigste Anhangangabe zu Anteilen an nicht konsolidierten strukturierten Unternehmen nach IFRS 12.24-12.31?

(2 of 6)

Wichtigste Anhangangabe	Anhangangabe...	Unwichtigste Anhangangabe
	...über einen **Vergleich von Buchwerten der Vermögenswerte und Schulden** des Unternehmens, die sich auf seine Anteile an nicht konsolidierten strukturierten Unternehmen beziehen, mit seinem **maximalen Verlustrisiko** aufgrund dieser Unternehmen.	
	...über die etwaige gegenwärtige **Absicht**, ein **nicht konsolidiertes strukturiertes Unternehmen** finanziell **zu unterstützen.**	
	...über **Buchwerte der im Abschluss angesetzten Vermögenswerte und Schulden**, die sich auf Anteile an nicht konsolidierten strukturierten Unternehmen beziehen sowie die Bilanzposten, in denen diese Vermögenswerte und Schulden erfasst sind.	
	...**wie ein Unternehmen ermittelt** hat, bei welchen nicht konsolidierten strukturierten Unternehmen es als **Sponsor** tätig war.	
	...über **qualitative und quantitative Informationen zu Anteilen an nicht konsolidierten strukturierten Unternehmen**, wie Art, Zweck, Umfang und Tätigkeiten des nicht konsolidierten strukturierten Unternehmens sowie dessen Finanzierung.	

Klicken Sie bitte auf den rechten Pfeil-Button um fortzufahren.

0% 100%

Welches ist die wichtigste und welches die unwichtigste Anhangangabe zu Anteilen an nicht konsolidierten strukturierten Unternehmen nach IFRS 12.24-12.31?

(3 of 6)

Wichtigste Anhangangabe	Anhangangabe...	Unwichtigste Anhangangabe
○	...in Tabellenform über **Erträge aus nicht konsolidierten strukturierten Unternehmen** (Gebühren, Zinsen, Dividenden), wenn ein Unternehmen bei einem nicht konsolidierten strukturierten Unternehmen als **Sponsor** tätig war.	○
○	...über einen **Vergleich von Buchwerten der Vermögenswerte und Schulden** des Unternehmens, die sich auf seine Anteile an nicht konsolidierten strukturierten Unternehmen beziehen, mit seinem **maximalen Verlustrisiko** aufgrund dieser Unternehmen.	○
○	...über **qualitative und quantitative Informationen zu Anteilen an nicht konsolidierten strukturierten Unternehmen**, wie Art, Zweck, Umfang und Tätigkeiten des nicht konsolidierten strukturierten Unternehmens sowie dessen Finanzierung.	○
○	...über den Betrag, der das **maximale Verlustrisiko des Unternehmens aufgrund seiner Anteile an nicht konsolidierten strukturierten Unternehmen** darstellt, einschließlich Informationen darüber, wie das maximale Verlustrisiko bestimmt wird.	○
○	...über **Art und Betrag der finanziellen Unterstützung** an einem nicht konsolidierten strukturierten Unternehmen (**ohne vertragliche Verpflichtung**) sowie über die **Gründe der Unterstützung.**	○

Klicken Sie bitte auf den rechten Pfeil-Button um fortzufahren.

0% 100%

Welches ist die wichtigste und welches die unwichtigste Anhangangabe zu Anteilen an nicht konsolidierten strukturierten Unternehmen nach IFRS 12.24-12.31?

(4 of 6)

Wichtigste Anhangangabe	Anhangangabe...	Unwichtigste Anhangangabe
○	...**wie ein Unternehmen ermittelt** hat, bei welchen nicht konsolidierten strukturierten Unternehmen es als **Sponsor** tätig war.	○
○	...in Tabellenform über **Buchwerte aller Vermögenswerte**, die in der Berichtsperiode vom berichtenden Unternehmen **auf das nicht konsolidierte strukturierte Unternehmen übertragen** wurden, falls das berichtende Unternehmen bei einem nicht konsolidierten strukturierten Unternehmen als Sponsor tätig war.	○
○	...über **Art und Betrag der finanziellen Unterstützung** an einem nicht konsolidierten strukturierten Unternehmen (**ohne vertragliche Verpflichtung**) sowie über die **Gründe der Unterstützung**.	○
○	...über **qualitative und quantitative Informationen zu Anteilen an nicht konsolidierten strukturierten Unternehmen**, wie Art, Zweck, Umfang und Tätigkeiten des nicht konsolidierten strukturierten Unternehmens sowie dessen Finanzierung.	○
○	...über den Betrag, der das **maximale Verlustrisiko des Unternehmens aufgrund seiner Anteile an nicht konsolidierten strukturierten Unternehmen** darstellt, einschließlich Informationen darüber, wie das maximale Verlustrisiko bestimmt wird.	○

Klicken Sie bitte auf den rechten Pfeil-Button um fortzufahren.

0% 100%

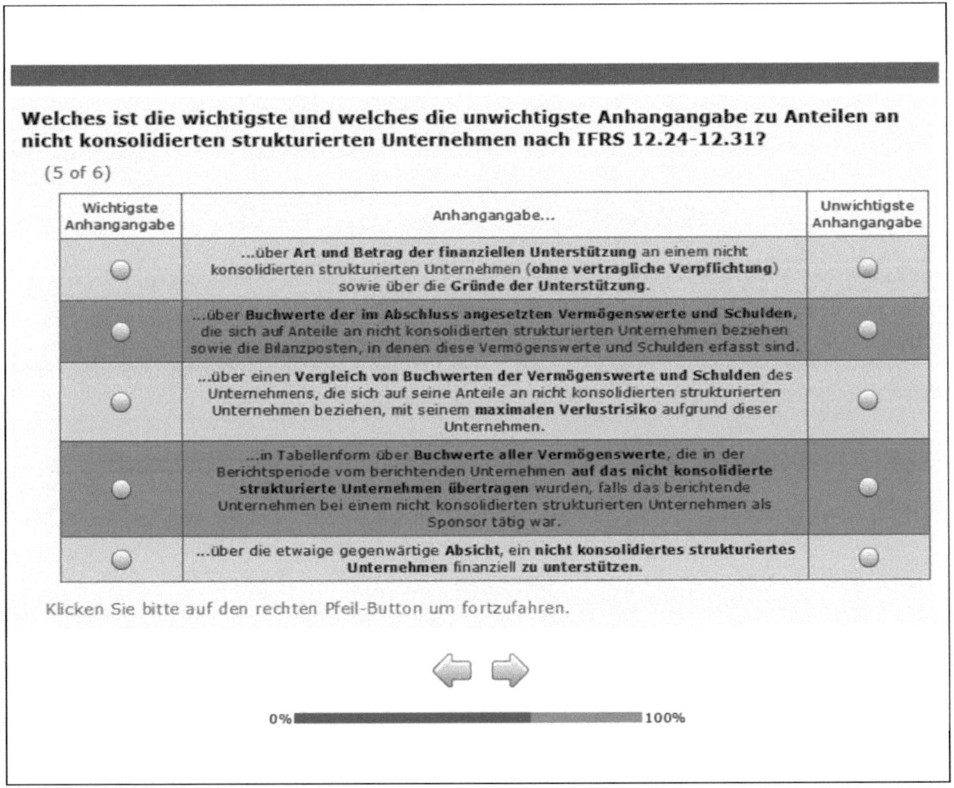

Welches ist die wichtigste und welches die unwichtigste Anhangangabe zu Anteilen an nicht konsolidierten strukturierten Unternehmen nach IFRS 12.24-12.31?

(5 of 6)

Wichtigste Anhangangabe	Anhangangabe...	Unwichtigste Anhangangabe
○	...über **Art und Betrag der finanziellen Unterstützung** an einem nicht konsolidierten strukturierten Unternehmen (**ohne vertragliche Verpflichtung**) sowie über die **Gründe der Unterstützung**.	○
○	...über **Buchwerte der im Abschluss angesetzten Vermögenswerte und Schulden**, die sich auf Anteile an nicht konsolidierten strukturierten Unternehmen beziehen sowie die Bilanzposten, in denen diese Vermögenswerte und Schulden erfasst sind.	○
○	...über einen **Vergleich von Buchwerten der Vermögenswerte und Schulden** des Unternehmens, die sich auf seine Anteile an nicht konsolidierten strukturierten Unternehmen beziehen, mit seinem **maximalen Verlustrisiko** aufgrund dieser Unternehmen.	○
○	...in Tabellenform über **Buchwerte aller Vermögenswerte**, die in der Berichtsperiode vom berichtenden Unternehmen **auf das nicht konsolidierte strukturierte Unternehmen übertragen** wurden, falls das berichtende Unternehmen bei einem nicht konsolidierten strukturierten Unternehmen als Sponsor tätig war.	○
○	...über die etwaige gegenwärtige **Absicht**, ein **nicht konsolidiertes strukturiertes Unternehmen** finanziell **zu unterstützen**.	○

Klicken Sie bitte auf den rechten Pfeil-Button um fortzufahren.

0% 100%

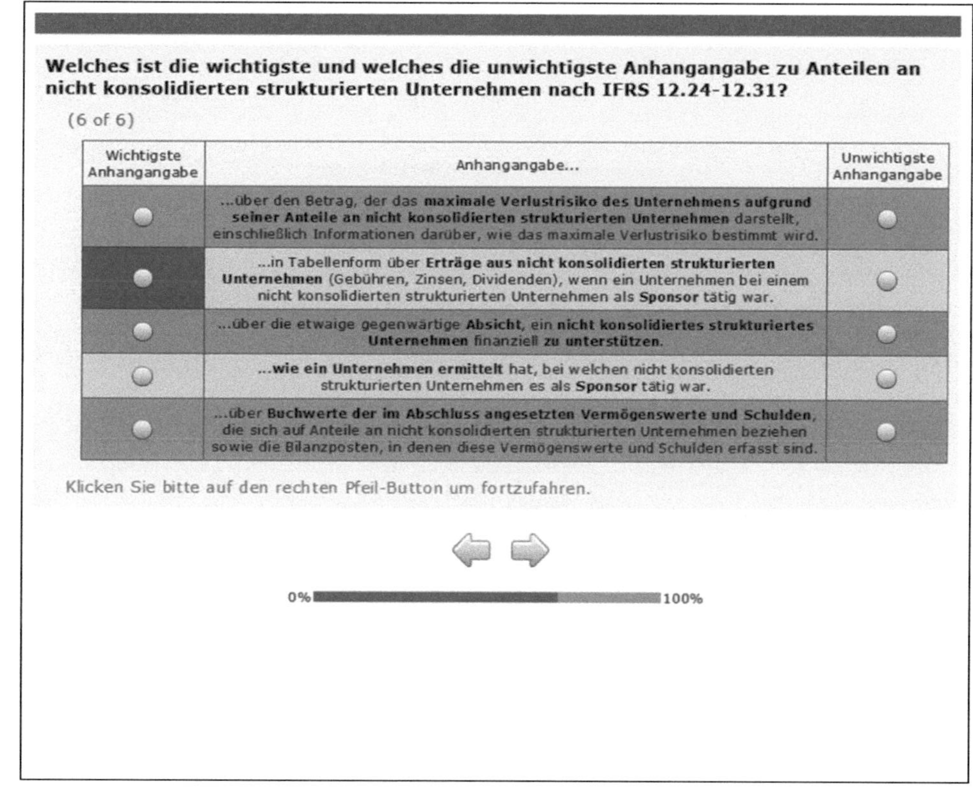
Welches ist die wichtigste und welches die unwichtigste Anhangangabe zu Anteilen an nicht konsolidierten strukturierten Unternehmen nach IFRS 12.24-12.31?
(6 of 6)
Wichtigste Anhangangabe
Anhangangabe...
Unwichtigste Anhangangabe
...über den Betrag, der das maximale Verlustrisiko des Unternehmens aufgrund seiner Anteile an nicht konsolidierten strukturierten Unternehmen darstellt, einschließlich Informationen darüber, wie das maximale Verlustrisiko bestimmt wird.
...in Tabellenform über Erträge aus nicht konsolidierten strukturierten Unternehmen (Gebühren, Zinsen, Dividenden), wenn ein Unternehmen bei einem nicht konsolidierten strukturierten Unternehmen als Sponsor tätig war.
...über die etwaige gegenwärtige Absicht, ein nicht konsolidiertes strukturiertes Unternehmen finanziell zu unterstützen.
...wie ein Unternehmen ermittelt hat, bei welchen nicht konsolidierten strukturierten Unternehmen es als Sponsor tätig war.
...über Buchwerte der im Abschluss angesetzten Vermögenswerte und Schulden, die sich auf Anteile an nicht konsolidierten strukturierten Unternehmen beziehen sowie die Bilanzposten, in denen diese Vermögenswerte und Schulden erfasst sind.
Klicken Sie bitte auf den rechten Pfeil-Button um fortzufahren.
0%
100%

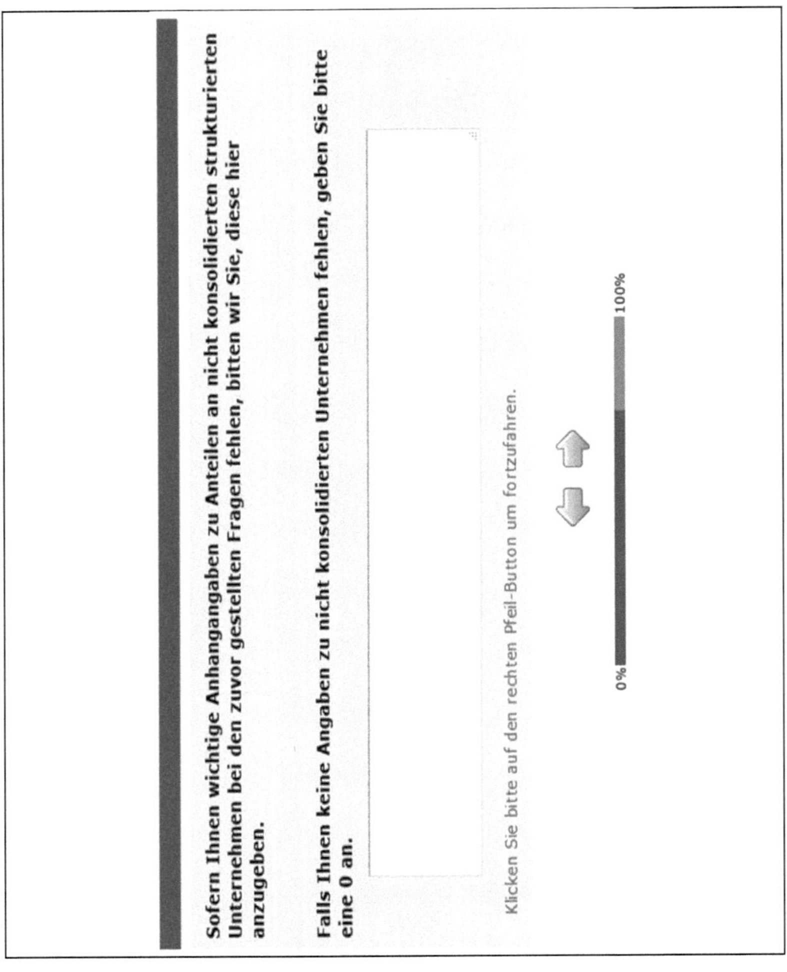
Sofern Ihnen wichtige Anhangangaben zu Anteilen an nicht konsolidierten strukturierten Unternehmen bei den zuvor gestellten Fragen fehlen, bitten wir Sie, diese hier anzugeben.
Falls Ihnen keine Angaben zu nicht konsolidierten Unternehmen fehlen, geben Sie bitte eine 0 an.
Klicken Sie bitte auf den rechten Pfeil-Button um fortzufahren.
0%
100%

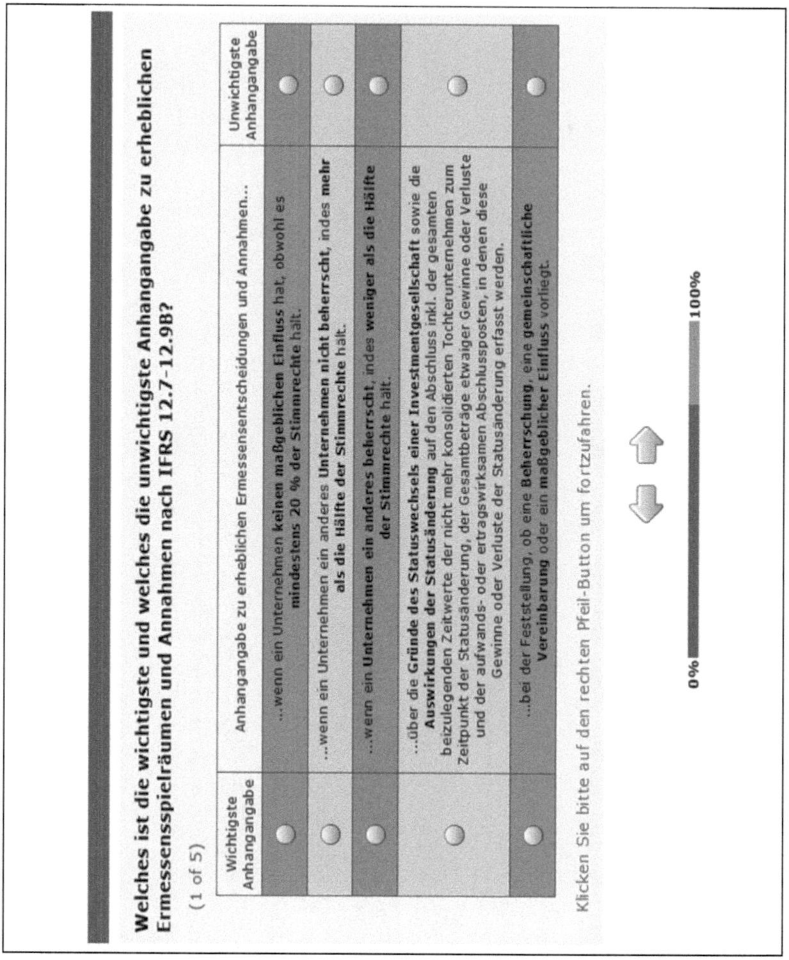

Welches ist die wichtigste und welches die unwichtigste Anhangangabe zu erheblichen Ermessensspielräumen und Annahmen nach IFRS 12.7-12.9B?

(1 of 5)

Wichtigste Anhangangabe	Anhangangabe zu erheblichen Ermessensentscheidungen und Annahmen...	Unwichtigste Anhangangabe
○	...wenn ein Unternehmen **keinen maßgeblichen Einfluss** hat, obwohl es **mindestens 20 % der Stimmrechte** hält.	○
○	...wenn ein Unternehmen ein anderes **Unternehmen nicht beherrscht**, indes **mehr als die Hälfte der Stimmrechte** hält.	○
○	...wenn ein **Unternehmen ein anderes beherrscht**, indes **weniger als die Hälfte der Stimmrechte** hält.	○
○	...über die **Gründe des Statuswechsels einer Investmentgesellschaft** sowie die **Auswirkungen der Statusänderung** auf den Abschluss inkl. der gesamten beizulegenden Zeitwerte der nicht mehr konsolidierten Tochterunternehmen zum Zeitpunkt der Statusänderung, der Gesamtbeträge etwaiger Gewinne oder Verluste und der aufwands- oder ertragswirksamen Abschlussposten, in denen diese Gewinne oder Verluste der Statusänderung erfasst werden.	○
○	...bei der Feststellung, ob eine **Beherrschung**, eine **gemeinschaftliche Vereinbarung** oder ein **maßgeblicher Einfluss** vorliegt.	○

Klicken Sie bitte auf den rechten Pfeil-Button um fortzufahren.

0% 100%

Welches ist die wichtigste und welches die unwichtigste Anhangangabe zu erheblichen Ermessensspielräumen und Annahmen nach IFRS 12.7-12.9B?

(2 of 5)

Wichtigste Anhangangabe	Anhangangabe zu erheblichen Ermessensentscheidungen und Annahmen...	Unwichtigste Anhangangabe
○	...bei der Feststellung, ob eine **Beherrschung**, eine **gemeinschaftliche Vereinbarung** oder ein **maßgeblicher Einfluss** vorliegt.	○
○	...bei der Feststellung, ob ein **Unternehmen Agent oder Prinzipal** ist.	○
○	...wenn ein Unternehmen ein anderes **Unternehmen nicht beherrscht**, indes **mehr als die Hälfte der Stimmrechte** hält.	○
○	..., die zu der **Entscheidung** geführt haben, dass das **Mutterunternehmen eine Investmentgesellschaft nach IFRS 10** "Konzernabschlüsse" ist, auch wenn sie typische Merkmale einer Investmentgesellschaft nicht aufweist.	○
○	...wenn ein Unternehmen **maßgeblichen Einfluss** hat, obwohl es **weniger als 20 % der Stimmrechte** hält.	○

Klicken Sie bitte auf den rechten Pfeil-Button um fortzufahren.

0% 100%

Welches ist die wichtigste und welches die unwichtigste Anhangangabe zu erheblichen Ermessensspielräumen und Annahmen nach IFRS 12.7-12.9B?

(3 of 5)

Wichtigste Anhangangabe	Anhangangabe zu erheblichen Ermessensentscheidungen und Annahmen...	Unwichtigste Anhangangabe
○	...bei der Feststellung, ob ein **Unternehmen Agent oder Prinzipal** ist.	○
○	...wenn ein Unternehmen **keinen maßgeblichen Einfluss** hat, obwohl es **mindestens 20 % der Stimmrechte** hält.	○
○	..., die zu der **Entscheidung** geführt haben, dass das **Mutterunternehmen eine Investmentgesellschaft nach IFRS 10** "Konzernabschlüsse" ist, auch wenn sie typische Merkmale einer Investmentgesellschaft nicht aufweist.	○
○	...wenn ein Unternehmen ein anderes **Unternehmen nicht beherrscht**, indes **mehr als die Hälfte der Stimmrechte** hält.	○
○	...über die **Gründe des Statuswechsels einer Investmentgesellschaft** sowie die **Auswirkungen der Statusänderung** auf den Abschluss inkl. der gesamten beizulegenden Zeitwerte der nicht mehr konsolidierten Tochterunternehmen zum Zeitpunkt der Statusänderung, der Gesamtbeträge etwaiger Gewinne oder Verluste und der aufwands- oder ertragswirksamen Abschlussposten, in denen diese Gewinne oder Verluste der Statusänderung erfasst werden.	○

Klicken Sie bitte auf den rechten Pfeil-Button um fortzufahren.

0% 100%

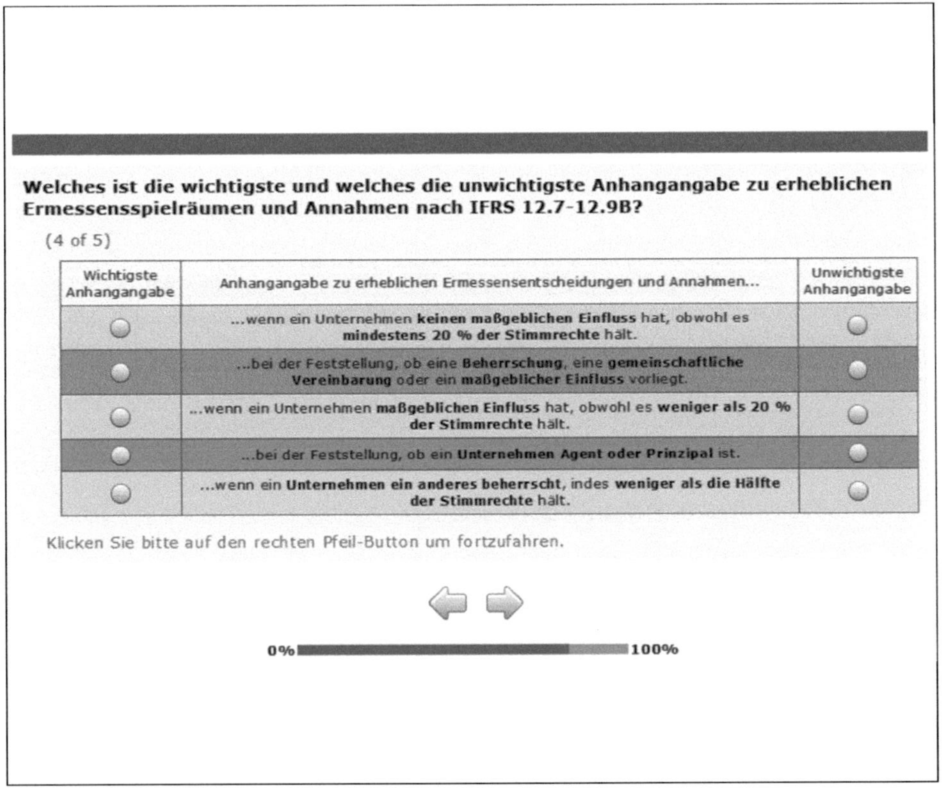

Welches ist die wichtigste und welches die unwichtigste Anhangangabe zu erheblichen Ermessensspielräumen und Annahmen nach IFRS 12.7-12.9B?

(4 of 5)

Wichtigste Anhangangabe	Anhangangabe zu erheblichen Ermessensentscheidungen und Annahmen...	Unwichtigste Anhangangabe
○	...wenn ein Unternehmen **keinen maßgeblichen Einfluss** hat, obwohl es **mindestens 20 % der Stimmrechte** hält.	○
○	...bei der Feststellung, ob eine **Beherrschung**, eine **gemeinschaftliche Vereinbarung** oder ein **maßgeblicher Einfluss** vorliegt.	○
○	...wenn ein Unternehmen **maßgeblichen Einfluss** hat, obwohl es **weniger als 20 % der Stimmrechte** hält.	○
○	...bei der Feststellung, ob ein **Unternehmen Agent oder Prinzipal** ist.	○
○	...wenn ein **Unternehmen ein anderes beherrscht**, indes **weniger als die Hälfte der Stimmrechte** hält.	○

Klicken Sie bitte auf den rechten Pfeil-Button um fortzufahren.

0% 100%

Welches ist die wichtigste und welches die unwichtigste Anhangangabe zu erheblichen Ermessensspielräumen und Annahmen nach IFRS 12.7-12.9B?

(5 of 5)

Wichtigste Anhangangabe	Anhangangabe zu erheblichen Ermessensentscheidungen und Annahmen...	Unwichtigste Anhangangabe
○	..., die zu der **Entscheidung** geführt haben, dass das **Mutterunternehmen eine Investmentgesellschaft nach IFRS 10** "Konzernabschlüsse" ist, auch wenn sie typische Merkmale einer Investmentgesellschaft nicht aufweist.	○
○	...wenn ein Unternehmen ein anderes **Unternehmen nicht beherrscht**, indes **mehr als die Hälfte der Stimmrechte** hält.	○
○	...wenn ein **Unternehmen ein anderes beherrscht**, indes **weniger als die Hälfte der Stimmrechte** hält.	○
○	...über die **Gründe des Statuswechsels einer Investmentgesellschaft** sowie die **Auswirkungen der Statusänderung** auf den Abschluss inkl. der gesamten beizulegenden Zeitwerte der nicht mehr konsolidierten Tochterunternehmen zum Zeitpunkt der Statusänderung, der Gesamtbeträge etwaiger Gewinne oder Verluste und der aufwands- oder ertragswirksamen Abschlussposten, in denen diese Gewinne oder Verluste der Statusänderung erfasst werden.	○
○	...wenn ein Unternehmen **maßgeblichen Einfluss** hat, obwohl es **weniger als 20 % der Stimmrechte** hält.	○

Klicken Sie bitte auf den rechten Pfeil-Button um fortzufahren.

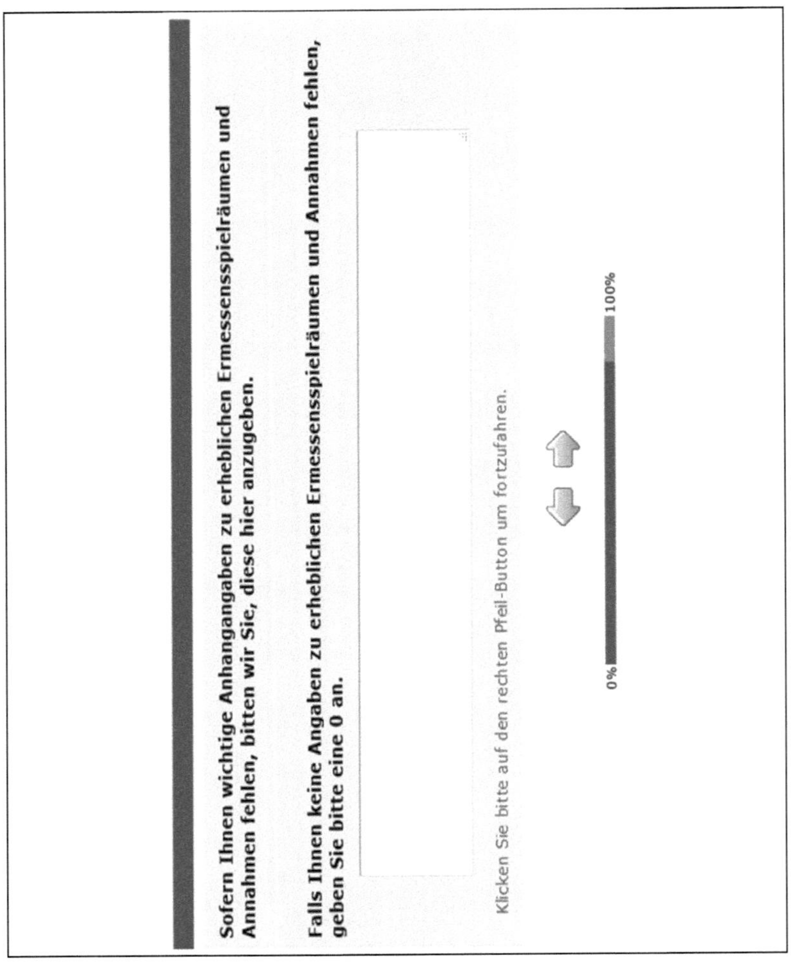
Sofern Ihnen wichtige Anhangangaben zu erheblichen Ermessensspielräumen und Annahmen fehlen, bitten wir Sie, diese hier anzugeben.
Falls Ihnen keine Angaben zu erheblichen Ermessensspielräumen und Annahmen fehlen, geben Sie bitte eine 0 an.
Klicken Sie bitte auf den rechten Pfeil-Button um fortzufahren.
0%
100%

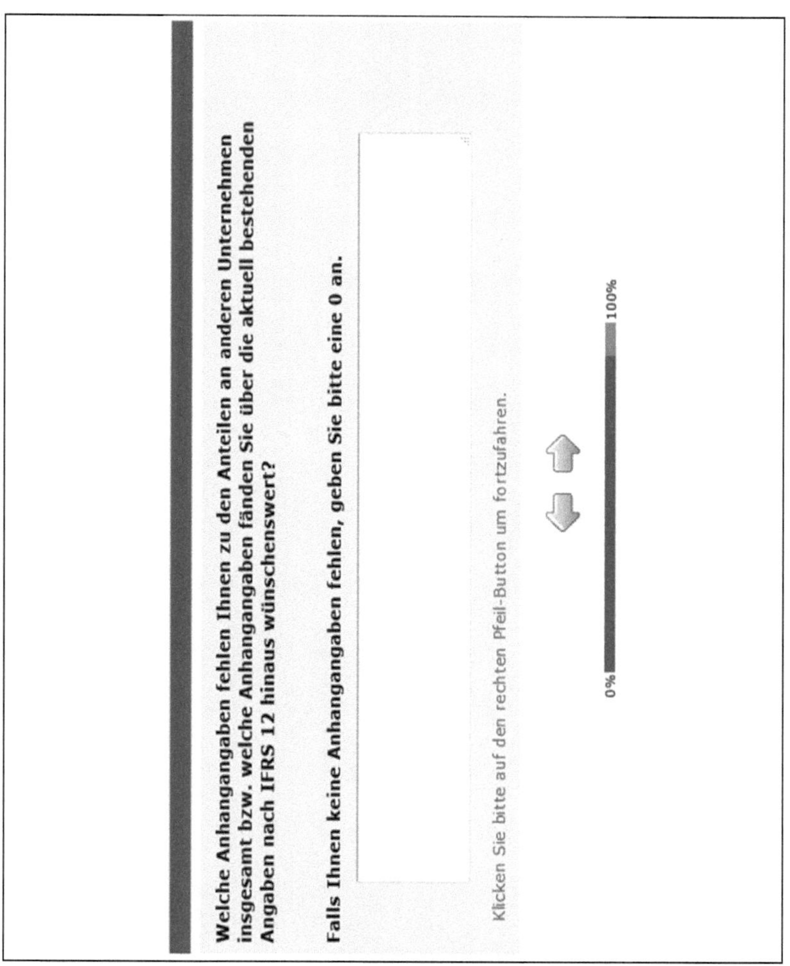
Welche Anhangangaben fehlen Ihnen zu den Anteilen an anderen Unternehmen insgesamt bzw. welche Anhangangaben fänden Sie über die aktuell bestehenden Angaben nach IFRS 12 hinaus wünschenswert?
Falls Ihnen keine Anhangangaben fehlen, geben Sie bitte eine 0 an.
Klicken Sie bitte auf den rechten Pfeil-Button um fortzufahren.
0%
100%

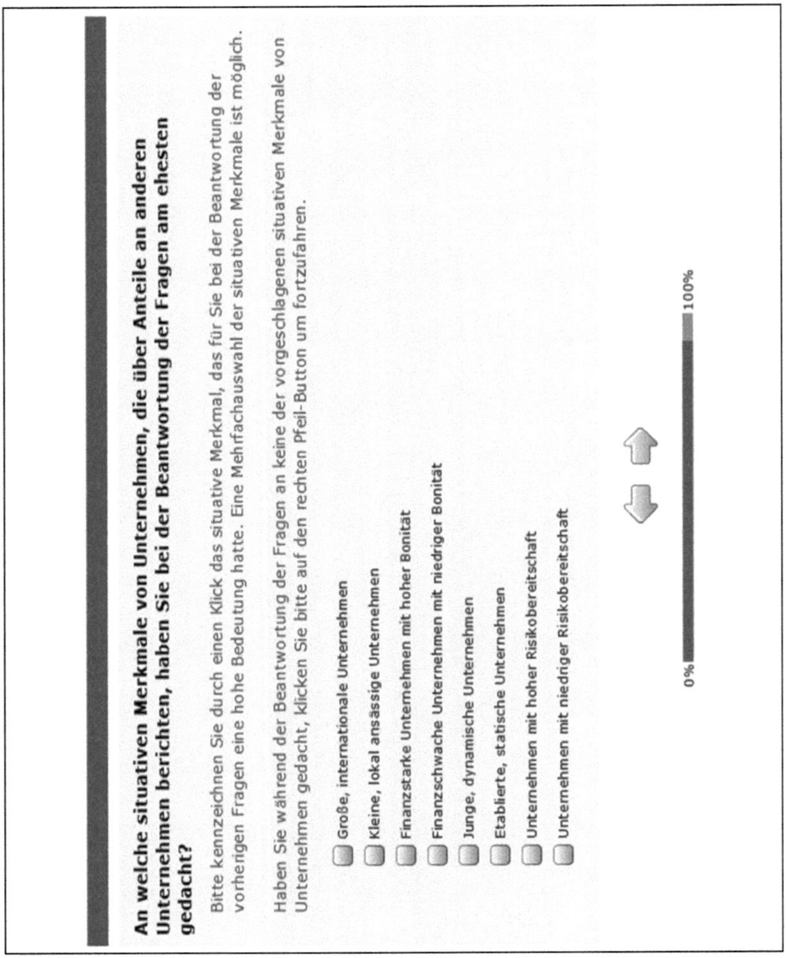

An welche situativen Merkmale von Unternehmen, die über Anteile an anderen Unternehmen berichten, haben Sie bei der Beantwortung der Fragen am ehesten gedacht?

Bitte kennzeichnen Sie durch einen Klick das situative Merkmal, das für Sie bei der Beantwortung der vorherigen Fragen eine hohe Bedeutung hatte. Eine Mehrfachauswahl der situativen Merkmale ist möglich.

Haben Sie während der Beantwortung der Fragen an keine der vorgeschlagenen situativen Merkmale von Unternehmen gedacht, klicken Sie bitte auf den rechten Pfeil-Button um fortzufahren.

- Große, internationale Unternehmen
- Kleine, lokal ansässige Unternehmen
- Finanzstarke Unternehmen mit hoher Bonität
- Finanzschwache Unternehmen mit niedriger Bonität
- Junge, dynamische Unternehmen
- Etablierte, statische Unternehmen
- Unternehmen mit hoher Risikobereitschaft
- Unternehmen mit niedriger Risikobereitschaft

0% 100%

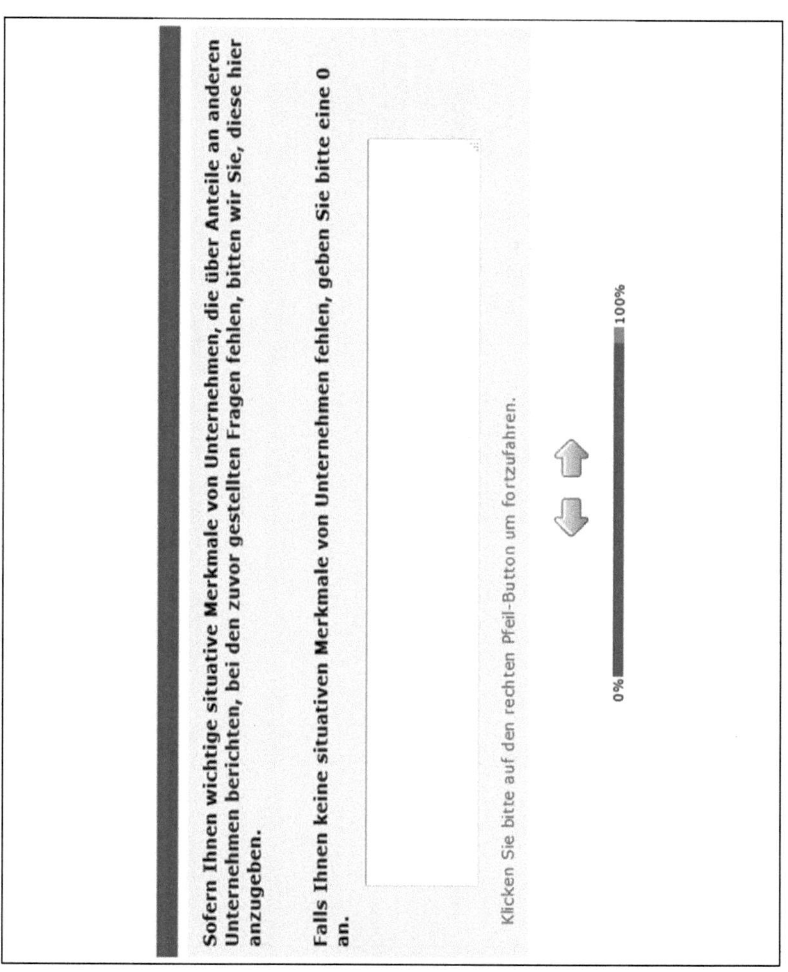
Sofern Ihnen wichtige situative Merkmale von Unternehmen, die über Anteile an anderen Unternehmen berichten, bei den zuvor gestellten Fragen fehlen, bitten wir Sie, diese hier anzugeben.
Falls Ihnen keine situativen Merkmale von Unternehmen fehlen, geben Sie bitte eine 0 an.
Klicken Sie bitte auf den rechten Pfeil-Button um fortzufahren.
0%
100%

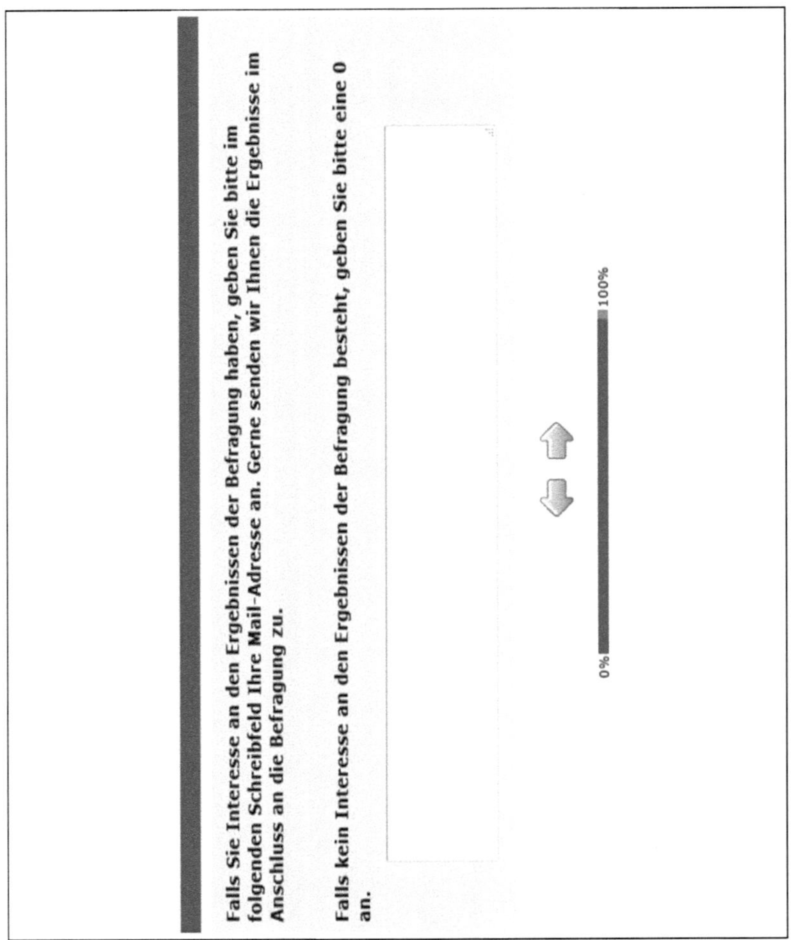
Falls Sie Interesse an den Ergebnissen der Befragung haben, geben Sie bitte im folgenden Schreibfeld Ihre Mail-Adresse an. Gerne senden wir Ihnen die Ergebnisse im Anschluss an die Befragung zu.
Falls kein Interesse an den Ergebnissen der Befragung besteht, geben Sie bitte eine 0 an.
0%
100%

Liebe Experten,

Sie haben alle Fragen beantwortet und sind am Ende unserer Befragung angelangt. Wir danken Ihnen ganz herzlich für Ihre Teilnahme an der Befragung!

0% 100%

Quellenverzeichnis

Verzeichnis der Kommentare und Handbücher zur Bilanzierung

BAETGE, JÖRG/KIRSCH, HANS-JÜRGEN/THIELE, STEFAN (Hrsg.), Bilanzrecht, Loseblatt, Bonn/Berlin 2002 ff. (zitiert: BEARBEITER, in: Bilanzrecht).

BAETGE, JÖRG/WOLLMERT, PETER/ KIRSCH, HANS-JÜRGEN/ OSER, PETER/ BISCHOF, STEFAN (Hrsg.), Rechnungslegung nach IFRS, Loseblatt, 2. Aufl., Stuttgart 2002 ff. (zitiert: BEARBEITER, in: Rechnungslegung nach IFRS).

BOHL, WERNER/RIESE, JOACHIM/SCHLÜTER, JÖRG/BEIERSDORF, KATI (Hrsg.), Beck'sches IFRS-Handbuch, 4. Aufl., München 2013 (zitiert: BEARBEITER, in: Beck'sches IFRS-Handbuch).

BÖCKING, HANS-JOACHIM/CASTAN, EDGAR/HEYMANN, GERD/PFITZER, NORBERT/SCHEFFLER, EBERHARD (Hrsg.), Beck'sches Handbuch der Rechnungslegung, Loseblatt, München 1986 ff. (zitiert: BEARBEITER, in: Beck'sches Handbuch der Rechnungslegung).

HEUSER, PAUL J./THEILE, CARSTEN (Hrsg.), IFRS-Handbuch, Einzel- und Konzernabschluss, 5. Aufl., Köln 2012 (zitiert: BEARBEITER, in: IFRS-Handbuch).

LÜDENBACH, NORBERT/HOFFMANN, WOLF-DIETER/FREIBERG, JENS (Hrsg.), Haufe IFRS-Kommentar, 13. Aufl., Freiburg im Breisgau 2015 (zitiert: BEARBEITER, in: Haufe IFRS-Kommentar).

Verzeichnis der Aufsätze und Monographien

ACHLEITNER, ANN-KRISTIN/PIETZSCH, LUISA, Funktions- und Wirkungsweise von Finanzanalysten als Kapitalmarktmultiplikatoren – theoretische Überlegungen und empirische Ergebnisse, in: Wirtschaftsprüfung und Unternehmensüberwachung, hrsg. v. Wollmert, Peter u. a., Düsseldorf 2003, S. 31-51 (Finanzanalysten als Kapitalmarktmultiplikatoren).

ADAM, SILKE, Das Going-Concern-Prinzip in der Jahresabschlussprüfung, Wiesbaden 2007 (Going-Concern-Prinzip in der Jahresabschlussprüfung).

ADAMOWICZ, WIKTOR/BOXALL, PETER/WILLIAMS, MICHAEL/LOUVIERE, JORDAN, Stated preference approaches for measuring passive use values – Choice experiments and contingent valuation, in: American Journal of Agricultural Economics 1998, S. 64-75 (Stated preference approaches for measuring passive use values).

ADM ARBEITSKREIS DEUTSCHER MARKT- UND SOZIALFORSCHUNGSINSTITUTE E. V., Checkliste für Auftraggeber von Online-Befragungen: Checklist for Clients Commissioning Online Surveys, online verfügbar unter: https://www.adm-ev.de/index.php?eID=tx_nawsecuredl&u=0&file=fileadmin/user_upload/PDFS/Checkliste_D.pdf&t=1438765078&hash=b7529e704b98f54ec97587cd889c06496d2362f4. Zuletzt geprüft am: 30.04.2015 (Checklist for Online Surveys).

AGGARWAL, REENA/KLAPPER, LEORA/WYSOCKI, PETER, Portfolio preferences of foreign institutional investors, in: Journal of Banking & Finance 2005, S. 2919-2946 (Preferences of foreign institutional investors).

ALBRECHT, THOMAS, Die Anforderungen von Buyside-Analysten, in: Investor Marketing, hrsg. v. Ebel, Bernhard/Hofer, Markus B., Wiesbaden 2003, S. 95-113 (Buyside-Analysten).

ALMQUIST, ERIC/LEE, JASON, What Do Customers Really Want?, in: Harvard Business Review 2009, S. 23 (What Do Customers Really Want?).

ALMQUIST, ERIC/LEE, JASON, Die geheimen Wünsche der Kunden, in: Harvard Business Manager 2009, S. 16-17 (Wünsche der Kunden).

ALTHOFF, FRANK, Einführung in die internationale Rechnungslegung. Die einzelnen IAS/IFRS, Wiesbaden 2012 (Einführung IFRS).

ANDERS, GEORG, Zweifel an der Entscheidungsnützlichkeit von IFRS-Abschlüssen – Dringende Reformbedürftigkeit der IFRS, in: PiR 2013, S. 53-57 (Zweifel an der Entscheidungsnützlichkeit).

ANGERMANN M&A INTERNATIONAL GMBH, M&A Markt im Aufwind – Marktstudie zu M&A Transaktionen mit deutscher Beteiligung, online verfügbar unter: http://www.angermann-ma.de/aktuelles/publikationen/2014/. Zuletzt geprüft am: 26.01.2015 (M&A Markt im Aufwind).

ARNOLD, JOHN/MOIZER, PETER/NOREEN, ERIC, Investment Appraisal Methods of Financial Analysts: A Comparative Study of U.S. and U.K. Practices, in: The international Journal of Accounting 1984, S. 1-18 (Investment Appraisal Methods of Financial Analysts).

ASARE, STEPHEN, The Auditor's Going-Concern Decision: Interaction of Task Variables and the Sequential Processing of Evidence, in: The Accounting Review 1992, S. 379-393 (Going-Concern Decision).

ASHTON, ROBERT/KENNEDY, JANE, Eliminating Recency with Self-Review: The Case of Auditors' 'Going Concern' Judgments, in: Journal of Behavioral Decision Making 2002, S. 221-231 (Going Concern Judgments).

BACHMANN, ANNE, Subjektive vs. objektive Erfolgsmaße, in: Methodik der empirischen Forschung, hrsg. v. Albers, Sönke, Wiesbaden 2007, S. 89-102 (Erfolgsmaße).

BACKHAUS, KLAUS/ERICHSON, BERND/PLINKE, WULFF/WEIBER, ROLF, Multivariate Analysemethoden – Eine anwendungsorientierte Einführung, 12. Aufl., Berlin u. a. 2008 (Multivariate Analysemethoden).

BADER, AXEL/PREUSCHE, JESSICA, Bilanzielle Abbildung von Joint Arrangements im Konzernabschluss, in: PiR 2011, S. 250-254 (Abbildung von Joint Arrangements im Konzernabschluss).

BAETGE, JÖRG, Möglichkeiten der Objektivierung des Jahreserfolges, Düsseldorf 1970 (Objektivierung des Jahreserfolges).

BAETGE, JÖRG, Der beste Geschäftsbericht, in: Rechnungslegung und Prüfung, hrsg. v. Baetge, Jörg, Düsseldorf 1992, S. 199-230 (Der beste Geschäftsbericht).

BAETGE, JÖRG, Rating von Unternehmen anhand von Bilanzen, in: WPg 1994, S. 1-10 (Rating von Unternehmen).

BAETGE, JÖRG/COMMANDEUR, DIRK, Vergleichbar – vergleichbare Beträge in aufeinanderfolgenden Jahresabschlüssen, in: Handwörterbuch unbestimmter Rechtsbegriffe im Bilanzrecht des HGB, hrsg. v. Leffson, Ulrich/Rückle, Dieter/Grossfeld, Bernhard, Köln 1986, S. 326-335 (Branchenvergleich).

BAETGE, JÖRG/DITTMAR, PETER/KLÖNNE, HENNER, Der impairment only approach vor den Grundsätzen der internationalen Rechnungslegung, in: Rechnungslegung, Prüfung und Unternehmensbewertung, hrsg. v. Dobler, Michael/Hachmeister, Dirk/Kuhner, Christoph/Rammert, Stefan, Stuttgart 2014, S. 1-22 (Grundsätze internationaler Rechnungslegung).

BAETGE, JÖRG/HOLLMANN, SEBASTIAN, Zur Zuverlässigkeit der Rechnungslegung nach IFRS, in: Spezialisierung und Internationalisierung, hrsg. v. Döring, Ulrich/Kußmaul, Heinz, München 2004, S. 349-375 (Zuverlässigkeit der Rechnungslegung nach IFRS).

BAETGE, JÖRG/KIRSCH, HANS-JÜRGEN/THIELE, STEFAN, Bilanzanalyse, 2. Aufl., Düsseldorf 2004 (Bilanzanalyse).

BAETGE, JÖRG/KIRSCH, HANS-JÜRGEN/THIELE, STEFAN, Bilanzen, 13. Aufl., Düsseldorf 2014 (Bilanzen).

BAETGE, JÖRG/MARESCH, DANIELA, Zur (Un-)Möglichkeit des Zeitvergleichs von Kennzahlen, in: DB 2008, S. 417-422 ((Un-)Möglichkeit des Zeitvergleichs).

BAETGE, JÖRG/THIELE, STEFAN, Gesellschafterschutz versus Gläubigerschutz – Rechenschaft versus Kapitalerhaltung, in: Handelsbilanzen und Steuerbilanzen, hrsg. v. Budde, Wolfgang Dieter/Moxter, Adolf/Offerhaus, Klaus, Düsseldorf 1997, S. 11-24 (Gesellschafterschutz versus Gläubigerschutz).

BALLWIESER, WOLFGANG, Informations-GoB – auch im Lichte von IAS und US-GAAP, in: KoR 2002, S. 115-121 (Informations-GoB).

BALLWIESER, WOLFGANG, Rahmenkonzepte der Rechnungslegung: Funktionen, Vergleich, Bedeutung, in: Der Konzern 2003, S. 337-348 (Rahmenkonzepte).

BALLWIESER, WOLFGANG, Die Konzeptionslosigkeit des International Accounting Standards Board (IASB), in: Festschrift für Volker Röhricht zum 65. Geburtstag, hrsg. v. Crezelius, Georg/Hirte, Heribert/Vieweg, Klaus, Köln 2005, S. 727-746 (Konzeptionslosigkeit des IASB).

BALLWIESER, WOLFGANG, Empirische Wirkungen einer Rechnungslegung nach IFRS, in: Private und öffentliche Rechnungslegung, hrsg. v. Wagner, Franz W./Schildbach, Thomas/Schneider, Dieter, 2009, S. 1-21 (Wirkung einer Rechnungslegung nach IFRS).

BALLWIESER, WOLFGANG, Ansätze und Ergebnisse einer ökonomischen Analyse des Rahmenkonzeptes zur Rechnungslegung, in: ZfbF 2014, S. 451-476 (Ökonomische Analyse des Rahmenkonzeptes).

BALTZER, MARKUS/STOLPER, OSCAR/WALTER, ANDREAS, Is local bias a cross-border phenomenon? Evidence from individual investors' international asset allocation, in: Journal of Banking & Finance 2013, S. 2823-2835 (Evidence from individual investors' international asset allocation).

BANDILLA, WOLFGANG, WWW-Umfragen – Eine alternative Datenerhebungstechnik für die empirische Sozialforschung?, in: Online Research, hrsg. v. Batinic, Bernad/Werner, Andreas/Gräf, Lorenz/Bandilla, Wolfgang, Göttingen u. a. 1999, S. 9-20 (WWW-Umfragen).

BASSEN, ALEXANDER, Der Informationsgehalt von IAS-Abschlüssen am neuen Markt aus Perspektive von Finanzanalysten, in: controller magazin 2005, S. 447-450 (Informationsgehalt von IAS-Abschlüssen aus Perspektive von Finanzanalysten).

BATINIC, BERNAD, Datenqualität bei internetbasierten Befragungen, in: Online-Marktforschung, hrsg. v. Theobald, Axel/Dreyer, Marcus/Starsetzki, Thomas, 2. Aufl., Wiesbaden 2003, S. 143-160 (Datenqualität bei internetbasierten Befragungen).

BATINIC, BERNAD/MOSER, KLAUS, Determinanten der Rücklaufquote in Online-Panels, in: Zeitschrift für Medienpsychologie 2005, S. 64-74 (Determinanten der Rücklaufquote).

BAUMS, THEODOR/FRAUNE, CHRISTIAN, Institutionelle Anleger und Publikumsgesellschaft: Eine empirische Untersuchung, in: Die Aktiengesellschaft 1995, S. 97-112 (Institutionelle Anleger).

BDI/PWC, Risikomanagement 2.0, online verfügbar unter: http://www.bdi.eu/download_content/Marketing/15389_BDI_Risiko_7.pdf. Zuletzt geprüft am: 19.01.2015 (Risikomanagement).

BDO AG, Die neuen Standards zur Konsolidierung (IFRS 10-12): Kommt es zu einer Veränderung Ihrer KPI's?, online verfügbar unter: http://www.bdo.de/aktuelles/newsletter/rechnungslegung-pruefung-012014/inhaltsverzeichnis/neues-aus-der-internationalen-rechnungslegung/die-neuen-standards-zur-konsolidierung-ifrs-10-12-kommt-es-zu-einer-veraenderung-ihrer-kpis/. Zuletzt geprüft am: 04.12.2014 (Neue Standards zur Konsolidierung).

BECKER, DANIEL, Ressourcen-Fit bei M&A-Transaktionen, Konzeptionalisierung, Operationalisierung und Erfolgswirkung auf Basis des Resource-based View, Wiesbaden 2005 (M&A-Transaktionen).

BECKER, WOLFGANG/ULRICH, PATRICK/BOTZKOWSKI, TIM/VOGT, MARIA/ZIMMERMANN, LISA, Mergers & Acquisitions im Mittelstand, Bamberg 2013 (M&A Boom).

BECKER, WOLFGANG/ULRICH, PATRICK/BOTZKOWSKI, TIM, Einbettung von Mergers & Acquisitions in die Strategie mittelständischer Unternehmen, in: Forum Mergers & Acquisitions 2014, hrsg. v. Wollersheim, Jutta/Welpe, Isabell, Wiesbaden 2014, S. 349-367 (Einbettung von Mergers & Acquisitions in die Strategie).

BEYER, BETTINA, Erkenntnisse aus den Tätigkeitsberichten der DPR anhand des Beispiels Impairment Only Approach, in: IRZ 2014, S. 279-283 (Erkenntnisse aus den Tätigkeitsberichten der DPR).

BEYHS, OLIVER/BÖCKEM, HANNE/HÜNING, MICHAEL, IFRS 10-12 – Update Konsolidierungsstandards: Verschiebung des Erstanwendungszeitpunktes und Erleichterungen für die erstmalige Anwendung, online verfügbar unter: https://www.kpmg.com/DE/de/Documents/IFRS-10-12-Konsolidierungsstandards-2012-KPMG.pdf. Zuletzt geprüft am: 10.11.2014 (Verschiebung des Erstanwendungszeitpunktes).

BEYHS, OLIVER/BURDACK, MICHAEL/KRAUSE, BETTINA, DPR-Prüfungsschwerpunkte 2014: Neue Standards im Fokus, in: Betriebs-Berater 2013, S. 2859-2863 (Neue Standards im Fokus).

BEYHS, OLIVER/BUSCHHÜTER, MICHAEL/SCHURBOHM, ANNE, IFRS 10 und IFRS 12: Die neuen IFRS zum Konsolidierungskreis, in: WPg 2011, S. 662-671 (Neue IFRS zum Konsolidierungskreis).

BIEKER, MARCUS, Die neuen Standards zur Konzernrechnungslegung nach IFRS – Konzeptionelle Neuorientierung oder fine tuning?, in: IRZ 2011, S. 305-306 (Konzernrechnungslegung nach IFRS - Konzeptionelle Neuorientierung oder fine tuning?).

BIRNBAUM, MICHAEL, Human research and data collection via the internet, in: Annual Review of Psychology 2004, S. 803-832 (Data collection via the internet).

BISCHOF, STEFAN/STAß, ALEXANDER, Prüfungsschwerpunkte der DPR und der ESMA für das Jahr 2014, in: DB 2013, S. 2753-2758 (Prüfungsschwerpunkte der DPR und der ESMA).

BISCHOF, STEFAN/STAß, ALEXANDER, Prüfungsschwerpunkte der DPR für Abschlüsse 2014, in: DB 2015, S. 1-6 (Prüfungsschwerpunkte der DPR).

BLASIUS, JÖRG/BRANDT, MAURICE, Repräsentativität in Online-Befragungen, in: Umfrageforschung, hrsg. v. Weichbold, Martin/Bacher, Johann/Wolf, Christof, Wiesbaden 2009, S. 157-177 (Repräsentativität in Online-Befragungen).

BÖCKEM, HANNE/BÖDECKER, ANDREAS/FREIBERG, JENS/NARDMANN, HENDRIK/WEBER, ARNE, Gläubigerrechte im control-Konzept nach IFRS 10, in: WPg 2015, S. 357-366 (Gläubigerrechte im control-Konzept).

BÖCKEM, HANNE/DISSER, INNA/WATERSCHEK-CUSHMAN, ELKE, Fondskonsolidierung in Deutschland vor dem Hintergrund des Delegated Power-Konzepts des IFRS 10, in: KoR 2013, S. 117-128 (Delegated Power-Konzept nach IFRS 10).

BÖCKEM, HANNE/ISMAR, MICHAEL, Die Bilanzierung von Joint Arrangements nach IFRS 11, in: WPg 2011, S. 820-827 (Joint Arrangements nach IFRS 11).

BÖCKEM, HANNE/RÖHRICHT, VICTORIA, Joint Operation oder Joint Venture? Zur praktischen Umsetzung der Klassifizierungsvorgaben für Joint Arrangements nach IFRS 11, in: WPg 2014, S. 1032-1042 (Umsetzung der Klassifizierungsvorgaben für Joint Arrangements nach IFRS 11).

BÖCKER, FRANZ, Präferenzforschung als Mittel marktorientierter Unternehmensführung, in: ZfbF 1986, S. 543-574 (Präferenzforschung als Mittel marktorientierter Unternehmensführung).

BORTZ, JÜRGEN/DÖRING, NICOLA, Forschungsmethoden und Evaluation – Für Human- und Sozialwissenschaftler, 4. Aufl., Heidelberg 2006 (Forschungsmethoden).

BORTZ, JÜRGEN/SCHUSTER, CHRISTOF, Statistik für Human- und Sozialwissenschaftler, 7. Aufl., Berlin 2010 (Statistik).

BRINKMANN, JÜRGEN, Zweckadäquanz der Rechnungslegung nach IFRS – Eine Untersuchung aus deutscher Sicht, Berlin 2006 (Zweckadäquanz der Rechnungslegung).

BRÖTZMANN, INGO, Joint Arrangements – Möglichkeiten und Grenzen der Bilanzpolitik. Der 12. IFRS Kongress, Berlin 2013 (Möglichkeiten und Grenzen der Bilanzpolitik von Joint Arrangements).

BRÜGGEMANN, BENEDIKT, Die Berichterstattung im Anhang des IFRS-Abschlusses, Düsseldorf 2007 (Berichterstattung im IFRS-Anhang).

BRUSCH, MICHAEL, Präferenzanalyse für Dienstleistungsinnovationen mittels multimedialgestützter Conjointanalyse, Wiesbaden 2005 (Präferenzanalyse mittels multimedialgestützter Conjointanalyse).

BÜHL, ACHIM, SPSS 14 – Einführung in die moderne Datenanalyse, 10. Aufl., München u. a. 2006 (Datenanalyse).

BÜHNER, MARKUS/KÜCHENHOFF, HELMUT, LISREL/CFA: Modelltest – Multivariate Statistik bei psychologischen Fragestellungen, München 2008, online verfügbar unter: http://www.statistik.lmu.de/~helmut/seminar_0809/H6.pdf. Zuletzt geprüft am: 18.06.2015 (Modelltest).

BUNDESMINISTERIUM DES INNERN/BUNDESVERWALTUNGSAMT, Handbuch für Organisationsuntersuchungen und Personalbedarf, Berlin 2015, online verfügbar unter: http://www.orghandbuch.de/OHB/DE/ohb_pdf.pdf;jsessionid=74C2F5146E29E4DF8EA7E30192500E48.2_cid378?__blob=publicationFile&v=9. Zuletzt geprüft am: 24.02.2015 (Handbuch für Organisationsuntersuchungen).

BURNS, TOM/STALKER, GEORGE, The Management of Innovation, in: The Economic Journal 1969, S. 403-405 (Management of Innovation).

BUSCH, JULIA/ZWIRNER, CHRISTIAN, Die Überarbeitung der IFRS-Konsolidierungsregeln im Überblick – Abgrenzung des Konsolidierungskreises, in: IRZ 2014, S. 185-189 (Abgrenzung des Konsolidierungskreises).

BUSCH, JULIA/ZWIRNER, CHRISTIAN, Neuregelung der Abbildung von Gemeinschaftsunternehmen im Konzernabschluss – Übergang von der Quotenkonsolidierung zur Equity-Bewertung, in: IRZ 2014, S. 227-231 (Abbildung von Gemeinschaftsunternehmen im Konzernabschluss).

BUSSE VON COLBE, WALTHER, Die Entwicklung des Jahresabschlusses als Informationsinstrument, in: ZfbF 1993, S. 11-29 (Entwicklung des Jahresabschlusses als Informationsinstrument).

BUTTLER, GÜNTER/CHRISTIAN, BERND, Repräsentativität von Online-Umfragen, in: Entwicklungsperspektiven im Electronic Business, hrsg. v. Scheffler, Wolfram/Voigt, Kai-Ingo, Wiesbaden 2000, S. 205-216 (Repräsentativität von Online-Umfragen).

BVI, Jahrbuch 2014 – Daten. Fakten. Perspektiven., online verfügbar unter: http://www.bvi.de/uploads/tx_bvibcenter/BVI_2027_2013_Jahrbuch_2014_Magazin_V30_RZ_Web.pdf. Zuletzt geprüft am: 15.12.2015 (Jahrbuch 2014).

BVK, BVK-Statistik – Das Jahr 2014 in Zahlen, Berlin 2015 (BVK-Statistik).

CAMERON, TRUDY/JAMES, MICHELLE, Estimating Willingness to Pay from Survey Data: An Alternative Pre-Test-Market Evaluation Procedure, in: Journal of Marketing Research 1987, S. 389-395 (An Alternative Pre-Test-Market).

CAPRON, LAURENCE, The long-term performance of horizontal acquisitions, in: Strategic Management Journal 1999, S. 987-1018 (Performance of horizontal acquisitions).

CASCINO, STEFANO/CLATWORTHY, MARK/OSMA, BEATRIZ GARCÍA/GASSEN, JOACHIM/IMAM, SHAHED/JEANJEAN, THOMAS, The use of information by capital providers – Academic literature review, Brüssel 2013 (Use of information by capital providers).

CHANG, LUCIA/MOST, KENNETH, An International Comparison of Investor Uses of Financial Statements, in: The international Journal of Accounting 1981, S. 43-60 (Comparison of Investor Uses of Financial Statements).

CHRISTENSEN, BJÖRN/PAPIES, DOMINIK/PROPPE, DENNIS/CLEMENT, MICHEL, Gütemaße der Logistischen Regression bei unbalancierten Stichproben, in: Wirtschaftswissenschaftliches Studium 2014, S. 209-211 (Gütemaße der Logistischen Regression).

CLASON, DENNIS/DORMODY, THOMAS, Analyzing Data Measured by Individual Likert-Type Items, in: Journal of Agriculture Education 1994, S. 31-35 (Analyzing Data Measured by Individual Likert-Type Items).

COHEN, STEVEN, Maximum Difference Scaling: Improved Measures of Importance and Preference for Segmentation – Research Paper Series, Sequim 2003 (Maximum Difference Scaling: Improved Measures of Importance and Preference for Segmentation).

COHEN, STEVEN/ORME, BRYAN, What's your Preference?, in: Marketing Research 2004, S. 32-37 (What's your Preference?).

CONKLIN, MICHAEL/LIPOVETSKY, STAN, Marketing decision analysis by TURF and Shapley Value, in: International Journal of Information Technology & Decision Making 2005, S. 5-19 (Marketing decision analysis by TURF).

COOK, COLLEEN/HEATH, FRED/THOMPSON, RUSSEL L., A Meta-Analysis of Response Rates in Web- or Internet-Based Surveys, in: Educational and Psychological Measurement 2000, S. 821-836 (Meta-Analysis of Response Rates in Web-Based Surveys).

DAHLQUIST, MAGNUS/ROBERTSSON, MAGNUS, Direct foreign ownership, institutional investors, and firm characteristics, in: Journal of Financial Economics 2001, S. 413-440 (Institutional investors and firm characteristics).

DAY, JUDITH, The use of annual reports by UK investment analysts, in: Accounting and Business Research 1986, S. 295-307 (Use of annual reports).

DEGISCHER, DANIEL/BAUER, FLORIAN, Zur Interaktion von Integration und Transaktionserfahrung – Eine empirische Untersuchung der Transfereffekte von 217 Transaktionen, in: Forum Mergers & Acquisitions 2014, hrsg. v. Wollersheim, Jutta/Welpe, Isabell, Wiesbaden 2014, S. 243-258 (Transaktionserfahrung).

DELLING, PETER, Risikoverhalten von Aktienfondsmanagern – Eine spieltheoretische und empirische Analyse, Wiesbaden 2010 (Risikoverhalten von Aktienfondsmanagern).

DELOITTE, M&A Forum Sonderausgabe Mittelstand: Fit for Future, online verfügbar unter: http://www.deloitte-mail.de/u/gm.php?prm=m9XWDlJgR2_141631293_1414832_3112. Zuletzt abgerufen am: 17.06.2015 (M&A Forum).

DEUTSCHE BUNDESBANK, Monatsbericht Januar 2013, online verfügbar unter: http://www.bundesbank.de/Redaktion/DE/Downloads/Veroeffentlichungen/Monatsberichte/2013/2013_01_monatsbericht.pdf?__blob=publicationFile. Zuletzt geprüft am: 06.02.2015 (Monatsbericht Januar 2013).

DEUTSCHE BUNDESBANK, Monatsbericht September 2014, online verfügbar unter: http://www.bundesbank.de/Redaktion/DE/Downloads/Veroeffentlichungen/Monatsberichte/2014/2014_09_monatsbericht.pdf?__blob=publicationFile. Zuletzt geprüft am: 06.02.2015 (Monatsbericht September 2014).

DIEKMANN, ANDREAS, Empirische Sozialforschung – Grundlagen, Methoden, Anwendungen, 13. Aufl., Reinbek bei Hamburg 2006 (Empirische Forschung).

DILLMAN, DON/SMYTH, JOLENE/CHRISTIAN, LEAH, Internet, mail, and mixed-mode surveys – The tailored design method, 3. Aufl., Hoboken 2009 (mixed-mode surveys).

DIPPOLD, KATRIN/FORSTHOFER, RUDOLF/HUBER, MONIKA, Präferenzmessung mit MaxDiff, in: planung & analyse 2011, S. 69-72 (Präferenzmessung mit MaxDiff).

DÜSTERLHO, JENS-ERIC, Der Umgang mit Analysten, in: Investor Relations, hrsg. v. Deutscher Investor Relations Kreis e. V., Wiesbaden 2000, S. 73-79 (Umgang mit Analysten).

DVFA, DVFA-Grundsätze für effektive Finanzkommunikation – Version 3.0, Dreieich 2006 (Grundsätze für effektive Finanzkommunikation).

ERNST, EDGAR, DPR Update. Der 13. IFRS Kongress, Berlin 2014 (DPR Update).

EFRAG, Reports on the findings of the field tests on implementing IFRS 10, IFRS 11, IFRS 12, online verfügbar unter: /http://www.efrag.org/Front/n1-908/EFRAG-reports-on-the-findings-of-the-field-tests-on-implementing-IFRS-10--IFRS-11-and-IFRS-12-.aspx. Zuletzt geprüft am: 04.12.2014 (Reports on the findings of the field tests on implementing IFRS 10-12).

EISELT, ANDREAS/MÜLLER, STEFAN, IFRS: Kapitalflussrechnung – Darstellung und Analyse von Cashflows und Zahlungsmitteln, Berlin 2009 (Kapitalflussrechnung nach IFRS).

ENDERT, VOLKER/JUCKNAT, JAN/SEPETAUZ, KARSTEN, Prüfung der Anhangangaben (notes) vor dem Hintergrund der Finanzkrise, in: IRZ 2010, S. 463-468 (Prüfung der Anhangangaben vor dem Hintergrund der Finanzkrise).

ENGEL-CIRIC, DEJAN, Einschränkungen der Aussagekraft des Jahresabschlusses nach IAS durch bilanzpolitische Spielräume, in: DStR 2002, S. 780-784 (Bilanzpolitische Spielräume).

ERCHINGER, HOLGER/MELCHER, WINFRIED, IFRS-Konzernrechnungslegung – Neuerungen nach IFRS 10, in: DB 2011, S. 1229-1238 (Neuerungen nach IFRS 10).

ERNST, EDGAR/GASSEN, JOACHIM/PELLENS, BERNHARD, Verhalten und Präferenzen deutscher Aktionäre – Eine Befragung privater und institutioneller Anleger zu Informationsverhalten, Dividendenpräferenz und Wahrnehmung von Stimmrechten, in: Studien des Deutschen Aktieninstituts, Heft 29, hrsg. v. Rosen, Rüdiger von, Frankfurt am Main 2005 (Präferenzen deutscher Aktionäre 2005).

ERNST, EDGAR/GASSEN, JOACHIM/PELLENS, BERNHARD, Verhalten und Präferenzen deutscher Aktionäre – Eine Befragung von privaten und institutionellen Anlegern zum Informationsverhalten, zur Dividendenpräferenz und zur Wahrnehmung von Stimmrechten, in: Studien des Deutschen Aktieninstituts, Heft 42, hrsg. v. Rosen, Rüdiger von, Frankfurt am Main 2009 (Präferenzen deutscher Aktionäre 2009).

ERNST, EDGAR/ GASSEN, JOACHIM/PELLENS, BERNHARD, Was interessiert den Privatanleger? Ergebnisse einer Aktionärsumfrage, in: Der Aufsichtsrat 2005, S. 7-8 (Interessen von Privatanlegern).

ERNSTBERGER, JÜRGEN, The value relevance of comprehensive income under IFRS and US GAAP: empirical evidence from Germany, in: International Journal of Accounting, Auditing and Performance Evaluation 2008, S. 1-29 (The value relevance of comprehensive: empirical evidence from Germany).

EWELT, CORINNA/KNAUER, THORSTEN/SIEWEKE, MICHAEL, Mehr = besser? Zur Entwicklung des Berichtsumfangs in der Unternehmenspublizität am Beispiel der risikoorientierten Berichterstattung deutscher Aktiengesellschaften, in: KoR 2009, S. 706-715 (Mehr = besser?).

FELDEN, BIRGIT/PFANNENSCHWARZ, ARMIN, Unternehmensnachfolge – Perspektiven und Instrumente für Lehre und Praxis, München 2009 (Risiko bei Unternehmenserwerb und -nachfolge).

FERBER, MARCO/NITZSCH, RÜDIGER VON, Die Bedeutung von Vertrauen bei Investor Relations, in: Finanzbetrieb 2004, S. 818-824 (Bedeutung von Vertrauen bei Investor Relations).

FERBER, ROBERT/VERDOORN, P., Research Methods in Economics & Business, New York 1962 (Research Methods).

FERREIRA, MIGUEL/MATOS, PEDRO, The colors of investors' money: The role of institutional investors around the world, in: Journal of Financial Economics 2008, S. 499-533 (The role of institutional investors around the world).

FINN, ADAM/LOUVIERE, JORDAN, Determining the Appropriate Response to Evidence of Public Concern: the case of Food Safety, in: Journal of Public Policy and Marketing 1992, S. 12-25 (Determining the Appropriate Response to Evidence).

FISCHER, DANIEL, EFRAG-Feldstudie zu den neuen Konsolidierungsstandards IFRS 10, IFRS 11 und IFRS 12, in: PiR 2012, S. 128-129 (EFRAG-Feldstudie zu den Konsolidierungsstandards IFRS 10-12).

FISCHER, DANIEL, Disclosure Initiative, in: PiR 2015, S. 57-58 (Disclosure Initiative).

FLYNN, TERRY/LOUVIERE, JORDAN/PETERS, TIM/COAST, JOANNA, Best-worst scaling: what it can do for health care research and how to do it, in: Journal of Health Economics 2007, S. 171-189 (Best-worst scaling).

FORSTER, KARL-HEINZ, Anhang, Lagebericht, Prüfung und Publizität im Regierungsentwurf eines Bilanzrichtlinien-Gesetzes, in: DB 1982, S. 1577-1582 (Anhang, Lagebericht, Prüfung und Publizität).

FRANK, RALF, Zielgruppen der Investor Relations – Finanzanalysten: Wie denkt der Analyst?, in: Handbuch Investor Relations, hrsg. v. Deutscher Investor Relations Kreis e. V., Wiesbaden 2004, S. 301-323 (Wie denkt der Analyst?).

FREIBERG, JENS, Zweifelsfragen beim Übergang auf das Konsolidierungspaket, in: PiR 2013, S. 28-31 (Konsolidierungspaket).

FRIEDRICH, NICO, Die Rolle von Analysten bei der Bewertung von Unternehmen am Kapitalmarkt – Das Beispiel Telekommunikationsindustrie, Lohmar, Köln 2007 (Rolle von Analysten bei der Bewertung von Unternehmen am Kapitalmarkt).

FÜLBIER, ROLF/KUSCHEL, PATRICK, Komplexitätszunahme in der IFRS-Rechnungslegung? – Versuche der Systematisierung und indikatorbasierten Messung, in: DB 2012, S. 927-937 (Komplexitätszunahme in der IFRS-Rechnungslegung?).

FÜLBIER, ROLF/NIGGEMANN, TARO/WELLER, MANUEL, Verwendung von Rechnungslegungsdaten durch Aktienanalysten: Eine fallstudienartige Auswertung von Analystenberichten zur Automobilindustrie, in: Finanzbetrieb 2008, S. 806-813 (Verwendung von Rechnungslegungsdaten).

GASSEN, JOACHIM/SCHWEDLER, KRISTINA, The Decision Usefulness of Financial Accounting Measurement Concepts: Evidence from an Online Survey of Professional Investors and their Advisors, in: European Accounting Review 2010, S. 495-509 (Decision Usefulness of Financial Accounting Measurement Concepts).

GERKE, WOLFGANG/RASCHKE, SEBASTIAN, Ausgestaltung des Blockhandels an der Börse, in: Die Bank 1992, S. 193-201 (Blockhandel).

GLEISSNER, WERNER, Unsicherheit, Risiko und Unternehmenswert, in: Handbuch Unternehmensbewertung, hrsg. v. Petersen, Karl/Zwirner, Christian/Brösel, Gerrit, Köln 2013, S. 691-721 (Unsicherheit, Risiko und Unternehmenswert).

GOLZ, MATTHIAS, Wachstum durch Unternehmenskäufe, in: GoingPublic 2008, S. 62-63 (Wachstum durch Unternehmenskäufe).

GÖRITZ, ANJA/MOSER, KLAUS, Repräsentativität im Online-Panel, in: der markt 2000, S. 156-162 (Repräsentativität).

GOVINDARAJAN, VIJAYARAGHAVAN, The objectives of financial statements: An empirical study of the use of cash flow and earnings by security analysts, in: Accounting, Organizations and Society 1980, S. 383-392 (Use of cash flow and earnings by security analysts).

GRÄF, LORENZ, Optimierung von WWW-Umfragen: Das Online Pretest-Studio, in: Online Research, hrsg. v. Batinic, Bernad/Werner, Andreas/Gräf, Lorenz/Bandilla, Wolfgang, Göttingen u. a. 1999, S. 159-178 (Optimierung von WWW-Umfragen).

GREVING, BERT, Messen und Skalieren von Sachverhalten, in: Methodik der empirischen Forschung, hrsg. v. Albers, Sönke, Wiesbaden 2007, S. 65-78 (Messen und Skalieren von Sachverhalten).

GROSSMAN, SANFORD/HART, OLIVER, An Analysis of the Principal-Agent Problem, in: Econometrica 1983, S. 7-45 (Analysis of the Principal-Agent Problem).

GROVES, ROBERT/FOWLER, FLOYD/COUPER, MICK/LEPKOWSKI, JAMES/SINGER, ELEANOR/TOURANGEAU, ROGER., Survey methodology, 2. Aufl., Hoboken 2009 (Survey methodology).

GUSY, BURKHARD/MARCUS, KRISTINA, Online-Befragungen – Eine Alternative zu paper-pencil Befragungen in der Gesundheitsberichterstattung bei Studierenden?, online verfügbar unter: http://www.ewi-psy.fu-berlin.de/einrichtungen /arbeitsbereiche-/ppg/media/publikationen/schriftenreihe/Online-Befragungen-01-P12.pdf. Zuletzt abgerufen am: 29.05.2015 (Online-Befragungen).

HAMILTON, MICHAEL B., Online Survey Response Rates and Times: Background and Guidance for Industry, Technical report 2003, online verfügbar unter: http://www.citeulike.org/pdf_options/user/higher_ed/article/5399904?fmt=pdf. Zuletzt geprüft am 15.03.2015 (Online Survey Response).

HASPESLAGH, PHILIPPE/JEMISON, DAVID, Managing acquisitions – Creating value through corporate renewal, New York u. a. 1991 (Managing acquisitions).

HAUPTMANNS, PETER, Grenzen und Chancen von quantitativen Befragungen mit Hilfe des Internets, in: Online Research, hrsg. v. Batinic, Bernad/Werner, Andreas/Gräf, Lorenz/Bandilla, Wolfgang, Göttingen u. a. 1999, S. 21-38 (Befragungen mit Hilfe des Internets).

HAX, GEORG, Informationsintermediation durch Finanzanalysten – Eine ökonomische Analyse, Frankfurt am Main, New York 1998 (Informationsintermediation durch Finanzanalysten).

HEDDERICH, JÜRGEN/SACHS, LOTHAR, Angewandte Statistik – Methodensammlung mit R, 14. Aufl., Berlin, Heidelberg 2012 (Angewandte Statistik).

HEERING, DIRK/HEERING, ANDREA, Die Anhangangaben (notes) nach IAS/IFRS, in: StuB 2004, S. 149-155 (Notes nach IFRS).

HELM, ROLAND/STEINER, MICHAEL, Nutzung von Eigenschaftsarten im Rahmen der Präferenzanalyse – Eine Meta-Studie, Diskussion und Empfehlungen, Jena 2006 (Nutzung von Eigenschaftsarten).

HENSELMANN, KLAUS, Jahresabschluss nach IFRS und HGB, Norderstedt 2008 (Jahresabschluss nach IFRS).

HEYDE, CHRISTIAN VON DER, Allgemeine Theorie von Random-Stichproben, in: Stichproben-Verfahren in der Umfrageforschung, hrsg. v. ADM Arbeitskreis Deutscher Markt- und Sozialforschungsinstitute e. V./Arbeitsgemeinschaft Media-Analyse e. V., Opladen 1999, S. 23-33 (Stichprobentheorie).

HILL, WILHELM/FEHLBAUM, RAYMOND/ULRICH, PETER, Organisationslehre – Ziele, Instrumente und Bedingungen der Organisation sozialer Systeme, 5. Aufl., Bern u. a. 1998 (Organisationslehre).

HILLMER, HANS-JÜRGEN, Rechnungslegung und Prüfung auf dem richtigen Weg?, in: KoR 2012, S. 253-254 (Rechnungslegung auf dem richtigen Weg?).

HIPPEL, BORIS, Konzernlagebericht und Kapitalmarkt – Eine empirische Analyse der Berichtspflichten nach HGB und DRS, Düsseldorf 2010 (Konzernlagebericht und Kapitalmarkt).

HOFFMANN, WOLF-DIETER/LÜDENBACH, NORBERT, Zur Offenlegung der Ermessensspielräume bei der Erstellung des Jahresabschlusses – Rechnungslegung in euklidschen Räumen, in: DB 2003, S. 1965-1969 (Offenlegung der Ermessensspielräume bei der Erstellung des Jahresabschlusses).

HOLLAUS, MARTIN, Der Einsatz von Online-Befragungen in der empirischen Sozialforschung, Aachen 2007 (Einsatz von Online-Befragungen).

HOMBURG, CHRISTIAN/BAUMGARTNER, HANS, Beurteilung von Kausalmodellen: Bestandsaufnahme und Anwendungsempfehlungen, in: Marketing – Zeitschrift für Forschung und Praxis 1995, S. 162-176 (Beurteilung von Kausalmodellen).

HOOGERVORST, HANS, IASB hosts public forum to discuss disclosure overload, online verfügbar unter: http://www.ifrs.org/Alerts/PressRelease/Pages/IASB-hosts-public-forum-to-discuss-disclosure-overload.aspx. Zuletzt geprüft am: 18.11.2014 (golden nugget of information).

HOOGERVORST, HANS/TEITLER-FEINBERG, EVELYN, We have the responsibility to make sure that investors understand what is going on in a company – Interview with Hans Hoogervorst, Chairman of the IASB, in: IRZ 2015, S. 133-134 (Responsibility to make sure that investors understand what is going on in a company).

HUNT, SHELBY/SPARKMAN JR., RICHARD/WILCOX, JAMES, The Pretest in Survey Research: Issues and Preliminary Findings, in: Journal of Marketing Research 1982, S. 269-273 (Pretest in Survey Research).

HÜTTEN, CHRISTOPH, Der Geschäftsbericht als Informationsinstrument: Rechtsgrundlagen, Funktionen, Optimierungsmöglichkeiten – Rechtsgrundlagen, Aufgaben und zweckadäquate Gestaltung der Geschäftsberichte börsennotierter Unternehmen, Düsseldorf 2000 (Geschäftsbericht als Informationsinstrument).

IDW, Positionspapier des IDW zu Bilanzierungs- und Bewertungsfragen im Zusammenhang mit der Subprime-Krise, online verfügbar unter: http://www.true-sale-international.de/fileadmin/tsi_down-loads/ABS_Regulierung/Bilanzierung_090220_Subprime-Positionspapier.pdf. Zuletzt geprüft am: 14.11.2014 (Positionspapier des IDW zu Bilanzierungs- und Bewertungsfragen im Zusammenhang mit der Subprime-Krise).

IDW, Besondere Prüfungsfragen im Kontext der aktuellen Wirtschafts- und Finanzmarktkrise, in: IDW Fachnachrichten 2009, S. 3-21 (Prüfungsfragen im Kontext der aktuellen Wirtschafts- und Finanzmarktkrise).

IMAA, Statistics on Mergers & Acquisitions worldwide, online verfügbar unter: http://www.imaa-instiute.org/docs/announced%20mergers%20&%20 acquisitions%20%28worldwide%29.pdf. Zuletzt geprüft am: 18.12.2014 (Statistics on Mergers & Acquisitions).

JACKSON, ANDREW, Trade Generation, Reputation, and Sell-Side Analysts, in: The Journal of Finance 2005, S. 673-717 (Sell-Side Analysts).

JANNETT, STEFAN, Eigenkapitalveränderungsrechnung, in: Lexikon des Rechnungswesens, hrsg. v. Busse von Colbe, Walther, 5. Aufl., München 2011, S. 220-221 (Eigenkapitalveränderungsrechnung).

JANSSEN, JAN, Rechnungslegung im Mittelstand – Eignung der nationalen und internationalen Rechnungslegungsvorschriften unter Berücksichtigung der Veränderungen durch den IFRS for private entities und das Bilanzrechtsmodernisierungsgesetz, Wiesbaden 2009 (Eignung der nationalen und internationalen Rechnungslegungsvorschriften).

JANSSEN, JÜRGEN/LAATZ, WILFRIED, Statistische Datenanalyse mit SPSS - Eine anwendungsorientierte Einführung in das Basissystem und das Modul Exakte Tests, 8. Aufl., Berlin 2013 (Statistische Datenanalyse mit SPSS).

JOHNSON, RICHARD/ORME, BRYAN, How Many Questions Should You Ask in Choice-Based Conjoint Studies? – Research Paper Series, Sequim 1996, online verfügbar unter: http://www.sawtoothsoftware.com/support/technical-papers/cbc-related-papers/how-many-questions-should-you-ask-in-choice-based-conjoint-studies-1996. Zuletzt abgerufen am: 16.05.2015 (How Many Questions Should You Ask in Choice-Based Conjoint Studies?).

KAHLE, HOLGER, Informationsversorgung des Kapitalmarkts über internationale Rechnungslegungsstandards, in: KoR 2002, S. 95-107 (Informationsversorgung des Kapitalmarkts).

KAISER, THOMAS, IFRS aus Investorensicht, in: Internationale Rechnungslegung, hrsg. v. Küting, Karlheinz/Pfitzer, Norbert/Weber, Claus-Peter, Stuttgart 2006, S. 131-158 (IFRS aus Investorensicht).

KAJA, MARIA, Verfahren der Datenerhebung, in: Methodik der empirischen Forschung, hrsg. v. Albers, Sönke, Wiesbaden 2007, S. 49-64 (Datenerhebung).

KAMPMANN, HELGA, Rahmenkonzept, in: Internationale Rechnungslegung IFRS, hrsg. v. Buschhüter, Michael/Striegel, Andreas, Wiesbaden 2011, S. 58-67 (Rahmenkonzept).

KIESER, ALFRED, Der Situative Ansatz, in: Organisationstheorien, hrsg. v. Kieser, Alfred, 5. Aufl., Stuttgart 2002, S. 169-198 (Situativer Ansatz).

KIESER, ALFRED/KUBICEK, HERBERT, Organisation, 3. Aufl., Berlin u. a. 1992 (Orga).

KIESER, ALFRED/WALGENBACH, PETER, Organisation, 4. Aufl., Stuttgart 2003 (Organisationspraxis).

KIRCHHOFF, KLAUS R., Grundlagen der Investor Relations, in: Praxishandbuch Investor Relations, hrsg. v. Kirchhoff, Klaus Rainer/Piwinger, Manfred, Wiesbaden 2005, S. 31-54 (Grundlagen der Investor Relations).

KIRCHHOFF, SABINE/KUHNT, SONJA/LIPP, PETER/SCHLAWIN, SIEGFRIED, Der Fragebogen – Datenbasis, Konstruktion und Auswertung, in: Der Fragebogen 2010, 5. Aufl., Wiesbaden 2010 (Datenbasis und Konstruktion des Fragebogens).

KIRSCH, HANNO, Gestaltungspotenzial durch verdeckte Bilanzierungswahlrechte nach IAS/IFRS, in: Bilanzrecht und Betriebswirtschaft 2003, S. 1111-1116 (Gestaltungspotenzial durch verdeckte Bilanzierungswahlrechte).

KIRSCH, HANS-JÜRGEN/EWELT-KNAUER, CORINNA, Abgrenzung des Vollkonsolidierungskreises nach IFRS 10 und IFRS 12 – Update zu BB 2009, in: Betriebs-Berater 2011, S. 1641-1645 (Abgrenzung des Vollkonsolidierungskreises nach IFRS 10 und IFRS 12).

KIRSCH, HANS-JÜRGEN/GALLASCH, FLORIAN/GIMPEL-HENNING, NILS, Die formale Gestaltung anhangbezogener Rechnungslegungsvorschriften – Ein Beitrag zur aktuellen Diskussion um die Entwicklung eines „Disclosure Framework", in: KoR 2014, S. 86-94 (Gestaltung anhangbezogener Rechnungslegungsvorschriften).

KIRSCH, HANS-JÜRGEN/GIMPEL-HENNING, NILS, Zur aktuellen Diskussion um die Einführung eines „Disclosure Framework" – Eine Darstellung der beiden Diskussionspapiere der EFRAG und des FASB, in: KoR 2013, S. 190-197 (Diskussion um die Einführung eines „Disclosure Framework").

KITTLESON, MARC, Determining Effective Follow-up of E-Mail Surveys, in: American Journal of Health Behavior 1997, S. 193-196 (Follow-up of E-Mail Surveys).

KLINE, REX, Principles and practice of structural equation modeling, 3. Aufl., New York 2011 (Structural equation modeling).

KPMG, M&A Yearbook & Outlook 2012, online verfügbar unter: https://www.kpmg.com/CH/de/Library/Articles-Publications/Documents/Advisory/ppt-20120117-MA-Yearbook-2012-de.pdf. Zuletzt geprüft am: 26.01.2015 (M&A Yearbook).

KRAWITZ, NORBERT, Anhang und Lagebericht nach IFRS – Prinzipien, Anforderungen, Strukturierung, München 2005 (Anhang und Lagebericht nach IFRS).

KREIGER, ABBA/GREEN, PAUL, Turf Revisited: Enhancement to Total Unduplicated Reach and Frequency Analysis, in: Marketing Research 2000, S. 30-36 (Turf Revisited).

KROMREY, HELMUT/STRÜBING, JÖRG, Empirische Sozialforschung – Modelle und Methoden der standardisierten Datenerhebung und Datenauswertung, 12. Aufl., Stuttgart 2009 (Standardisierte Datenerhebung und Datenauswertung).

KÜTING, KARLHEINZ, Konzernrechnungslegung nach IFRS und HGB – Kritische Würdigung konkurrierender Systeme anhand ausgewählter Einzelfragen, in: DB 2012, S. 2821-2830 (Konzernrechnungslegung nach IFRS und HGB).

KÜTING, KARLHEINZ, Zur Komplexität der Rechnungslegungssysteme nach HGB und IFRS, in: DB 2012, S. 297-304 (Komplexität der Rechnungslegungssysteme nach HGB und IFRS).

KÜTING, KARLHEINZ/MOJADADR, MANA, Das neue Control-Konzept nach IFRS 10 – IFRS 10 „Consolidated Financial Statements“ stellt die Konzerne bereits jetzt vor enorme Herausforderungen, in: KoR 2011, S. 273-286 (Neues Control-Konzept nach IFRS 10).

KÜTING, KARLHEINZ/MOJADADR, MANA, Komplexität des mehrstufigen Prüfungsansatzes der kapitalmarktorientierten Konzernrechnungslegungspflicht (Teil II) – Zugleich Vergleich der Beherrschungskonzepte nach HGB und IFRS, in: DStR 2012, S. 252-256 (Vergleich der Beherrschungskonzepte).

KÜTING, KARLHEINZ/MOJADADR, MANA, Zweckgesellschaften in der Berichterstattungspraxis – Eine Auswertung der Geschäftsberichte der DAX-, MDAX-, SDAX- und TecDAX-Unternehmen, in: KoR 2013, S. 142-155 (Zweckgesellschaften in der Berichterstattungspraxis).

KÜTING, KARLHEINZ/SEEL, CHRISTOPH, Die gemeinschaftliche Beherrschung nach IFRS 11 – Unterschiede und Gemeinsamkeiten zu IAS 31, in: KoR 2012, S. 452-460 (Gemeinschaftliche Beherrschung nach IFRS 11).

KÜTING, KARLHEINZ/WEBER, CLAUS-PETER, Die Bilanzanalyse – Lehrbuch zur Beurteilung von Einzel- und Konzernabschlüssen, 7. Aufl., Stuttgart 2004 (Die Bilanzanalyse).

KÜTING, KARLHEINZ/WIRTH, JOHANNES, Umstellung von Gemeinschaftsunternehmen auf die Equity-Methode gemäß IFRS 11 – Grundlagen und buchhalterischer Prozess der Umstellung von der Quotenkonsolidierung, in: KoR 2012, S. 150-157 (Umstellung von Gemeinschaftsunternehmen).

KUTSCH, HORST, Repräsentativität in der Online-Marktforschung – Lösungsansätze zur Reduktion von Verzerrungen bei Befragungen im Internet, Lohmar, Köln 2007 (Repräsentativität in der Online-Forschung).

LACHMANN, MAIK/KÜMPEL, KATHARINA/HAGEN, JONAS, Eine kritische Analyse der internationalen Konzernrechnungslegung nach IFRS 10-12 vor dem Hintergrund der Ziele des IFRS-Framework, in: KoR 2013, S. 573-580 (Kritische Analyse der internationalen Konzernrechnungslegung nach IFRS 10-12).

LEE, JULIE/SOUTAR, GEOFFREY/LOUVIERE, JORDAN, Measuring Values Using Best-Worst Scaling, in: Psychology & Marketing 2007, S. 1043-1058 (Measuring Values Using Best-Worst Scaling).

LEE, JULIE/SOUTAR, GEOFFREY/LOUVIERE, JORDAN, The Best-Worst Scaling Approach: An Alternative to Schwartz's Values Survey, in: Journal of Personality Assessment 2008, S. 335-347 (The Best-Worst Scaling Approach).

LEFFSON, ULRICH, Die Grundsätze ordnungsmäßiger Buchführung, 7. Aufl., Düsseldorf 1987 (Grundsätze ordnungsmäßiger Buchführung).

LEIBFRIED, PETER/WEBER, INGO, Notes – Handbuch für den IFRS-Anhang, 2. Aufl., Berlin 2009 (Notes).

LEOPOLD, HELMUT, Rücklauf bei Online Befragungen im Online Access Panel, Hamburg 2004 (Rücklauf bei Online Befragungen).

LEU, PHILIPP/ZEMP, RETO, Disclosure Framework – Die Suche nach dem heiligen Gral?, in: IRZ 2013, S. 161-167 (Disclosure Framework – Suche nach dem heiligen Gral).

LIKERT, RENSIS, A technique for the measurement of attitudes, in: Archives of Psychology 1932, S. 1-55 (Likert-Skala).

LIPOVETSKY, STAN/CONKLIN, MICHAEL, Best-Worst Scaling in an analytical closed-form solution, in: The Journal of Choice Modelling 2014, S. 60-68 (Best-Worst Scaling in an analytical closed-form solution).

LIPP, LORENZ, IFRS-Finanzberichterstattung muss relevant bleiben!, in: Der Schweizer Treuhänder 2009, S. 790 (IFRS-Finanzberichterstattung).

LOUVIERE, JORDAN, Best-Worst-Scaling: A model for the largest Difference Judgments – Working Paper 1991, University of Alberta (Best-Worst-Scaling: A model for the largest Difference Judgments).

LOUVIERE, JORDAN Behavioral Research Conference, The Best-Worst or Maximum Difference Measurement Model: Applications to Behavioral Research in Marketing. The American Marketing Association's 1993, Arizona 1993 (The Best-Worst or Maximum Difference Measurement Model).

LOUVIERE, JORDAN/LINGS, IAN/ISLAM, TOWHIDUL, ET AL., An introduction to the application of (case 1) best-worst scaling in marketing research, in: International Journal of Research in Marketing 2013, S. 292-303 (Application of best-worst scaling).

LÜKEN, JOHANNES/SCHIMMELPFENNIG, HEIKO, Maximum Difference Scaling (MaxDiff): Statistik Kompakt, in: planung & analyse 2014, S. 40 (Maximum Difference Scaling).

MACHARZINA, KLAUS, On the Integration of Behavioural Science into Accounting, in: Management International Review 1973, S. 3-14 (Behavioural Science into Accounting).

MAIX MARKET RESEARCH & CONSULTING GMBH, Maximum Difference Scaling, online verfügbar unter: http://www.maix.de/de/ausgewaehlte-methoden/maximum-difference-scaling.html. Zuletzt geprüft am: 20.07.2015 (Maximum Difference Scaling).

MARLEY, ANTHONY/LOUVIERE, JORDAN, Some probabilistic models of best, worst, and best-worst choices, in: Journal of Mathematical Psychology 2005, S. 464-480 (Best, worst, and best-worst choices).

MARTENS, STEPHAN/OLDEWURTEL, CHRISTOPH/KÜMPEL, KATHARINA, Neuerungen der Konzernrechnungslegung nach IFRS 10 und IFRS 12: Zentrale Änderungen und ihre Auswirkungen auf die Praxis, in: PiR 2013, S. 41-46 (Konzernrechnungslegung nach IFRS 10 und IFRS 12).

MAURER, MARCUS/JANDURA, OLAF, Masse statt Klasse? Einige kritische Anmerkungen zu Repräsentativität und Validität von Online-Befragungen, in: Sozialforschung im Internet, hrsg. v. Jackob, Nikolaus/Schoen, Harald/ Zerback, Thomas, Wiesbaden 2009, S. 61-73 (Masse statt Klasse).

MAX-PLANCK-INSTITUT FÜR GESELLSCHAFTSFORSCHUNG, Dimensionen der Internationalisierung: Ergebnisse der Unternehmensdatenbank „Internationalisierung der 100 größten Unternehmen in Deutschland", online verfügbar unter: http://hdl.handle.net/10419/44264. Zuletzt geprüft am 31.07.2015 (Dimensionen der Internationalisierung).

MELLERT, CHRISTOFER R., Due Diligence: Compliance bei M&A Transaktionen, in: Compliance in der Unternehmerpraxis, hrsg. v. Wecker, Gregor/van Laak, Hendrik, Wiesbaden 2008, S. 77-83 (Compliance bei M&A Transaktionen).

MERKT, HANNO, Das IFRS Conceptual Framework aus regelungsmethodischer Sicht, in: ZfbF 2014, S. 477-504 (IFRS Conceptual Framework).

MEYER, HERBERT, Komplexität von IFRS und wirtschaftliche Situation als Hauptursachen von Fehlern in Konzernabschlüssen, in: Der Konzern 2010, S. 226-231 (Komplexität von IFRS).

MIAOULIS, GEORGE/FREE, VALERIE, Turf: A New Planning Approach for Product Line Extensions, in: Marketing Research 1990, S. 28-40 (Turf: A New Planning Approach).

MOSLER, KARL/SCHMID, FRIEDRICH, Wahrscheinlichkeitsrechnung und schliessende Statistik, 4. Aufl., Berlin, Heidelberg 2011 (Wahrscheinlichkeitsrechnung).

MOXTER, ADOLF, Bilanzlehre, 2. Aufl., Wiesbaden 1974 (Bilanzlehre).

MOXTER, ADOLF, Fundamentalgrundsätze ordnungsmäßiger Rechenschaft, in: Bilanzfragen, hrsg. v. Baetge, Jörg/Moxter, Adolf/Schneider, Dieter, Düsseldorf 1976, S. 87-100 (Fundamentalgrundsätze ordnungsmäßiger Rechenschaft).

MOXTER, ADOLF, Besitzen IAS-konforme Jahres- und Konzernabschlüsse im Hinblick auf die Unternehmens- und Konzernsteuerung Vorteile gegenüber den Rechnungslegungstraditionen im EWR?, in: Fortschritte im Rechnungswesen, hrsg. v. Altenburger, Otto A./Seicht, Gerhard/Müller, Heinrich, 2. Aufl., Wiesbaden 2000, S. 497-505 (IAS-konforme Jahres- und Konzernabschlüsse).

MOXTER, ADOLF, Absehbarer Abschied von der HGB-Bilanzierung, in: Betriebs-Berater 2006, S. I (Absehbarer Abschied von der HGB-Bilanzierung).

MUMMENDEY, HANS/GRAU, INA, Die Fragebogen-Methode, 5. Aufl., Göttingen 2008 (Fragebogen-Methode).

NITZSCH, RÜDIGER VON/ROUETTE, CHRISTIAN/STOTZ, OLAF, Kapitalstrukturentscheidungen junger Unternehmen, in: Entrepreneurial Finance, hrsg. v. Börner, Christoph J./Grichnik, Dietmar, Heidelberg 2005, S. 409-430 (Kapitalstrukturentscheidungen).

NIX, PETRA, Die Zielgruppen von Investor Relations, in: Investor Relations, hrsg. v. Deutscher Investor Relations Kreis e. V., Wiesbaden 2000, S. 35-43 (Zielgruppen von Investor Relations).

OBERDÖRSTER, TATJANA, Finanzberichterstattung und Prognosefehler von Finanzanalysten, Wiesbaden 2009 (Finanzberichterstattung und Prognosefehler von Finanzanalysten).

OECD, OECD Institutional Investors Statistics 2014, Paris 2014 (Institutional Investors Statistics).

ORME, BRYAN/JOHNSON, RICH, Typing tools that work, in: Marketing Research 2009, S. 7-11 (Tools that work).

PELLENS, BERNHARD/FÜLBIER, ROLF/GASSEN, JOACHIM/SELLHORN, THORSTEN, Internationale Rechnungslegung, 9. Aufl., Stuttgart 2014 (Internationale Rechnungslegung).

PELLENS, BERNHARD/NEUHAUS, STEFAN/SCHMIDT, ANDRÉ, Relevanz unterschiedlicher Wertmaßstäbe für die Ausgestaltung der Unternehmensberichterstattung, in: WPg 2008, S. 82-88 (Unterschiedliche Wertmaßstäbe für die Unternehmensberichterstattung).

Pellens, Bernhard/Obermüller, Philipp/Rowoldt, Maximilian/Schmidt, André, Die Zukunft der IFRS-Rechnungslegung – Auswertung der Kommentierungsschreiben zur IASB-Agenda Consultation 2011, in: DB 2012, S. 2173-2183 (Die Zukunft der IFRS-Rechnungslegung).

Pellens, Bernhard/Schmidt, André, Studien des deutschen Aktieninstituts - Verhalten und Präferenzen deutscher Aktionäre, in: Studien des Deutschen Aktieninstituts, hrsg. v. Deutsches Aktieninstitut e. V., Frankfurt am Main 2014 (Befragung von privaten und institutionellen Anlegern).

Picot, Arnold, Zur Bedeutung allgemeiner Theorieansätze für die betriebswirtschaftliche Information und Kommunikation: Der Beitrag der Transaktionskosten- und Principal-Agent-Theorie, in: Die Betriebswirtschaftslehre im Spannungsfeld zwischen Generalisierung und Spezialisierung, hrsg. v. Kirsch, Werner/Picot, Arnold/Albach, Horst, Wiesbaden 1989, S. 361-379 (Transaktionskosten- und Principal-Agent-Theorie).

Picot, Arnold, Ökonomische Theorien der Organisation – Ein Überblick über neuere Ansätze und deren betriebswirtschaftliches Anwendungspotential, in: Betriebswirtschaftslehre und Ökonomische Theorie, hrsg. v. Ordelheide, Dieter/Rudolph, Bernd/Büsselmann, Elke, Stuttgart 1991, S. 143-170 (Ökonomische Organisationstheorien).

Plaumann, Sabine, Auslegungshierarchie des HGB – Eine Analyse der Auslegungsquellen und bestehender Wechselwirkungen, Wiesbaden 2013 (Kräftemessen der Rechnungslegungssysteme).

Pollmann, René/Wulf, Inge, Gemeinschaftliche Vereinbarungen und assoziierte Unternehmen im IFRS-Konzernabschluss, in: IRZ 2013, S. 371-375 (Gemeinschaftliche Vereinbarungen und assoziierte Unternehmen im IFRS-Konzernabschluss).

POPPER, KARL, Logik der Forschung, 2. Aufl., Tübingen 1966 (Logik der Forschung).

PORÁK, VICTOR, Erfolgsmessung von Investor Relations, in: Praxishandbuch Investor Relations, hrsg. v. Kirchhoff, Klaus Rainer/Piwinger, Manfred, Wiesbaden 2005, S. 185-206 (Erfolgsmessung von Investor Relations).

PORST, ROLF, Fragebogen – Ein Arbeitsbuch, Wiesbaden 2008 (Fragebogenarbeitshandbuch).

PORTER, STEPHEN/WHITCOMB, MICHAEL, E-mail Subject Line and Their Effect on Web Survey viewing and Response, in: Social Science Computer Review 2005, S. 380-387 (Web Survey viewing and Response).

PRÜFER, PETER/REXROTH, MARGIT, Zwei-Phasen-Pretesting, in: Querschnitt: Festschrift für Max Kaase, hrsg. v. Mohler, Peter P./Lüttinger, Paul, Mannheim 2000, S. 203-219 (Zwei-Phasen-Pretesting).

PWC, Risk-Management-Benchmarking 2011/12, online verfügbar unter: http://www.pwc.de/de_DE/de/risiko-management/assets/PwC_Risk_Management_Benchmarking_2011_2012.pdf. Zuletzt geprüft am: 19.01.2015 (Risk-Management-Benchmarking).

RAAB-STEINER, ELISABETH/BENESCH, MICHAEL, Der Fragebogen – Von der Forschungsidee zur SPSS-Auswertung, 3. Aufl., Wien 2012 (Der Fragebogen mit SPSS).

REILAND, MICHAEL, IFRS 10: Sachgerechte Abgrenzung des Konsolidierungskreises oder Spielwiese für Bilanzpolitiker?, in: DB 2011, S. 2729-2736 (Spielwiese für Bilanzpolitiker).

RICHARD, JÖRG, Privatisierungsmanagement, Finanzmärkte und Unternehmen – Eine finanzwirtschaftliche Analyse unter besonderer Berücksichtigung der Voucher-Privatisierung in Tschechien, Marburg 1999 (Finanzmärkte und Unternehmen).

RIEDER, ALEXANDER, Außerbilanzielle Geschäfte – Die Erarbeitung eines fristigkeitsorientierten Ansatzes zur besseren Darstellung des Risikos, Hamburg 2012 (Darstellung des Risikos).

RIESENHUBER, FELIX, Großzahlige empirische Forschung, in: Methodik der empirischen Forschung, hrsg. v. Albers, Sönke, Wiesbaden 2007, S. 1-16 (Empirische Forschung).

ROGERS, RODNEY/GRANT, JULIA, Content Analysis of Information Cited in Reports of Sell-Side Financial Analysts, in: Analysis of Information Cited in Reports of Sell-Side Financial Analysts 1997, S. 17-30 (Analysis of Information Cited in Reports of Sell-Side Financial Analysts).

SASSENBERG, KAI/KREUTZ, STEFAN, Online-Research und Anonymität, in: Online Research, hrsg. v. Batinic, Bernad/Werner, Andreas/Gräf, Lorenz/Bandilla, Wolfgang, Göttingen u. a. 1999, S. 61-75 (Online-Research und Anonymität).

SAWTOOTH SOFTWARE INC., Accuracy of HB Estimation in MaxDiff Experiments, Sequim 2005, online verfügbar unter: http://www.sawtoothsoftware.com/support/technical-papers/maxdiff-best-worst-scaling/accuracy-of-hb-estimation-in-maxdiff-experiments-2005. Zuletzt abgerufen am: 27.06.2015 (Estimation in MaxDiff Experiments).

SAWTOOTH SOFTWARE INC., The CBC/HB System for Hierarchical Bayes Estimation Version 5.0 Technical Paper, Sequim 2009, online verfügbar unter: http://www.sawtoothsoftware.com/support/technical-papers/hierarchical-bayes-estimation/cbc-hb-technical-paper-2009. Zuletzt abgerufen am: 29.06.2015 (CBC/HB System).

SAWTOOTH SOFTWARE INC., The CBC System for Choice-Based Conjoint Analysis, Orem, Utah 2013, online verfügbar unter: http://www.sawtoothsoftware.com/support/technical-papers/cbc-related-papers/cbc-technical-paper-2013. Zuletzt abgerufen am: 29.06.2015 (Root likelihood).

SAWTOOTH SOFTWARE INC., The MaxDiff System Technical Paper – Version 8, Orem, Utah 2013, online verfügbar unter: http://www.sawtoothsoftware.com/support/technical-papers/maxdiff-best-worst-scaling/maxdiff-technical-paper-2013. Zuletzt abgerufen am: 24.11.2014 (MaxDiff System).

SAWTOOTH SOFTWARE INC., A Parameter Recovery Experiment for Two Methods of MaxDiff with Many Items, Orem, Utah 2015, online verfügbar unter: http://www.sawtoothsoftware.com/support/technical-papers#maxdiff-best-worst-scaling. Zuletzt abgerufen am: 29.06.2015 (MaxDiff with Many Items).

SAWTOOTH SOFTWARE INC., SSI Web Help, Orem, Utah 2015, online verfügbar unter: http://www.sawtoothsoftware.com/support/manuals/ssi-web-help. Zuletzt abgerufen am 01.07.2015 (Handbuch SSI Web).

SCARPA, RICCARDO/NOTARO, SANDRA/LOUVIERE, JORDAN, ET AL., Exploring scale effects of best/worst rank ordered choice data to estimate benefits of tourism in alpine grazing commons, in: American Journal of Agricultural Economics 2011, S. 813-828 (Exploring scale effects of best/worst rank ordered choice data to estimate benefits of tourism).

SCHAEFFER, NORA/PRESSER, STANLEY, The Science of Asking Questions, in: Annual Review of Sociology 2003, S. 65-88 (Science of Asking Questions).

SCHIERECK, DIRK, Institutionelle Investoren – Überlegungen zur Begriffsbestimmung bzw. -abgrenzung, in: Sparkasse 1992, S. 393-394 (Definition institutioneller Investoren).

SCHIERECK, DIRK, Börsenplatzentscheidungen institutioneller Investoren beim Handel deutscher Aktien, in: ZfbF 1996, S. 1057-1079 (Börsenplatzentscheidungen institutioneller Investoren).

SCHILKE, OLIVER, Allianzfähigkeit – Konzeption, Messung, Determinanten, Auswirkungen, Wiesbaden 2007 (Modellmessung und Modellanpassungsgüte).

SCHLERETH, CHRISTIAN/SCHULZ, FABIAN, Schnelle und einfache Messung von Bedeutungsgewichten mit der Restricted-Click-Stream Analyse: Ein Vergleich mit etablierten Präferenzmethoden, in: ZfbF 2014, S. 630-657 (Messung von Bedeutungsgewichten).

SCHNEIDER, DIETER, Kapitalmarkteffizienz durch Jahresabschlußreformen?, in: Schriften des Verbandes öffentlicher Banken, hrsg. v. Becker, Wolf-Dieter/Falk, Reinhold, Göttingen 1981, S. 1-42 (Kapitalmarkteffizienz durch Jahresabschlußreformen?).

SCHNELL, RAINER/HILL, PAUL/ESSER, ELKE, Methoden der empirischen Sozialforschung, 9. Aufl., München 2011 (Methoden der empirischen Forschung).

SCHÖLLHORN, THOMAS/MÜLLER, MARTIN, Bedeutung und praktische Relevanz des Rahmenkonzepts (framework) bei Erstellung von IFRS-Abschlüssen nach zukünftigem „deutschen Recht“ (Teil I) – Darstellung unter Berücksichtigung der IAS-VO und des BilReG, in: DStR 2004, S. 1623-1627 (Bedeutung und praktische Relevanz des Rahmenkonzepts).

SCHONLAU, MATTHIAS/FRICKER, RONALD/ELLIOTT, MARC, Conducting Research Surveys via E-Mail and the web, Santa Monica 2001 (Conducting Research Surveys).

SCHULTE, REINHARD, Fremdfinanzierung junger Unternehmen, in: Entrepreneurial Finance, hrsg. v. Börner, Christoph J./Grichnik, Dietmar, Heidelberg 2005, S. 471-506 (Finanzierung junger Unternehmen).

SCHULTE-ZURHAUSEN, MANFRED, Organisation, 4. Aufl., München 2005 (Organisationsmanagement).

SCHULZ, MICHAEL, Aktienmarketing – Eine empirische Erhebung zu den Informationsbedürfnissen deutscher institutioneller Investoren und Analysten, Sternenfels 1999 (Aktienmarketing).

SCHUMANN, SIEGFRIED, Repräsentative Umfrage – Praxisorientierte Einführung in empirische Methoden und statistische Analyseverfahren, 6. Aufl., München 2012 (Empirische Methoden und statistische Analyseverfahren der repräsentativen Umfrage).

SEEBERG, THOMAS, Steigerung der Aussagekraft von Jahresabschlüssen durch erweiterte Berichterstattung, in: Aktuelle Entwicklungen in Rechnungslegung und Wirtschaftsprüfung, hrsg. v. Baetge, Jörg, Düsseldorf 1997, S. 153-166 (Aussagekraft von Jahresabschlüssen durch erweiterte Berichterstattung).

SOCIOTREND, Messbefragungen, online verfügbar unter: http://new.sociotrend.de/index.php?option=com_content&view=article&id=73&Itemid=110. Zuletzt geprüft am: 21.11.2014 (Messbefragungen).

SONNABEND, MICHAEL/RAAB, HERMANN, Kapitalflussrechnung nach IFRS – Anforderungen und Gestaltungsmöglichkeiten, München 2008 (Anforderungen an die Kapitalflussrechnung nach IFRS).

SPRENGER, REINHARD, Grundsätze gewissenhafter und getreuer Rechenschaft im Geschäftsbericht – Ein Beitrag zur Interpretation von § 160 IV 1 AktG, Wiesbaden 1976 (Rechenschaft im Geschäftsbericht).

STAEHLE, WOLFGANG, Der situative Ansatz in der Betriebswirtschaftslehre, in: Zum Praxisbezug der Betriebswirtschaftslehre in wissenschaftstheoretischer Sicht, hrsg. v. Ulrich, Hans, Bern 1976, S. 33-50 (Situativer Ansatz in der Betriebswirtschaftslehre).

STAEHLE, WOLFGANG, Deutschsprachige situative Ansätze in der Managementlehre, in: Organisationstheoretische Ansätze, hrsg. v. Kieser, Alfred, München 1981, S. 215-226 (Situative Ansätze in der Managementlehre).

STAMM, ANDREAS/GIORGINI, ANDREAS, Die Konzernrechnungslegung nach IFRS – Darstellung und Würdigung wichtiger Neuregelungen, in: Bilanzen im Mittelstand 2012, S. 8-11 (Reaktion des Standardsetters auf die Finanzmarktkrise bzgl. IFRS 10-12).

STANZEL, MATTHIAS, Qualität des Aktienresearchs von Finanzanalysten – Eine theoretische und empirische Untersuchung der Gewinnprognosen und Aktienempfehlungen am deutschen Kapitalmarkt, Wiesbaden 2007 (Aktienresearch von Finanzanalysten).

STARBATTY, NIKOLAUS, Anforderungen an Presentation und Disclosure. Der 12. IFRS Kongress, Berlin 2013 (Anforderungen an Disclosure).

STIBI, BERND/BÖCKEM, HANNE/KLAHOLZ, EVA, Mehr Anwendungssicherheit bei IFRS 10-12 durch zusätzliche Materialien von IASB und EFRAG?, in: Betriebs-Berater 2012, S. 1527-1532 (Mehr Anwendungssicherheit bei IFRS 10-12?).

STREIM, HANNES, Internationalisierung von Gewinnermittlungsregeln zum Zwecke der Informationsvermittlung – Zur Konzeptionslosigkeit der Fortentwicklung der Rechnungslegung, in: Unternehmensrechnung und -besteuerung, hrsg. v. Meffert, Heribert/Krawitz, Norbert, Wiesbaden 1998, S. 324-343 (Konzeptionslosigkeit der Rechnungslegung).

STREIM, HANNES, Die Vermittlung von entscheidungsnützlichen Informationen durch Bilanz und GuV – Ein nicht einlösbares Versprechen der internationalen Standardsetter, in: BFuP 2000, S. 111-131 (Vermittlung von entscheidungsnützlichen Informationen).

STREIM, HANNES/BIEKER, MARCUS/LEIPPE, BRITTA, Anmerkungen zur theoretischen Fundierung der Rechnungslegung nach International Accounting Standards, in: Wolfgang Stützel – Moderne Konzepte für Finanzmärkte, Beschäftigung und Wirtschaftsverfassung, hrsg. v. Schmidt, Hartmut/Ketzel, Eberhart/Prigge, Stefan, Tübingen 2001, S. 177-206 (Theoretische Fundierung der IFRS).

TANSKI, JOACHIM, Bilanzpolitische Spielräume in den IFRS, in: DStR 2004, S. 1843-1847 (Bilanzpolitische Spielräume).

TEICHERT, THORSTEN/SATTLER, HENRIK/VÖLCKNER, FRANZISKA, Traditionelle Verfahren der Conjoint-Analyse, in: Handbuch Marktforschung, hrsg. v. Herrmann, Andreas/Homburg, Christian/Klarmann, Martin, 3. Aufl., Wiesbaden 2008, S. 651-686 (Verfahren der Conjoint-Analyse).

TEN BERGE, JOS, Generalized Approaches to the MAXBET Problem and the MAXDIFF Problem with Applications to canonical correlations, in: Psychometrika 1988, S. 487-494 (Generalized Approaches to the MAXDIFF Problem).

THIELSCH, MEINALD/WELTZIN, SIMONE, Online-Befragungen in der Praxis, in: Praxis der Wirtschaftspsychologie, hrsg. v. Brandenburg, Torsten/Thielsch, Meinald, Münster 2009, S. 69-86 (Online-Befragungen in der Praxis).

TRÜTZSCHLER, KLAUS/DAVID, ULRICH/STRAUCH, JOACHIM/TOMASZEWSKI, CLAUDE, Unternehmensbewertung und Rechnungslegung von Akquisitionen: Die Vorschriften nach IFRS und HGB vs. betriebswirtschaftliche Rationalität, in: Zeitschrift für Planung & Unternehmenssteuerung 2005, S. 383-406 (Unternehmensbewertung und Rechnungslegung von Akquisitionen).

VOGT, KERSTEN, Verzerrungen in elektronischen Befragungen?, in: Online Research, hrsg. v. Batinic, Bernad/Werner, Andreas/Gräf, Lorenz/Bandilla, Wolfgang, Göttingen u. a. 1999, S. 127-143 (Verzerrungen in elektronischen Befragungen).

VÖLCKNER, FRANZISKA/SATTLER, HENRIK/TEICHERT, THORSTEN, Wahlbasierte Verfahren der Conjoint-Analyse, in: Handbuch Marktforschung, hrsg. v. Herrmann, Andreas/Homburg, Christian/Klarmann, Martin, 3. Aufl., Wiesbaden 2008, S. 687-712 (Verfahren der Conjoint-Analyse).

WELKER, MARTIN/WERNER, ANDREAS/SCHOLZ, JOACHIM, Online-Research – Markt- und Sozialforschung mit dem Internet, Heidelberg 2005 (Online-Research).

WENDLER, TILO, Kausalanalyse mit linearen Strukturgleichungsmodellen LISREL, in: Wissenschaftliche Beiträge, hrsg. v. Technische Hochschule Wildau, Wildau 2012, S. 145-151 (Lineare Strukturgleichungsmodelle).

WIENS, MARCUS, Vertrauen in der ökonomischen Theorie – Eine mikrofundierte und verhaltensbezogene Analyse, Berlin 2013 (Vertrauen in der ökonomischen Theorie).

WITTENBERG, VERENA, Controlling in jungen Unternehmen – Phasenspezifische Controllingkonzeptionen für Unternehmen in der Gründungs- und Wachstumsphase, Wiesbaden 2006 (Controllingkonzeptionen für Unternehmen in der Gründungs- und Wachstumsphase).

WOHLGEMUTH, FRANK, IFRS: Bilanzpolitik und Bilanzanalyse – Gestaltung und Vergleichbarkeit von Jahresabschlüssen, Berlin 2007 (Gestaltung und Vergleichbarkeit von Jahresabschlüssen).

WOLLMERT, PETER, Die Neuregelungen zur Konzernrechnungslegung nach IFRS 10, IFRS 11 und IFRS 12: aufwändiger – auch besser?, in: WPg 2011, S. I (Neuregelungen zur Konzernrechnungslegung nach IFRS 10-12).

WOLLMERT, PETER/ACHLEITNER, ANN-KRISTIN, Konzeptionelle Grundlagen der IAS-Rechnungslegung (Teil I), in: WPg 1997, S. 209-222 (Konzeptionelle Grundlagen).

WOTSCHOFSKY, STEFAN/TOPP, CLEMENS, Auswertung und Systematisierung der Berichterstattung im Anhang: Pflichtangaben im Anhang, in: StB 2004, S. 384-391 (Systematisierung der Berichterstattung im Anhang).

WUNDERLICH, MATTHIAS, Qualitätsorientierte Organisationsstrukturen, Aachen 1998 (Qualitätsorientierte Organisationsstrukturen).

WÜNSCHE, BENEDIKT, Verbindlichkeitsrückstellungen im IFRS-Abschluss – Eine Untersuchung der Entscheidungsnützlichkeit der Regelungen in ED IAS 37 und in IAS 37, Düsseldorf 2009 (Entscheidungsnützlichkeit).

ZIMMERMANN, MATTHIAS/GADEIB, ANDERA/LÜRKEN, ALEXANDER, Marktforschung Online – Schöne neue Welt?, in: planung & analyse 2001, S. 38-43 (Marktforschung Online).

ZIRENER, JÖRG, Sanierung in der Insolvenz – Handlungsalternativen für einen wertorientierten Einsatz des Insolvenzverfahrens, Wiesbaden 2005 (Sanierung in der Insolvenz).

ZUGEHÖR, RAINER, Mitbestimmt ins Kapitalmarktzeitalter, in: Mitbestimmung 2001, S. 38-42 (Mitbestimmt ins Kapitalmarktzeitalter).

ZÜLCH, HENNING, Die Gewinn- und Verlustrechnung nach IFRS – Erfolgswirtschaftliche Grundlagen der IASB-Rechnungslegung, Herne 2005 (Gewinn- und Verlustrechnung nach IFRS).

ZÜLCH, HENNING/ERDMANN, MARK-KEN/POPP, MARCO/WÜNSCH, MARTIN, IFRS 11 – Die neuen Regelungen zur Bilanzierung von Joint Arrangements und ihre praktischen Implikationen, in: DB 2011, S. 1817-1822 (Bilanzierung von Joint Arrangements).

ZÜLCH, HENNING/ERDMANN, MARK-KEN/POPP, MARCO, IFRS 12 „Disclosure of Interests in Other Entities" – Neuformulierung der konzernbezogenen Anhangangaben im Überblick, in: KoR 2011, S. 509-518 (Neuformulierung der konzernbezogenen Anhangangaben).

ZÜLCH, HENNING/FISCHER, DANIEL, Die Gliederung einer IFRS-Bilanz – Möglichkeiten und Grenzen einer entscheidungsnützlichen Vermögensdarstellung, in: BBK 2005, S. 857-870 (IFRS-Bilanz).

ZÜLCH, HENNING/HENDLER, MATTHIAS, Bilanzierung nach International Financial Reporting Standards (IFRS), Weinheim 2008 (Bilanzierung nach IFRS).

ZÜLCH, HENNING/POPP, MARCO, Die neuen Standards für die Konzernrechnungslegung nach IFRS, in: DB 2011, S. 1 (Neue Standards für die Konzernrechnungslegung nach IFRS).

ZÜLCH, HENNING/POPP, MARCO, Kritische Würdigung der Neuregelungen des IFRS 10 im Vergleich zu den bisherigen Vorschriften des IAS 27 sowie SIC-12, in: KoR 2011, S. 585-593 (Würdigung der Neuregelungen des IFRS 10 im Vergleich zu den bisherigen Vorschriften des IAS 27 sowie SIC-12).

ZÜLCH, HENNING/POPP, MARCO, Die Konsolidierungsstandards IFRS 10, IFRS 11 und IFRS 12 – Implikationen der EFRAG-Feldstudien, in: PiR 2013, S. 84-89 (Konsolidierungsstandards IFRS 10, IFRS 11 und IFRS 12).

ZÜLCH, HENNING/SALEWSKI, MARCUS, Bilanzierung von Pensionsverpflichtungen deutscher Unternehmen nach IFRS – Empirische Erkenntnisse für die Jahre 2000 bis 2008, in: WPg 2012, S. 9-17 (Pensionsverpflichtungen deutscher Unternehmen nach IFRS).

ZWIRNER, CHRISTIAN/BOECKER, CORINNA/BUSCH, JULIA, Neuregelungen zum Konsolidierungskreis in IFRS 10 bis IFRS 12 – Anwendungsbeispiele und Übergangskonsolidierung, in: KoR 2014, S. 608-615 (Neuregelungen zum Konsolidierungskreis in IFRS 10 bis IFRS 12).

ZWIRNER, CHRISTIAN/FROSCHHAMMER, MATTHIAS, IFRS-Update 2014 – Ein Überblick über die ab 2014 neu anzuwendenden IFRS, in: KoR 2014, S. 1-4 (Überblick über die ab 2014 neu anzuwendenden IFRS).

Verzeichnis der Geschäfts- und Jahresberichte

Adidas Group (Hrsg.), Geschäftsbericht 2013, Herzogenaurach 2014 (Geschäftsbericht 2013).

Adidas Group (Hrsg.), Geschäftsbericht 2014, Herzogenaurach 2015 (Geschäftsbericht 2014).

Allianz Group (Hrsg.), Geschäftsbericht 2013, München 2014 (Geschäftsbericht 2013).

Allianz Group (Hrsg.), Geschäftsbericht 2014, München 2015 (Geschäftsbericht 2014).

BMW AG (Hrsg.), Geschäftsbericht 2014, München 2015 (Geschäftsbericht 2014).

Daimler AG (Hrsg.), Geschäftsbericht 2014, Stuttgart 2015 (Geschäftsbericht 2014).

DPR (Hrsg.), Jahresbericht 2007, Berlin 2008 (Jahresbericht 2007).

DPR (Hrsg.), Jahresbericht 2008, Berlin 2009 (Jahresbericht 2008).

DPR (Hrsg.), Jahresbericht 2009, Berlin 2010 (Jahresbericht 2009).

DPR (Hrsg.), Jahresbericht 2010, Berlin 2011 (Jahresbericht 2010).

DPR (Hrsg.), Jahresbericht 2011, Berlin 2012 (Jahresbericht 2011).

DPR (Hrsg.), Jahresbericht 2012, Berlin 2013 (Jahresbericht 2012).

DPR (Hrsg.), Jahresbericht 2013, Berlin 2014 (Jahresbericht 2013).

DPR (Hrsg.), Jahresbericht 2014, Berlin 2015 (Jahresbericht 2014).

DVFA (Hrsg.), Jahresbericht 2014, Frankfurt 2015 (Jahresbericht 2014).

E.ON SE (Hrsg.), Geschäftsbericht 2013, Düsseldorf 2014 (Geschäftsbericht 2013).

E.ON SE (Hrsg.), Geschäftsbericht 2014, Düsseldorf 2015 (Geschäftsbericht 2014).

RWE AG (HRSG.), Geschäftsbericht 2013, Essen 2014 (Geschäftsbericht 2013).

RWE AG (HRSG.), Geschäftsbericht 2014, Essen 2015 (Geschäftsbericht 2014).

SIEMENS AG (HRSG.), Geschäftsbericht 2014, München 2015 (Geschäftsbericht 2014).

THYSSENKRUPP AG (HRSG.), Geschäftsbericht 2013/2014, Essen 2014 (Geschäftsbericht 2013/2014).

VOLKSWAGEN AG (HRSG.), Geschäftsbericht 2014, Wolfsburg 2015 (Geschäftsbericht 2014).

Verzeichnis der Materialien aus dem Gesetzgebungs- oder Standardsetzungsprozess

DRSC (HRSG.), Deutscher Rechnungslegungs Standard Nr. 21 – Kapitalflussrechnung, Berlin 2014 (DRS 21).

IFRS FOUNDATION, Conceptual Framework for Financial Reporting 2010 - Conceptual Framework, London 2010 (Conceptual Framework).

IFRS FOUNDATION, International Accounting Standard 1 – Presentation of Financial Statements, London 2013 (IAS 1).

IFRS FOUNDATION, International Accounting Standard 7 – Statement of Cash Flows, London 2009 (IAS 7).

IFRS FOUNDATION, International Accounting Standard 27 – Separate Financial Statements, London 2012 (IAS 27).

IFRS FOUNDATION, International Accounting Standard 28 – Investments in Associates and Joint Arrangements, London 2011 (IAS 28).

IFRS FOUNDATION, International Financial Reporting Standard 10 – Consolidated Financial Statements, London 2012 (IFRS 10).

IFRS FOUNDATION, International Financial Reporting Standard 11 – Joint Arrangements, London 2012 (IFRS 11).

IFRS FOUNDATION, International Financial Reporting Standard 12 – Disclosure of Interests in Other Entities, London 2012 (IFRS 12).

Gesetzesverzeichnis und Verzeichnis der Rechtsquellen der EG/EU

AKTIENGESETZ (AKTG) vom 06.09.1965, BGBI. I, S. 1089-1184, zuletzt geändert durch Art. 4 des Gesetzes vom 17.07.2015, BGBI. I, S. 1245.

EUROPÄISCHE GEMEINSCHAFT, Anwendung internationaler Rechnungslegungsstandards, Urteil vom 19.07.2002, in: Amtsblatt der EG Nr. L 243, S. 1-4.

HANDELSGESETZBUCH (HGB) vom 10.05.1897, RGBL. 1897, S. 219-426, zuletzt geändert durch Art. 1 des Gesetzes vom 28.07.2015, BGBl. I S. 1400.

KAPITALANLAGEGESETZBUCH (KAGB) vom 04.07.2013, BGBl. I S. 1981, zuletzt geändert durch Art. 8 des Gesetzes vom 17.07.2015, BGBl. I S. 1245.

VERORDNUNG (EG) Nr. 1606/2002 des Europäischen Parlaments und des Rates vom 19.07.2002 betreffend die Anwendung internationaler Rechnungslegungsstandards, in: Amtsblatt der EG Nr. L 243 vom 11.09.2002, S. 1-4.

Rechnungslegung und Wirtschaftsprüfung

Herausgegeben von Prof. (em.) Dr. Dr. h. c. Jörg Baetge, Münster, Prof. Dr. Hans-Jürgen Kirsch, Münster, und Prof. Dr. Stefan Thiele, Wuppertal

Band 52
Peter Dittmar
Behavioral Auditing – Begrenzte Rationalität und Entscheidungsheuristiken im Kontext der Urteilsbildung des Abschlussprüfers
Lohmar – Köln 2015 ♦ 320 S. ♦ € 62,- (D) ♦ ISBN 978-3-8441-0418-9

Band 53
Vladimir Schirott
Bilanzabgang nach IFRS am Beispiel der Verbriefungstransaktionen – Eine konzeptionelle und bilanzpraktische Würdigung
Lohmar – Köln 2016 ♦ 296 S. ♦ € 59,- (D) ♦ ISBN 978-3-8441-0438-7

Band 54
Nils Gimpel-Henning
Sukzessive Anteilserwerbe im IFRS-Konzernabschluss – Bilanzielle Auswirkungen des Statuswechsels von Unternehmensbeteiligungen
Lohmar – Köln 2015 ♦ 320 S. ♦ € 62,- (D) ♦ ISBN 978-3-8441-0430-1

Band 55
Torsten Moser
Einflussfaktoren auf den Bilanzansatz selbst geschaffener immaterieller Güter nach dem BilMoG – Eine empirische Untersuchung zum Aktivierungsverhalten deutscher Unternehmen
Lohmar – Köln 2015 ♦ 324 S. ♦ € 62,- (D) ♦ ISBN 978-3-8441-0431-8

Band 56
Ilka Lappenküper
Anteile an anderen Unternehmen im IFRS-Konzernanhang – Eine empirische Analyse der Informationsbedürfnisse von Kapitalmarktexperten gemäß IFRS 12
Lohmar – Köln 2016 ♦ 308 S. ♦ € 59,- (D) ♦ ISBN 978-3-8441-0461-5